微课版

教育部大学计算机课程改革规划教材

大学计算机基础与计算思维

DAXUE JISUANJI JICHU YU JISUAN SIWEI

史巧硕　柴　欣　主　编
刘洪普　李　娟　副主编
毕晓博　李建晶　宋　洁　王建勋　参　编

中国铁道出版社有限公司
CHINA RAILWAY PUBLISHING HOUSE CO., LTD.

内 容 简 介

本书是以培养计算机应用能力和计算思维为导向的大学计算机基础课程教材。全书分上下两篇（共9章）：上篇为计算机与网络基础知识；下篇为计算思维基础。全书系统介绍了计算机的诞生与发展、计算机系统、办公软件 Office、计算机网络、多媒体技术与应用、计算思维的基本概念、问题求解与计算机程序、算法设计、程序设计等内容，便于学生系统地掌握计算机基础知识，并为后续的计算机课程打下比较扎实的基础。

本书加强基础知识的介绍、注重实践，在内容讲解上采用循序渐进逐步深入的方法，突出重点，注意将难点分开讲解，使读者易学易懂。

本书适合作为普通高等学校计算机公共课程的教材，也可作为专科及成人教育的培训教材和教学参考书。

图书在版编目（CIP）数据

大学计算机基础与计算思维/史巧硕，柴欣主编．—北京：中国铁道出版社，2015.9（2022.1重印）

教育部大学计算机课程改革规划教材

ISBN 978-7-113-20827-1

Ⅰ.①大…　Ⅱ.①史…　②柴…　Ⅲ.①电子计算机-高等学校-教材　Ⅳ.①TP3

中国版本图书馆 CIP 数据核字（2015）第 190334 号

书　　名：大学计算机基础与计算思维
作　　者：史巧硕　柴　欣

策　　划：魏　娜
责任编辑：周海燕　彭立辉
封面设计：付　巍
封面制作：白　雪
责任校对：王　杰
责任印制：樊启鹏

出版发行：中国铁道出版社有限公司（100054，北京市西城区右安门西街8号）
网　　址：http://www.tdpress.com/51eds/
印　　刷：北京富资园科技发展有限公司
版　　次：2015年9月第1版　　2022年1月第14次印刷
开　　本：880 mm×1 230 mm　1/16　印张：13.5　字数：396千
书　　号：ISBN 978-7-113-20827-1
定　　价：33.00元

前言 Preface

实证思维、逻辑思维和计算思维是人类认识世界和改造世界的三大思维。随着计算机技术和网络技术的飞速发展，计算机已深入到社会的各个领域，并深刻地改变了人们工作、学习和生活的方式，以计算机技术和计算机科学为基础的计算思维已成为人们必须具备的基础性思维。因此，作为大学面向非计算机专业学生的公共必修课程，不仅要传授、训练和拓展大学生在计算机方面的基础知识和应用能力，更要展现计算思维方式，促进学生计算思维能力的培养，激发学生的创新意识，提升大学生的综合素质和能力，并为后续的计算机课程打下比较扎实的基础。

本书在总结多年教学实践和教学改革经验的基础上，针对学生的特点，从培养计算机应用能力与计算思维能力入手，对教学内容进行了精选。在加强计算机基础知识与应用能力培养的同时，重视学生计算思维能力的培养，重点讲解了计算机解决问题的思想和方法，增加了算法设计和程序实现方面的内容。

本书分上下两篇。上篇共 5 章，重点介绍计算机与网络基础知识，其中第 1 章讲述计算机的基础知识，包括信息与信息化、计算机的发展、计算机中的数制与编码；第 2 章介绍计算机硬件、软件和操作系统的基本知识及 Windows 操作系统的使用；第 3 章介绍办公自动化软件，包括 Word、Excel 和 PowerPoint 的使用；第 4 章介绍计算机网络的基础知识、因特网的基本技术与应用，以及计算机与网络安全方面的知识；第 5 章介绍多媒体技术与应用。下篇有 4 章，讲解计算思维基础的内容，其中第 6 章介绍计算机文化与计算思维；第 7 章介绍问题求解与计算机程序；第 8 章介绍算法设计；第 9 章介绍程序设计。为了与后续课程进行更好的对接，本书在对算法设计进行程序实现时，均提供了 C ++ 和 Visual Basic 两种程序，教师可以根据后续程序设计课程语言平台的需求，选择不同语言的程序，以方便教学。

为了实现理论联系实际，配合本教程我们还编写了《大学计算机基础实验教程（第六版）》。实验教程与本书计算机基础知识部分相呼应，安排了相应的上机实验内容，以方便师生有计划有目的地进行上机实验练习，从而达到事半功倍的教学效果。此外，为了帮助学生更好地进行上机练习，我们还配合实验教程开发了计算机上机练习系统软件，学生上机时可以选择操作模块进行操作练习，操作结束后可以由系统给出分数评判。这样，可以使学生在学习、练习、自测及综合测试等各个环节都可以进行有目的的自主学习，进而达到课程的要求。教师也可以利用测试系统对教学的各个单元进行方便的检查，随时了解教学的情况，进行针对性的教学。

本书由史巧硕、柴欣任主编，刘洪普、李娟任副主编。各章编写分工如下：第 1、2 章由柴欣编写，第 3、8、9 章由史巧硕编写，第 4 章由李娟编写，第 5 章由刘洪普编写，第 6 章由毕晓博编写，第 7 章由李建晶编写。宋洁、王建勋参与了本书大纲的讨论及部分程序的编写工作。史巧硕、柴欣负责全书的总体策划与统稿、定稿工作。

本书在编写过程中，参考了大量文献资料，在此向这些文献资料的作者深表感谢。

由于时间仓促，编者水平有限，书中难免有疏漏和欠妥之处，敬请各位专家、读者不吝批评指正。

编　者

2015 年 6 月

目录 Contents

上篇　计算机与网络基础知识

下篇　计算思维基础

上 篇 计算机与网络基础知识

第 1 章　计算机的诞生与发展

诞生于20世纪40年代的电子计算机是人类最伟大的发明之一，并且一直以飞快的速度发展。进入21世纪的现代社会，计算机已经走入各行各业，并成为各行业必不可少的工具。掌握计算机的基本知识和应用，已成为人们学习和工作所必需的基本技能之一。

本章首先介绍有关信息与信息化社会的基本知识，然后介绍计算机的发展历程，讲解计算机的特点、应用及分类，最后介绍计算机中的数制与编码，使读者对计算机有初步的认识。

学习目标

- 了解信息、信息技术及信息化社会的概念，学习信息化社会中应该具备的信息素养。
- 了解计算机的诞生及计算机的发展历程。
- 了解计算机应用技术的新发展。
- 理解计算机中的数制与编码知识，掌握各类数制间的转换。

1.1　信息与信息化

在当今社会中，能源、材料和信息是社会发展的三大支柱，人类社会的生存和发展，时刻都离不开信息。了解信息的概念、特征及分类，对于在信息社会中更好地使用信息是十分重要的。

1.1.1　信息的概念和特征

1. 信息

信息一词来源于拉丁文 Information，其含义是情报、资料、消息、报导、知识的意思。所以，长期以来人们就把信息看作是消息的同义语，简单地把信息定义为能够带来新内容、新知识的消息。但是后来发现，信息的含义要比消息、情报的含义广泛得多，不仅消息、情报是信息，指令、代码、符号语言、文字等一切含有内容的信号都是信息。作为日常用语，“信息”经常指音讯、消息；作为科学技术用语，“信息”被理解为对预先不知道的事件或事物的报道或者指在观察中得到的数据、新闻和知识。

在信息时代，人们越来越多地在接触和使用信息，但是究竟什么是信息，迄今说法不一。一般来说，信息可以界定为由信息源（如自然界、人类社会等）发出的被使用者接受和理解的各种信号。作为一个社会概念，信息可以理解为人类共享的一切知识或社会发展趋势，以及从客观现象中提炼出来的各种消息之和。信息并非事物本身，而是表征事物之间联系的消息、情报、指令、数据或信号。一切事物，包括自然界和人类社会，都在发出信息。我们每个人每时每刻在接收信息。在人类社会中，信息往往以文字、图像、图形、语言、声音等形式出现。随着科学的发展，时代的进步，如今“信息”的概念已经与微电子技术、计算机技术、网络通信技术、多媒体技术、信息产业、信息管理等含义紧密地联系在一起。

根据信息来源的不同，可以把信息分为 4 种类型：

① 源于书本上的信息。这种信息随着时间的推移变化不大，比较稳定。

② 源于广播、电视、报刊、杂志等的信息。这类信息具有很强的实效性，经过一段时间后，这类信息的实用价值会大大降低。

③ 人与人之间各种交流活动产生的信息。这些信息只在很小的范围内流传。

④ 源于具体事物，即具体事物的信息。这类信息是最重要的，也是最难获得的信息，这类信息能增加整个社会的信息量，能给人类带来更多的财富。

信息具有如下的基本特征：

① 可度量性：信息可采用某种度量单位进行度量，并进行信息编码。

② 可识别性：信息可采取直观识别、比较识别和间接识别等多种方式来把握。

③ 可转换性：信息可以从一种形态转换为另一种形态。

④ 可存储性：信息可以存储。大脑就是一个天然的信息存储器。人类发明的文字、摄影、录音、录像以及计算机存储器等都可以进行信息存储。

⑤ 可处理性：人脑就是最佳的信息处理器。人脑的思维功能可以进行决策、设计、研究、写作、改进、发明、创造等多种信息处理活动。计算机也具有信息处理功能。

⑥ 可传递性：信息的传递是与物质和能量的传递同时进行的。语言、表情、动作、报刊、书籍、广播、电视、电话等是人类常用的信息传递方式。

⑦ 可再生性：信息经过处理后，可以以其他的方式再生成信息。输入计算机的各种数据文字等信息，可用显示、打印、绘图等方式再生成信息。

⑧ 可压缩性：信息可以进行压缩，可以用不同的信息量来描述同一事物。人们常常用尽可能少的信息量描述一件事物的主要特征。

⑨ 可利用性：信息具有一定的实效性和可利用性。

⑩ 可共享性：信息具有扩散性，因此可共享。

2. 信息技术

信息技术（Information Technology）是指对信息的收集、存储、处理和利用的技术。信息技术能够延长或扩展人的信息功能。到目前为止，对于信息技术也没有公认的统一的定义，由于人们使用信息的目的、层次、环境、范围不同，因而对信息技术的表述也各不相同。

通常，信息技术是指有关信息的收集、识别、提取、变换、存储、传递、处理、检索、检测、分析和利用等的技术。概括而言，信息技术是在信息科学的基本原理和方法的指导下扩展人类信息功能的技术，是人类开发和利用信息资源的所有手段的总和。信息技术既包括有关信息的产生、收集、表示、检测、处理和存储等方面的技术，也包括有关信息的传递、变换、显示、识别、提取、控制和利用等方面的技术。

在现今的信息化社会，一般来说，人们所提及的信息技术，又特指是以电子计算机和现代通信为主要手段实现信息的获取、加工、传递和利用等功能的技术总和。信息技术是一门多学科交叉综合的技术，计算机技术、通信技术和多媒体技术、网络技术互相渗透、互相作用、互相融合，将形成以智能多媒体信息服务为特征的大规模信息网。

在人类发展史上，信息技术经历了5个发展阶段，即5次革命：

第一次信息技术革命是语言的使用。距今35 000 ~ 50 000年前出现了语言，语言成为人类进行思想交流和信息传播不可缺少的工具。

第二次信息技术革命是文字的创造。大约在公元前3500年出现了文字，文字的出现，使人类对信息的保存和传播取得重大突破，较大地超越了时间和地域的局限。

第三次信息技术的革命是印刷术的发明和使用。大约在公元1040年，我国开始使用活字印刷技术，欧洲人则在1451年开始使用印刷技术。印刷术的发明和使用，使书籍、报刊成为重要的信息存储和传播的媒体。

第四次信息革命是电报、电话、广播、电视的发明和普及应用。使人类进入利用电磁波传播信息的时代。

第五次信息技术革命是电子计算机的普及应用，计算机与现代通信技术的有机结合以及网际网络的出现。1946年第一台电子计算机问世，第五次信息技术革命的时间是从20世纪60年代电子计算机与现代技术相结合开始至今。

现在所说的信息技术一般特指的就是第五次信息技术革命，是狭义的信息技术，它经历了从计算机技术到网络技术再到计算机技术与现代通信技术结合的过程。第五次信息技术革命对社会的发展、科技进步及个人生活和学习都产生了深刻的影响。

1.1.2 信息化与信息化社会

1. 信息化的概念

信息化的概念起源于20世纪60年代的日本，但直到20世纪70年代后期才普遍使用“信息化”和“信息社会”的概念。所谓信息化是指培育、发展以智能化工具为代表的新的生产力并使之造福于社会的历史过程。

从信息化的定义可以看出：信息化代表了一种信息技术被高度应用，信息资源被高度共享，从而使得人的智能潜力以及社会物质资源潜力被充分发挥，个人行为、组织决策和社会运行趋于合理化的理想状态。同时，信息化也是IT产业发展与IT在社会经济各部门扩散的基础之上，不断运用IT改造传统的经济、社会结构从而通往如前所述的理想状态的一个持续的过程。

2. 信息化社会

信息社会与工业社会的概念没有什么原则性的区别，它是脱离工业化社会以后，信息将起主要作用的社会。在农业社会和工业社会中，物质和能源是主要资源，所从事的是大规模的物质生产。而在信息社会中，信息成为比物质和能源更为重要的资源，以开发和利用信息资源为目的的信息经济活动迅速扩大，逐渐取代工业生产活动而成为国民经济活动的主要内容。信息经济在国民经济中占据主导地位，并构成社会信息化的物质基础。以计算机、微电子和通信技术为主的信息技术革命是社会信息化的动力源泉。信息技术在生产、科研教育、医疗保健、企业和政府管理，以及家庭中的广泛应用对经济和社会发展产生了巨大而深刻的影响，从根本上改变了人们的生活方式、行为方式和价值观念。

1.1.3 信息素养

信息素养(Information Literacy)是一个内容丰富的概念，其本质是全球信息化需要人们具备的一种基本能力，它包括能够判断什么时候需要信息，并且懂得如何去获取信息，如何去评价和有效利用所需的信息。

信息素养的定义为：信息的获取、加工、管理与传递的基本能力；对信息及信息活动的过程、方法、结果进行评价的能力；流畅地发表观点、交流思想、开展合作、勇于创新并解决学习和生活中的实际问题的能力；遵守道德与法律，形成社会责任感。

可以看出，信息素养是一种基本能力，是一种对信息社会的适应能力，它涉及信息的意识、信息的能力和信息的应用。同时，信息素养也是一种综合能力，它涉及各方面的知识，是一个特殊的、涵盖面很宽的能力，它包含人文的、技术的、经济的、法律的诸多因素，和许多学科有着紧密的联系。

具体来说，信息素养主要包括信息意识、信息知识、信息能力和信息道德这4方面的要素，信息素养的4个要素共同构成一个不可分割的统一整体。信息意识是先导，信息知识是基础，信息能力是核心，信息道德是保证。

1.2 计算机的发展

在人类文明发展的历史长河中，计算工具经历了从简单到复杂、从低级到高级的发展过程，例如，绳结、算筹、算盘、计算尺、手摇机械计算机、电动机械计算机等。它们在不同的历史时期发挥了各自的作用，同时也孕育了电子计算机的雏形。

1.2.1 电子计算机的诞生

1946年2月，世界上第一台电子计算机ENIAC(Electronic Numerical Integrator And Computer，电子数字积分计算机)在美国的宾夕法尼亚大学诞生，如图1-1所示。设计这台计算机主要用于解决第二次世界大战时军事上弹道课题的高速计算。虽然它的运算速度仅为每秒完成 5 000 次加、减法运算，但它把一个有关发射弹道导弹的运算题目的计算时间从台式计算器所需的 7 ~10 h 缩短到 30 s 以下，这在当时是了不起的进步。制造这台计算机使用了 18 800 个电子管、1 500 多个继电器、7 000 个电阻器，占地面积约 170 m^2，质量达 3×10^4 kg，功率为 150 kW。它的存储容量很小，只能存储 20 个字长为 10 位的十进制数；另外，它采用线路连接的方法来编排程序，因此每次解题都要靠人工改接连线，准备时间大大超过实际计算时间。

虽然这台计算机的性能在今天看来微不足道，但在当时确实是一种创举。ENIAC 的研制成功为以后计算机科学的发展奠定了基础，具有划时代的意义。它的成功，使人类的计算工具由手工到自动化产生了一个质的飞跃，为以后计算机的发展提供了契机，开创了计算机的新时代。

ENIAC 采用十进制进行计算，它的存储量很小，程序是用线路连接的方式来表示的。由于程序与计算两相分离，程序指令存放在机器的外部电路中，每当需要计算某个题目时，首先必须人工接通数百条线路，往往为了进行几分钟的计算要很多人工作好几天的时间做准备。针对 ENIAC 的这些缺陷，美籍匈牙利数学家冯·诺依曼（John von Neumann）提出了把指令和数据一起存储在计算机的存储器中，让计算机能自动地执行程序，即“存储程序”的思想。

冯·诺依曼指出计算机内部应采用二进制进行运算，应将指令和数据都存储在计算机中，由程序控制计算机自动执行，这就是著名的存储程序原理。“存储程序式”计算机结构为后人普遍接受，此结构又称冯·诺依曼体系结构，此后的计算机系统基本上都采用了冯·诺依曼体系结构。冯·诺依曼还依据该原理设计出了“存储程序式”计算机 EDVAC，并于 1950 年研制成功，如图 1-2 所示。这台计算机总共采用了 2 300 个电子管，运算速度却比 ENIAC 提高了 10 倍，冯·诺依曼的设想在这台计算机上得到了圆满的体现。

世界上首台“存储程序式”电子计算机是 1949 年 5 月在英国剑桥大学研制成功的 EDSAC（Electronic Delay Storage Automatic Computer），它是剑桥大学的威尔克斯（Wilkes）教授于 1946 接受了冯·诺依曼的存储程序计算机结构后开始设计研制的。

图 1-1 第一台电子计算机 ENIAC

图 1-2 冯·诺依曼设计的计算机 EDVAC

1.2.2 电子计算机的发展历程

计算机界传统的观点是将计算机的发展大致分为 4 代，这种划分是以构成计算机的基本逻辑部件所用的电子元器件的变迁为依据的。从电子管到晶体管，再由晶体管到中小规模集成电路，再到大规模集成电路直至现今的超大规模集成电路，元器件的制造技术发生了几次重大的革命，芯片的集成度不断提高，这些使计算机的硬件得以迅猛发展。

从第一台计算机诞生以来的 60 多年时间里，计算机的发展过程可以划分如下：

1. 第一代计算机（1946—1954 年）：电子管计算机时代

第一代计算机是电子管计算机，其基本元件是电子管，内存储器采用水银延迟线，外存储器有纸带、卡片、磁带和磁鼓等。受当时电子技术的限制，运算速度仅为每秒几千次到几万次，而且内存储器容量也非常小，仅为 1 000 ~4 000 B。

此时的计算机程序设计语言还处于最低阶段，要用二进制代码表示的机器语言进行编程，工作十分烦琐，直到 20 世纪 50 年代末才出现了稍微方便一点的汇编语言。

第一代计算机体积庞大，造价昂贵，因此基本上局限于军事研究领域的狭小天地里，主要用于数值计算。UNIVAC(Universal Automatic Computer)是第一代计算机的代表,于1951年首次交付美国人口统计局使用。它的交付使用标志着计算机从实验室进入了市场,从军事应用领域转入数据处理领域。

2. 第二代计算机(1955—1964年):晶体管计算机时代

晶体极管的发明标志着一个新的电子时代的到来。1947年,贝尔实验室的两位科学家布拉顿(W. Brattain)和巴丁(J. Bardeen)发明了点触型晶体管,1950年科学家肖克利(W. Shockley)又发明了面结型晶体管。比起电子管,晶体管具有体积小、重量轻、寿命长、功耗低、发热少、速度快的特点,使用晶体管的计算机,其电子线路结构变得十分简单,运算速度大幅提高。

第二代计算机是晶体管计算机,以晶体管为主要逻辑元件,内存储器使用磁芯,外存储器有磁盘和磁带,运算速度从每秒几万次提高到几十万次,内存储器容量也扩大到了几十万字节。

图1-3 晶体管计算机TRADIC

1955年,美国贝尔实验室研制出了世界上第一台全晶体管计算机TRADIC,如图1-3所示,它装有800只晶体管,功率仅为100 W。1959年,IBM公司推出了晶体管化的7000系列计算机,其典型产品IBM 7090是第二代计算机的代表,在1960—1964年间占据着计算机领域的统治地位。

此时,计算机软件也有了较大的发展,出现了监控程序并发展为后来的操作系统,高级程序设计语言也相继推出。1957年,IBM研制出公式语言FORTRAN;1959年,美国数据系统语言委员会推出了商用语言COBOL;1964年,Dartmouth大学的J. Kemeny和T. Kurtz提出了BASIC。高级语言的出现,使得人们不必学习计算机的内部结构就可以编程使用计算机,为计算机的普及提供了可能。

第二代计算机与第一代计算机相比,体积小、成本低、重量轻、功耗小、速度快、功能强且可靠性高。使用范围也由单一的科学计算扩展到数据处理和事务管理等其他领域中。

3. 第三代计算机(1965—1971年):中小规模集成电路计算机时代

1958年,美国物理学家基尔比(J. Kilby)和诺伊斯(N. Noyce)同时发明了集成电路。集成电路是用特殊的工艺将大量完整的电子线路制作在一个硅片上。与晶体管电路相比,集成电路计算机的体积、重量、功耗都进一步减小,而运算速度、运算功能和可靠性则进一步提高。

第三代计算机的主要元件采用小规模集成电路(Small Scale Integrated Circuits, SSI)和中规模集成电路(Medium Scale Integrated Circuits, MSI),主存储器开始采用半导体存储器,外存储器使用磁盘和磁带。

IBM公司1964年研制出的IBM S/360系列计算机是第三代计算机的代表产品,它包括6个型号的大、中、小型计算机和44种配套设备,从功能较弱的360/51小型机,到功能超过它500倍的360/91大型机。IBM为此耗时3年,投入50亿美元的研发费,超过了第二次世界大战时期原子弹的研制费用。IBM S/360系列计算机是当时最成功的计算机,5年之内售出32 300台,创造了计算机销售中的奇迹,奠定了“蓝色巨人”在当时计算机业的统治地位。此后,IBM又研制出与IBM S/360兼容的IBM S/370,其中最高档的370/168机型的运算速度已达250万次/秒。

软件在这个时期形成了产业,操作系统在种类、规模和功能上发展很快,通过分时操作系统,用户可以共享计算机资源。结构化、模块化的程序设计思想被提出,而且出现了结构化的程序设计语言Pascal。

4. 第四代计算机(1971年至今):大规模和超大规模集成电路计算机时代

随着集成电路技术的不断发展,单个硅片可容纳电子线路的数目也在迅速增加。20世纪70年代初期出现了可容纳数千个至数万个晶体管的大规模集成电路(Large Scale Integrated Circuits, LSI),20世纪70年代末期又出现了一个芯片上可容纳几万个到几十万个晶体管的超大规模集成电路(Very Large Scale Integrated Circuits, VLSI)。利用VLSI技术,能把计算机的核心部件甚至整个计算机都做在一个硅片上。一个芯片显微结构如图1-4所示。

第四代计算机的主要元器件采用大规模集成电路和超大规模集成电路。集成度很高的半导体存储器完全代替了磁芯存储器,外存磁盘的存取速度和存储容量大幅上升,计算机的速度可达每秒几百万次至上亿次,而其体积、重量和耗电量却进一步减少,计算机的性能价格比基本上以每18个月翻一番的速度上升,此即著名的More定律。

美国ILLIAC-IV计算机,是第一台全面使用大规模集成电路作为逻辑元件和存储器的计算机,它标志着计算机的发展已到了第四代。1975年,美国阿姆尔公司研制成470V/6型计算机,随后日本富士通公司生产出M-190计算机,是比较有代表性的第四代计算机。英国曼彻斯特大学1968年开始研制第四代计算机,1974年研制成功DAP系列计算机。1973年,联邦德国西门子公司、法国国际信息公司与荷兰飞利浦公司联合成立了统一数据公司,研制出Unidata 7710系列计算机。

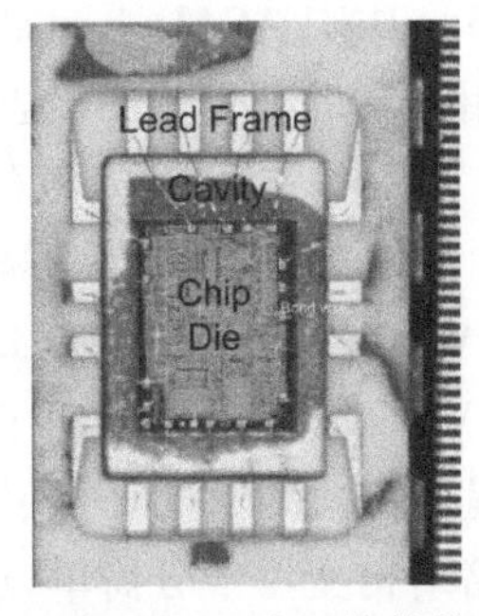

图1-4　芯片显微结构

这一时期的计算机软件也有了飞速发展,软件工程的概念开始提出,操作系统向虚拟操作系统发展,计算机应用也从最初的数值计算演变为信息处理,各种应用软件丰富多彩,在各行业中都有应用,大大扩展了计算机的应用领域。

1982年以后,许多国家开始研制第五代计算机。其特点是以人工智能原理为基础,希望突破原有的计算机体系结构模式,还提出了神经网络计算机等新概念,这些都属于新一代计算机,目前尚不成熟。

1.2.3　微型计算机的发展

在计算机的飞速发展过程中,20世纪70年代出现了微型计算机。微型计算机开发的先驱是两个年青的工程师,美国英特尔(Intel)公司的霍夫(Hoff)和意大利的弗金(Fagin)。霍夫首先提出了可编程通用计算机的设想,即把计算机的全部电路制作在4个集成电路芯片上。这个设想首先由弗金实现,他在4.2 mm×3.2 mm的硅片上集成了2 250个晶体管构成中央处理器,即4位微处理器Intel 4004,再加上一片随机存储器、一片只读存储器和一片寄存器,通过总线连接就构成了一台4位微型电子计算机。

凡由集成电路构成的中央处理器(Central Processing Unit,CPU),人们习惯上称为微处理器(Micro Processor)。由不同规模的集成电路构成的微处理器,形成了微型计算机的几个发展阶段。从1971年世界上出现第一个4位的微处理器Intel 4004算起,至今微型计算机的发展经历了6个阶段。

1. 第一代微型计算机

第一代微型计算机是以4位微处理器和早期的8位微处理器为核心的微型计算机。4位微处理器的典型产品是Intel 4004/4040,芯片集成度为1 200个晶体管/片,时钟频率为1 MHz。第一代产品采用了PMOS工艺,基本指令执行时间为10~20μs,字长4位或8位,指令系统简单,速度慢。微处理器的功能不全,实用价值不大。早期的8位微处理器的典型产品是Intel 8008。

2. 第二代微型计算机

1973年12月,Intel 8080的研制成功,标志着第二代微型计算机的开始。其他型号的典型微处理器产品是Intel公司的Intel 8085、Motorola公司的M6800以及Zilog公司的Z80等,它们都是8位微处理器,集成度为4 000~7 000个晶体管/片,时钟频率为4 MHz。其特点是采用了NMOS工艺,集成度比第一代产品提高了一倍,基本指令执行时间为1~2μs。

1976—1977年,高档8位微处理器以Z80和Intel 8085为代表,使运算速度和集成度又提高了一倍,已具有典型的计算机体系结构及中断、直接数据存取(Direct Memory Access,DMA)等控制功能,指令系统比较完善。它们所构成的微型计算机的功能显著增强,最著名的是Apple公司的AppleⅡ,软件可以使用高级语言进行交互式会话操作,此后微型计算机的发展开始进入全盛期。

3. 第三代微型计算机

1978年,Intel公司推出第三代微处理器代表产品Intel 8086,集成度为29 000个晶体管/片。1979年又推出了Intel 8088,同年Zilog公司也推出了Z8000,集成度为17 500个晶体管/片。这些微处理器都是16位微处理器,采用HMOS工艺,基本指令执行时间为0.5μs,各方面的性能比第二代又提高了一个数量级。由它们构成的微型计算机具有丰富的指令系统,采用多级中断、多重寻址方式、段式寄存器结构,并且配有强有力的系统软件。

1982年,Intel公司在8086的基础上又推出了性能更为优越的80286,集成度为13.4万个晶体管/片。

其内部和外部数据总线均为16位，地址总线为24位。由Intel公司微处理器构成的微型机首次采用了虚拟内存的概念。Intel 80286微处理器芯片的问世，使20世纪80年代后期286微型计算机风靡全球。

4. 第四代微型计算机

1985年10月，Intel公司推出了32位字长的微处理器Intel 80386，标志着第四代微型计算机的开始。80386芯片内集成了27.5万个晶体管/片，其内部、外部数据总线和地址总线均为32位，随着内存芯片制造技术的发展和成本的下降，内存容量已达到16 MB和32 MB。1989年，研制出的80486，集成度为120万个晶体管/片，把80386的浮点运算处理器和8 KB的高速缓存集成到一个芯片，并支持二级Cache，极大地提高了内存访问的速度。用该微处理器构成的微型计算机的功能和运算速度完全可以与20世纪70年代的大中型计算机相匹敌。

5. 第五代微型计算机

1993年，Intel公司推出了更新的微处理器芯片Pentium，中文名为“奔腾”，Pentium微处理器芯片内集成了310万个晶体管/片。随后Intel公司又陆续推出了Classic Pentium（经典奔腾）、Pentium Pro（高能奔腾）、Pentium MMX（多能奔腾，1997年初）、Pentium II（奔腾二代，1997年5月）、Pentium III（奔腾三代，1999年）和Pentium 4（奔腾第四代产品，2001年）的微型计算机。在Intel公司各阶段推出微处理器的同时，各国厂家也相继推出与奔腾微处理器结构和性能相近的微型机。

6. 第六代微型计算机

2004年，AMD公司推出了64位芯片Athlon 64，次年初Intel公司也推出了64位奔腾系列芯片。2006年Intel公司推出了酷睿系列的64位双核微处理器Core 2，AMD公司也相继推出了64位双核微处理器，之后Intel和AMD公司又相继推出了四核的处理器。2008年11月，Intel公司推出了第一代智能酷睿Core i系列，Core i系列是具有革命性的全新一代PC处理器，其性能相较之前的产品提升了20%～30%。在2011年接近尾声之际，Intel再次推出了六核顶级处理器Core i7 3960X，至今在PC处理器中仍处于领先地位。

64位技术和多核技术的应用使得微型计算机进入了一个新的时代，现代微型计算机的性能远远超过了早期的巨型机。随着近些年来微型机的发展异常迅速，芯片集成度不断提高，并向着重量轻、体积小、运算速度快、功能更强和更易使用的方向发展。

1.2.4 我国计算机技术的发展

我国计算机的发展起步较晚，1956年国家制定12年科学规划时，把发展计算机、半导体等技术学科作为重点，相继筹建了中国科学院计算机研究所、中国科学院半导体研究所等机构。1958年组装调试成第一台电子管计算机（103机），1959年研制成大型通用电子管计算机（104机），1960年研制成第一台自己设计的通用电子管计算机（107机）。1964年，我国开始推出第一批晶体管计算机。1971年，研制成第三代集成电路计算机。1974年后，DJS－130晶体管计算机形成了小批量生产。1982年，采用大、中规模集成电路研制成16位的DJS－150机。1983年，长沙国防科技大学推出向量运算速度达1亿次/秒的银河I巨型计算机。

进入20世纪90年代，我国的计算机开始步入高速发展阶段，不论是大型、巨型计算机，还是微型计算机，都取得长足的发展。其中，作为代表国家综合实力象征的巨型机领域，我国已经处于世界的前列。在2014年11月17日国际TOP500组织公布的最新全球超级计算机500强排行榜榜单中，前5名分别为中国“天河二号”超级计算机（浮点运算速度为每秒33.86千万亿次）、美国能源部下属橡树岭国家实验室的“泰坦”（每秒17.59千万亿次）、美国劳伦斯－利弗莫尔国家实验室的“红杉”（每秒17.17千万亿次）、日本理化研究所的“京”（每秒10.51千万亿次）、美国阿尔贡国家实验室的“米拉”（每秒8.59千万亿次）。“天河二号”以比第二名快近一倍的速度连续4次登上榜首，是目前全球最快的超级计算机。“天河二号”计算机如图1－5所示。

图1－5 天河二号计算机

软件方面，1992年我国的软件产业销售额仅为43亿元，2000年国务院发布《关于鼓励软件产业和集成电路产业发展若干政策的通知》,为发展软件提供了有力的政策支持。20多年来,一大批优秀的国产应用软件在办公自动化、财税、金融电子化建设等电子政务、企业信息化方面以及国民经济和社会生活中得到广泛应用,成功地为"金卡""金税""金关"等国家信息化工程开发了应用软件系统,为贯彻落实"以信息化带动工业化,以工业化促进信息化"和大力推广信息技术应用,改造提升传统产业和推动国家信息化建设工作发挥了重要作用。

1.2.5 计算机应用技术的新发展

1. 普适计算

普适计算又称普存计算、普及计算(Pervasive Computing或Ubiquitous Computing),这一概念强调将计算和环境融为一体,而让计算本身从人们的视线里消失,使人的注意力回归到要完成任务的本身。在普适计算的模式下,人们能够在任何时间、任何地点以任何方式进行信息的获取与处理。

普适计算的核心思想是小型、便宜、网络化的处理设备广泛分布在日常生活的各个场所,计算设备将不只依赖命令行、图形界面进行人机交互,而更依赖"自然"的交互方式,计算设备的尺寸将缩小到毫米甚至纳米级。在普适计算的环境中,无线传感器网络将广泛普及,在环保、交通等领域发挥作用;人体传感器网络会大大促进健康监控以及人机交互等的发展。各种新型交互技术(如触觉显示等)将使交互更容易、更方便。

普适计算的目的是建立一个充满计算和通信能力的环境,同时使这个环境与人们逐渐地融合在一起。在这个融合空间中人们可以随时随地、透明地获得数字化服务。普适计算的含义十分广泛,所涉及的技术包括移动通信技术、小型计算设备制造技术、小型计算设备上的操作系统技术及软件技术等。

在信息时代,普适计算可以降低设备使用的复杂程度,使人们的生活更轻松、更有效率。实际上,普适计算是网络计算的自然延伸,它使得不仅个人计算机,而且其他小巧的智能设备也可以连接到网络中,从而方便人们即时地获得信息并采取行动。

2. 网格计算

随着超级计算机的不断发展,它已经成为复杂科学计算领域的主宰。但超级计算机造价极高,通常只有一些国家级的部门,如航天、气象等部门才有能力配置这样的设备。而随着人们日常工作遇到的商业计算越来越复杂,人们越来越需要数据处理能力更强大的计算机,而超级计算机的价格显然阻止了它进入普通人的工作领域。于是,人们开始寻找一种造价低廉而数据处理能力超强的计算模式,网格计算应运而生。

网格计算(Grid Computing)是伴随着互联网而迅速发展起来的专门针对复杂科学计算的新型计算模式。这种计算模式是利用互联网把分散在不同地理位置的计算机组织成一个"虚拟的超级计算机",其中每一台参与计算的计算机就是一个"结点",而整个计算是由成千上万个"结点"组成的"一张网格"。网格计算的优势有两个:一个是数据处理能力超强;另一个是能充分利用网上的闲置处理能力。

实际上,网格计算是分布式计算(Distributed Computing)的一种,如果说某项工作是分布式的,那么,参与这项工作的一定不只是一台计算机,而是一个计算机网络。充分利用网上的闲置处理能力是网格计算的一个优势,网格计算模式首先把要计算的数据分割成若干"小片",然后不同结点的计算机可以根据自己的处理能力下载一个或多个数据片断,这样这台计算机的闲置计算能力就被充分地调动起来了。

网格计算不仅受到需要大型科学计算的国家级部门,如航天、气象部门的关注,目前很多大公司如IBM等也开始追捧这种计算模式,并开始有了相关"动作"。除此之外,一批围绕网格计算的软件公司也逐渐壮大和为人所知,有业界专家预测,网格计算在未来将会形成一个年产值20万亿美元的大产业。目前,网格计算主要被各大学和研究实验室用于高性能计算的项目,这些项目要求巨大的计算能力,或需要接入大量数据。

综合来说,网格能及时响应需求的变动,通过汇聚各种分布式资源和利用未使用的容量,网格技术极大地增加了可用的计算和数据资源的总量。可以说,网格是未来计算世界中的一种划时代的新事物。

3. 云计算

云计算(Cloud Computing)是一种基于互联网的计算方式,通过这种方式,共享的软硬件资源和信息可以按需提供给计算机和其他设备。狭义云计算是指IT基础设施的交付和使用模式,指通过网络以按需、易扩展的方式获得所需的资源(硬件、平台、软件)。广义云计算是指服务的交付和使用模式,指通过网络以按需、易扩展的方式获得所需的服务。这种服务可以是IT和软件、互联网相关的,也可以是任意其他的服务,这意味着计算能力也可作为一种商品通过互联网进行流通。云计算是通过网络提供可伸缩的廉价的分布式计算能力。

云计算是网格计算、分布式计算、并行计算、效用计算、网络存储、虚拟化、负载均衡等传统计算机技术和网络技术发展融合的产物,或者说是这些计算机科学概念的商业实现。它旨在通过网络把多个成本相对较低的计算实体整合成一个具有强大计算能力的完美系统,并借助先进的商业模式把这种强大的计算能力分布到终端用户手中。云计算的一个核心理念就是通过不断提高"云"的处理能力,进而减少用户终端的处理负担,最终使用户终端简化成一个单纯的输入/输出设备,并能按需享受"云"的强大计算处理能力。

云计算的基本原理是,通过使计算分布在大量的分布式计算机上,而非本地计算机或远程服务器中,企业数据中心的运行将更与互联网相似。这使得企业能够将资源切换到需要的应用上,根据需求访问计算机和存储系统。这是一种革命性的举措,它意味着计算能力也可以作为一种商品进行流通,就像煤气、水电一样,取用方便,费用低廉。

云计算主要分为3种服务模式:SaaS、PaaS和IaaS。

① SaaS(Software as a Service,软件即服务):它是一种通过Internet提供软件的模式,用户无须购买软件,而是向提供商租用基于Web的软件来管理企业经营活动。

② PaaS(Platform as a Service,平台即服务):实际上是指将软件研发的平台作为一种服务,以SaaS的模式提交给用户。因此,PaaS也是SaaS模式的一种应用。

③ IaaS(Infrastructure as a Service,基础设施即服务):消费者通过Internet可以从完善的计算机基础设施获得服务。IaaS的最大优势在于它允许用户动态申请或释放结点,按使用量计费。

云计算被视为科技业的一次革命,它带来了工作方式和商业模式的根本性改变。首先,对中小企业和创业者来说,云计算意味着巨大的商业机遇,其可以借助云计算在更高的层面上和大企业竞争。其次,从某种意义上说,云计算意味着硬件不再重要。那些对计算需求量越来越大的中小企业,不再试图去买价格高昂的硬件,而是从云计算供应商那里租用计算能力。当计算机的计算能力不受本地硬件的限制时,企业可以以极低的成本投入获得极高的计算能力,不用再投资购买昂贵的硬件设备,负担频繁的保养与升级。

4. 人工智能

人工智能(Artificial Intelligence,AI)是研究、开发用于模拟、延伸和扩展人的智能的理论、方法、技术及应用系统的一门新的技术科学。"人工智能"一词最初是在1956年Dartmouth学会上提出的,从那以后,研究者们发现了众多理论和原理,人工智能的概念也随之扩展。

人工智能是计算机学科的一个分支,20世纪70年代以来被称为世界三大尖端技术之一(空间技术、能源技术、人工智能),也被认为是21世纪基因工程、纳米科学、人工智能三大尖端技术之一。这是因为近30年来它获得了迅速的发展,在很多学科领域都获得了广泛应用,并取得了丰硕的成果。人工智能已逐步成为一个独立的分支,无论在理论和实践上都已自成体系。

人工智能研究的一个主要目标是使机器能够胜任一些通常需要人类智能才能完成的复杂工作。但不同的时代、不同的人对这种"复杂工作"的理解是不同的。例如,繁重的科学和工程计算本来是要人脑来承担的,现在计算机可以轻松完成这种计算,因此当代人已不再把这种计算看作是"需要人类智能才能完成的复杂任务",可见复杂工作的定义是随着时代的发展和技术的进步而变化的,人工智能这门科学的具体目标也自然随着时代的变化而发展。它一方面不断获得新的进展,另一方面又转向更有意义、更加困难的目标。

能够用来研究人工智能的主要物质基础以及能够实现人工智能技术平台的机器就是计算机,人工智能的发展历史是和计算机科学技术的发展史联系在一起的。除了计算机科学以外,人工智能还涉及信息论、控制论、自动化、仿生学、生物学、心理学、数理逻辑、语言学、医学和哲学等多门学科。人工智能学科研究的主要内容包括:知识表示、自动推理和搜索方法、机器学习和知识获取、知识处理系统、自然语言理解、计算机视觉、智能机器人、自动程序设计等方面。

从1956年正式提出人工智能学科算起,50多年来,人工智能取得长足的发展。现在人工智能已经不再是几个科学家的专利,全世界几乎所有大学的计算机系都有人在研究这门学科,各大公司或研究机构也投入力量进行研究与开发。在科学家和工程师不懈的努力下,现在计算机已经可以在很多地方帮助人进行原来只属于人类的工作,计算机以它的高速和准确为人类发挥着它的作用。目前,人工智能主要的应用领域有机器翻译、智能控制、专家系统、机器人学、语言和图像理解、遗传编程机器人工厂、自动程序设计、航天应用、庞大的信息处理、存储与管理、执行化合生命体无法执行的或复杂或规模庞大的任务,等等。

5. 物联网

顾名思义,物联网(“the Internet of Things”)就是“物物相连的互联网”。这里有两层意思:第一,物联网的核心和基础仍然是互联网,是在互联网基础上的延伸和扩展的网络;第二,其用户端延伸和扩展到了任何物品与物品之间,进行信息交换和通信。严格而言,物联网的定义是:通过射频识别(RFID)、红外感应器、全球定位系统、激光扫描器等信息传感设备,按约定的协议,把任何物品与互联网连接起来,进行信息交换和通信,以实现智能化识别、定位、跟踪、监控和管理的一种网络。

物联网中非常重要的技术是RFID电子标签技术。以简单RFID系统为基础,结合已有的网络技术、数据库技术、中间件技术等,构筑一个由大量联网的阅读器和无数移动的标签组成的,比Internet更为庞大的物联网成为RFID技术发展的趋势。物联网把新一代IT技术充分运用在各行各业之中,具体地说,就是把感应器嵌入和装备到电网、铁路、桥梁、隧道、公路、建筑、供水系统、大坝、油气管道等各种物体中,然后将“物联网”与现有的互联网整合起来,实现人类社会与物理系统的整合。在这个整合的网络当中,存在能力超强的中心计算机群,能够对整合网络内的人员、机器、设备和基础设施实施实时的管理和控制。在此基础上,人类可以以更加精细和动态的方式管理生产和生活,达到“智慧”状态,提高资源利用率和生产力水平,改善人与自然间的关系。

物联网根据其实质用途可以归结为3种基本应用模式:

① 对象的智能标签。通过二维码、RFID等技术标识特定的对象,用于区分对象个体。

② 环境监控和对象跟踪。利用多种类型的传感器和分布广泛的传感器网络,可以实现对某个对象的实时状态的获取和特定对象行为的监控。

③ 对象的智能控制。物联网基于云计算平台和智能网络,可以依据传感器网络用获取的数据进行决策,改变对象的行为进行控制和反馈。

与传统的互联网相比,物联网有其鲜明的特征:

① 它是各种感知技术的广泛应用。物联网上部署了海量的多种类型传感器,每个传感器都是一个信息源,不同类别的传感器所捕获的信息内容和信息格式不同。

② 它是一种建立在互联网上的泛在网络。物联网技术的重要基础和核心仍旧是互联网,通过各种有线和无线网络与互联网融合,将物体的信息实时准确地传递出去。

③ 物联网具有智能处理的能力,能够对物体实施智能控制。物联网不仅仅提供了传感器的连接,其本身也具有智能处理的能力,能够对物体实施智能控制。

物联网是利用无所不在的网络技术建立起来的,是继计算机、互联网与移动通信网之后的又一次信息产业浪潮,是一个全新的技术领域。物联网用途广泛,遍及智能交通、环境保护、政府工作、公共安全、平安家居、智能消防、工业监测、老人护理、个人健康等多个领域。预计物联网是继计算机、互联网与移动通信网之后的又一次信息产业浪潮。有专家预测,随着物联网的大规模普及,这一技术将会发展成为一个上万亿元规模的高科技市场。

6. 大数据

大数据是指无法在一定时间内用常规软件工具对其内容进行抓取、管理和处理的数据集合,它具有4个基本特征:一是数据体量巨大,从TB级别跃升到PB级别(1 PB = 1 024 TB);二是数据类型多样,现在的数据类型不仅是文本形式,更多的是图片、视频、音频、地理位置信息等多类型的数据,个性化数据占绝对多数;三是处理速度快,数据处理遵循“1秒定律”,可从各种类型的数据中快速获得高价值的信息;四是价值密度低，商业价值高，以视频为例，连续不间断监控过程中，可能有用的数据仅仅有一两秒。业界将这4个特征归纳为4个“V”——Volume（大量）、Variety（多样）、Velocity（高速）、Value（价值）。

大数据技术是指从各种各样类型的数据中，快速获得有价值信息的能力。大数据技术的战略意义不在于掌握庞大的数据信息，而在于对这些含有意义的数据进行专业化处理。如果把大数据比作一种产业，那么这种产业实现赢利的关键，在于提高对数据的“加工能力”，通过“加工”实现数据的“增值”。适用于大数据的技术，包括大规模并行处理（MPP）数据库、数据挖掘电网、分布式文件系统、分布式数据库、云计算平台、互联网和可扩展的存储系统。

由此可见，大数据并不只是简单的数据大的问题，重要的是通过对大数据进行分析来获取有价值的信息。所以，大数据的分析方法在大数据领域就显得尤为重要，可以说是决定最终信息是否有价值的决定性因素。大数据分析的基本方法有可视化分析、数据挖掘算法、预测性分析、语义引擎和数据质量和数据管理。对于更深入的大数据分析，则需要更有特点、更深入、更专业的大数据分析方法。

大数据的作用体现在如下的四方面：

第一，对大数据的处理分析正成为新一代信息技术融合应用的结点。移动互联网、物联网、社交网络、数字家庭、电子商务等是新一代信息技术的应用形态，这些应用不断产生大数据。云计算为这些海量、多样化的大数据提供存储和运算平台。通过对不同来源数据的管理、处理、分析与优化，将结果反馈到上述应用中，将创造出巨大的经济和社会价值。

第二，大数据是信息产业持续高速增长的新引擎。面向大数据市场的新技术、新产品、新服务、新业态会不断涌现。在硬件与集成设备领域，大数据将对芯片、存储产业产生重要影响，还将催生一体化数据存储处理服务器、内存计算等市场。在软件与服务领域，大数据将引发数据快速处理分析、数据挖掘技术和软件产品的发展。

第三，大数据利用将成为提高核心竞争力的关键因素。各行各业的决策正在从“业务驱动”转变“数据驱动”。对大数据的分析可以使零售商实时掌握市场动态并迅速做出应对；可以为商家制定更加精准有效的营销策略提供决策支持；可以帮助企业为消费者提供更加及时和个性化的服务；在医疗领域，可提高诊断准确性和药物有效性；在公共事业领域，大数据也开始发挥促进经济发展、维护社会稳定等方面的重要作用。

第四，大数据时代科学研究的方法手段将发生重大改变。在大数据时代，可通过实时监测、跟踪研究对象在互联网上产生的海量行为数据，进行挖掘分析，揭示出规律性的东西，提出研究结论和对策。

1.3　计算机中的数制与编码

信息在现实世界中无处不在，它们的表现形式也多种多样，如数字、字母、符号、图表、图像、声音等。而任何形式的信息都可以通过一定的转换方式变成计算机能直接处理的数据。这种计算机能直接处理的数据是用二进制来表示的。

也就是说，在计算机内部无论是存储数据还是进行数据运算，一律采用二进制。虽然为了书写、阅读方便，用户可以使用十进制或其他进制形式表示一个数，但不管采用哪种形式，计算机都要把它们变成二进制数存入计算机并以二进制方式进行运算。当要输出运算结果时，也必须把运算结果转换成人们所习惯的十进制等形式通过输出设备进行输出。

那么，为什么计算机要采用二进制数形式呢？第一是由于二进制数在电器元件中最容易实现，而且稳定、可靠，二进制数只要求识别“0”和“1”两个符号，计算机就是利用电路输出电压的高或低分别表示数字“1”或“0”的；第二是二进制数运算法则简单，可以简化硬件结构；第三是便于逻辑运算，逻辑运算的结果称为逻辑值，逻辑值只有两个“0”和“1”。这里的“0”和“1”并不是表示数值，而是代表问题的结果有两种可能：真或假、正确或错误等。

1.3.1　计算机的数制

人们在生产实践和日常生活中，创造了各种表示数的方法，这种数的表示系统称为数制。

按照进位方式计数的数制叫进位计数制。在日常生活中,会遇到不同进制的数。例如,十进制,逢十进一;十二进制(一年等于十二个月),逢十二进一;七进制(一周等于七天),逢七进一;六十进制(一小时等于六十分),逢六十进一。平常用得最多的是十进制数,而计算机内部使用的是二进制数据,有时编写程序时还要用到八进制和十六进制数据,因此,需要了解不同进制是如何转换的。

首先,来理解基数与位权的概念。

1. 基数与位权

进位计数制涉及两个基本问题:基数与各数位的位权。

所谓某进位数制的基数是指该进制中允许选用的基本数字符号的个数。

① 十进制(Decimal):其每位数位上允许使用的是0、1、2、3、4、5、6、7、8、9这10个数字符号中的一个,故基数为10。

② 二进制(Binary):其每位数位上允许使用的是0和1两个数字,故基数为2。这就是说,如果给定的数中,除0和1外还有其他数,如1012,它就决不会是一个二进制数。

③ 八进制(Octal):其每位数位上允许使用0、1、2、3、4、5、6、7这8个数字符号中的一个,故基数为8。

④ 十六进制(Hexadecimal):其每位数位上允许使用0、1、2、3、4、5、6、7、8、9、A、B、C、D、E、F这16个数字符号中的一个,故基数为16。其中,A~F分别代表十进制数的10~15。

每个数位上的数字所表示的数值等于该数字乘以一个与数字所在位置有关的常数,这个常数就是位权。位权的大小是以基数为底,以数字所在位置的序号为指数的整数幂。例如:

(1)十进制

十进制数886.78可以表示成:$886.78=8\times10^2+8\times10^1+6\times10^0+7\times10^{-1}+8\times10^{-2}$。而对于一个有$n$位整数$m$位小数的十进制数$a_{n-1}\cdots a_0.a_{-1}\cdots a_{-m}$,则它的值可以这样展开为:

$$a_{n-1}\times10^{n-1}+a_{n-2}\times10^{n-2}+\cdots+a_0\times10^0+a_{-1}\times10^{-1}+a_{-2}\times10^{-2}+\cdots+a_{-m}\times10^{-m}$$

这里,10是十进制数的基数,10^i($i=-m\sim n-1$,m、n为自然数)就是每位数位上的位权。十进制计数时按“逢十进一”的原则进行计算。

(2)二进制

由于二进制数只有两个数字符号1和0,计数时按“逢二进一”的原则进行计算。对于二进制数110.011则可以表示成$(110.011)_2=1\times2^2+1\times2^1+0\times2^0+0\times2^{-1}+1\times2^{-2}+1\times2^{-3}$。同样,对于一个有$n$位整数$m$位小数的二进制数$a_{n-1}\cdots a_0.a_{-1}\cdots a_{-m}$,则它的值可以展开为:

$$a_{n-1}\times2^{n-1}+a_{n-2}\times2^{n-2}+\cdots+a_0\times2^0+a_{-1}\times2^{-1}+a_{-2}\times2^{-2}+\cdots+a_{-m}\times2^{-m}$$

这里,2是二进制数的基数,2^i($i=-m\sim n$,m、n为自然数)就是每位数位上的位权。

同理类推可得,八进制数的基数为8,位权为8^i($i=-m\sim n-1$,m、n为自然数),其进位方式按“逢八进一”的原则进行计算;十六进制数的基数为16,位权为16^i($i=-m\sim n-1$,m、n为自然数),其进位方式按“逢十六进一”的原则进行计算。

为了区分各种数制,在数后加D、B、O、H分别表示十进制、二进制、八进制、十六进制数,也可用下标来表示各种数制的数,如$(1010)_2$、$(1010)_8$、$(1010)_{10}$、$(1010)_{16}$所代表的数值是不同的。

2. 不同数制间的转换

(1)其他数制转换成十进制数

只要将某种数制的数按位权展开然后求和,就可以把这个数转换成十进制数。

① 二进制数转换成十进制数:

$(1001)_2=1\times2^3+0\times2^2+0\times2^1+1\times2^0=(9)_{10}$

$(11.101)_2=1\times2^1+1\times2^0+1\times2^{-1}+0\times2^{-2}+1\times2^{-3}=(3.625)_{10}$

② 八进制数转换成十进制数:

$(35)_8=3\times8^1+5\times8^0=24+5=(29)_{10}$

$(1276)_8 = 1 \times 8^3 + 2 \times 8^2 + 7 \times 8^1 + 6 \times 8^0 = 512 + 128 + 56 + 6 = (702)_{10}$

③ 十六进制数转换成十进制数：

$(32CF)_{16} = 3 \times 16^3 + 2 \times 16^2 + 12 \times 16^1 + 15 \times 16^0 = 12288 + 512 + 192 + 15 = (13007)_{10}$

$(2B4E)_{16} = 2 \times 16^3 + 11 \times 16^2 + 4 \times 16^1 + 14 \times 16^0 = 8192 + 2816 + 64 + 14 = (11086)_{10}$

(2)十进制数转换成其他进制数

如果将十进制数转换为 R 进制的数，可将十进制的整数部分和小数部分分离开，然后按下列规则转换：

① 十进制整数化为 R 进制数：除 R 取余法，得 R 进制整数。

② 十进制纯小数化为 R 进制数：乘 R 取整法，得 R 进制纯小数。

例如，将 $(237.25)_{10}$ 转换成二进制数，则

整数部分转换如下：

除数	被除数	说明
2	237	余数为 1，即 $b_0=1$，**注意：**此位为最低位
2	118	余数为 0，即 $b_1=0$
2	59	余数为 1，即 $b_2=1$
2	29	余数为 1，即 $b_3=1$
2	14	余数为 0，即 $b_4=0$
2	7	余数为 1，即 $b_5=1$
2	3	余数为 1，即 $b_6=1$
	1	余数为 1，即 $b_7=1$，**注意：**此位为最高位

小数部分转换如下：

0.25	
× 2	
[0].50	整数部分为 0，即 $b_{-1}=0$，**注意：**此位为最高位
× 2	
[1].00	整数部分为 1，即 $b_{-2}=1$，**注意：**此位为最低位
0.00	余下的纯小数为零，结束

最后结果为：$(237.25)_{10} = (11101101.01)_2$。

再如，将 58506.8125 转换成八进制数，则

整数部分转换如下：

除数	被除数	说明
8	58506	余数为 2，即 $b_0=2$，**注意：**此位为最低位
8	7313	余数为 1，即 $b_1=1$
8	914	余数为 2，即 $b_2=2$
8	114	余数为 2，即 $b_3=2$
8	14	余数为 6，即 $b_4=6$
	1	余数为 1，即 $b_5=1$，**注意：**此位为最高位

小数部分转换如下：

0.8125	
× 8	
[6].5000	整数部分为 6，则 $b_{-1}=6$，**注意：**此为最高位
× 8	
[4].0000	整数部分为 4，则 $b_{-2}=4$，**注意：**此为最低位
0.0000	余下的纯小数为零，结束

所以，$(58506.8125)_{10}=(162212.64)_8$。

(3)二进制数与八进制数的相互转换

二进制的基数为2，八进制的基数为8，由于8是2的整数次幂，即$8=2^3$，故一位八进制数正好相当于3位二进制数。因此，将二进制数转换成八进制数，只需以小数点为界，分别向左、向右每3位一组划分，最后剩下的位数不够3位时补0，再将每3位代以八进制数字即可。

例如，将$(1111111011.0100001)_2$转换成八进制数：

001	111	111	011	.	010	000	100
↓	↓	↓	↓	↓	↓	↓	↓
1	7	7	3	.	2	0	4

所以，$(1111111011.0100001)_2=(1773.204)_8$。

若将八进制转换成二进制，则分别将每位八进制数字代之以3位二进制数字即可。

例如，将$(72.531)_8$转换成二进制数。

7	2	.	5	3	1
↓	↓	↓	↓	↓	↓
111	010	.	101	011	001

所以，$(72.531)_8=(111010.101011001)_2$。

(4)二进制数与十六进制数的相互转换

二进制的基数为2，十六进制的基数为16，由于16是2的整数次幂，即$16=2^4$，一位十六进制数正好相当于4位二进制数。因此，将二进制数转换成十六进制数，只需以小数点为界，分别向左、向右每4位一组划分，最后剩下的位数不够4位时补0，再将每4位代以十六进制数字即可。

例如，将$(111101010011.10111)_2$转换成十六进制数。

1111	0101	0011	.	1011	1000
↓	↓	↓	↓	↓	↓
F	5	3	.	B	8

所以，$(111101010011.10111)_2=(F53.B8)_{16}$。

若将一个十六进制数转换成二进制数，则每一个十六进制数字用4位二进制数字代替 即可。

例如，将$(2AF.C5)_{16}$转换成二进制数：

2	A	F	.	C	5
↓	↓	↓	↓	↓	↓
0010	1010	1111	.	1100	0101

所以$(2AF.C5)_{16}=(1010101111.11000101)_2$。

十六进制与二进制之间的转换极为方便，用十六进制书写比用二进制书写简短，口读也方便；特别是，计算机存储器以字节为单位，一个字节包含8个二进制位，用两个十六进制位即可表示。因此，十六进制常用于指令的书写、手编程序或目标程序的输入与输出。

(5)八进制数与十六进制数的相互转换

要实现八进制数与十六进制数之间的转换，最简单的方法是借助于二进制数来实现，即将八进制数转换为二进制数，再将二进制数转换为十六进制数；同理，十六进制数转换为八进制数时，也可采用相同的方法，即将十六进制数转换为二进制数，再将二进制数转换为八进制数即可。

十进制数与二进制数、八进制数和十六进制数的对照表如表1-1所示。

表1-1　十进制数与二、八、十六进制数的对照表

十进制	二进制	八进制	十六进制	十进制	二进制	八进制	十六进制
0	0000	0	0	8	1000	10	8
1	0001	1	1	9	1001	11	9
2	0010	2	2	10	1010	12	A
3	0011	3	3	11	1011	13	B
4	0100	4	4	12	1100	14	C
5	0101	5	5	13	1101	15	D
6	0110	6	6	14	1110	16	E
7	0111	7	7	15	1111	17	F

1.3.2　计算机数据的存储方式

计算机只识别二进制数，即在计算机内部，运算器运算的是二进制数。

因此，计算机中数据的最小单位就是二进制的一位数，简称为位，英文名称是 bit，音译为“比特”。一个比特只能表示两种状态（0 或 1），两个比特就能表示 4 种状态（00、10、01、11）。而对于人们平时常用的字母、数字和符号，只需要用 8 位二进制进行编码就能将它们区分开。因此，将 8 个二进制位的集合称作“字节”（Byte，简写为 B），它是计算机存储和运算的基本单位。这样，一个数字、字母或字符就可以用 1 个字节来表示，如字符“A”就表示成“01000001”。由于汉字不像英文那样可以由 26 个字母组合而成，为了区分不同的汉字，每个汉字必须用两个字节来表示。

在计算机内部的数据传送过程中，数据通常是按字节的整数的倍数传送的，将计算机一次能同时传送数据的位数称为字长（Word Size）。字长是由 CPU 本身的硬件结构所决定的，它与数据总线的数目是对应的。不同的计算机系统内的字长是不同的。计算机中常用的字长有 8 位、16 位、32 位、64 位等。图 1-6 所示为组成计算机字长的位数。

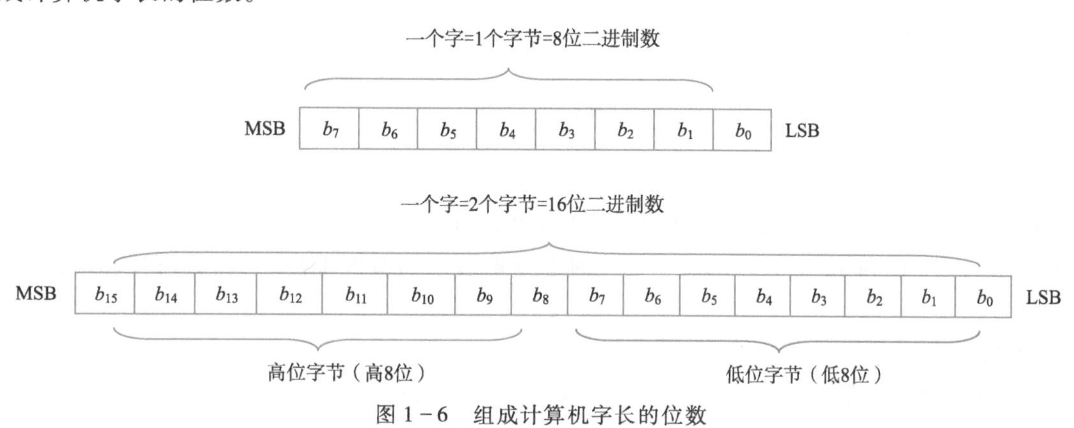

图 1-6　组成计算机字长的位数

一个字长最右边的一位称为最低有效位，最左边的一位称最高有效位。在 8 位字长中，自右而左，依次为 $b_0 \sim b_7$，为一个字节。在 16 位字长中，自右而左，依次为 $b_0 \sim b_{15}$，为两个字节，左边 8 位为高位字节，右边 8 位为低位字节。

1.3.3　数值数据的编码

1. 机器数

在计算机中，因为只有“0”和“1”两种形式，所以数的正、负号，也必须以“0”和“1”表示。通常把一个数的最高位定义为符号位，用“0”表示正，“1”表示负，称为数符，其余位表示数值。把在机器内存放的正、负号数码化的数称为机器数；把机器外部由正、负号表示的数称为真值数。例如，真值为 -00101100B 的机器数为 10101100B，存放在机器中。

要注意的是，机器数表示的范围受到字长和数据类型的限制，字长和数据类型定了，机器数能表示的数

值范围也就定了。例如，若表示一个整数，字长为8位，则最大的正数为01111111，最高位为符号位，即最大值为127，若数值超出127，就要“溢出”。

2. 数的定点和浮点表示

计算机内表示的数，主要有定点小数、定点整数与浮点数3种类型。

(1)定点小数的表示法

定点小数是指小数点准确固定在数据某一个位置上的小数。一般把小数点固定在最高位的左边，小数点前面再设一位符号位。按此规则，任何一个小数都可以写成：

$$N = N_S N_{-1} N_{-2} \cdots N_{-M}$$

其中，N_S为符号位。如图1-7所示，即在计算机中用$M+1$个二进制位表示一个小数，最高(最左)一个二进制位表示符号(通常用“0”表示正号，“1”表示负号)，后面的M个二进制位表示该小数的数值。小数点不用明确表示出来，因为它总是定在符号位与最高数值位之间。对用$M+1$个二进制位表示的小数来说，其值的范围为$|N| \leqslant 1-2^{-M}$。

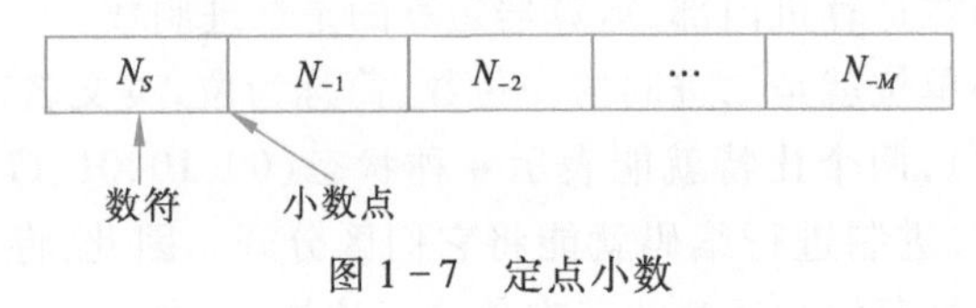

图1-7　定点小数

(2)整数的表示法

整数所表示的数据的最小单位为1，可以认为它是小数点定在数值最低位(最右)右边的一种表示法。整数分为带符号整数和无符号整数两类。对于带符号整数，符号位放在最高位，可以表示为：

$$N = N_S N_{M-1} N_{M-2} \cdots N_2 N_1 N_0$$

其中，N_S为符号位，如图1-8所示。

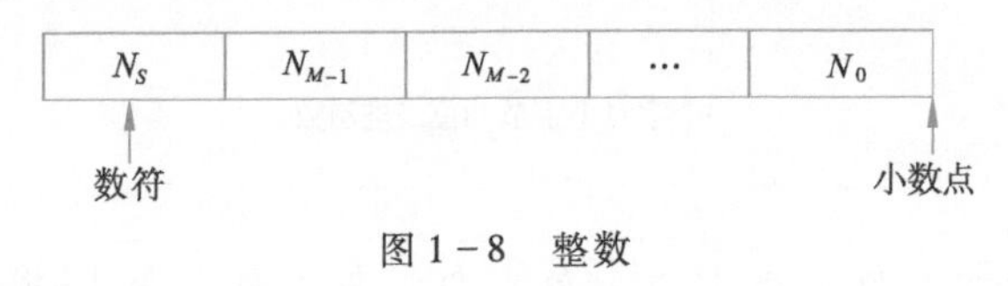

图1-8　整数

对于用$M+1$位二进制位表示的带符号整数，其值的范围为$|N| \leqslant 2^M$。

对于无符号整数，所有的$M+1$个二进制位均看成数值，此时数值表示范围为$0 \leqslant N \leqslant 2^{M+1}-1$。在计算机中，一般用8位、16位和32位等表示数据。一般定点数表示的范围都较小，在数值计算时，大多采用浮点数。

(3)浮点数的表示法

浮点表示法对应于科学(指数)计数法，如110.011可表示为：

$$N = 110.011 = 1.10011 \times 2^{10} = 11001.1 \times 2^{-10} = 0.110011 \times 2^{+11}$$

在计算机中一个浮点数由两部分构成：阶码和尾数。阶码是指数，尾数是纯小数。其存储格式如图1-9所示。

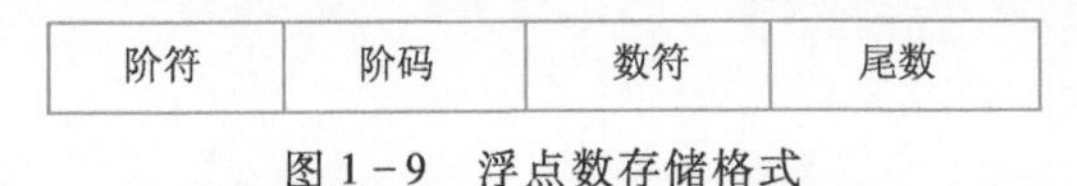

图1-9　浮点数存储格式

阶码只能是一个带符号的整数，它用来指示尾数中的小数点应当向左或向右移动的位数，阶码本身的小数点约定在阶码最右面。尾数表示数值的有效数字，其本身的小数点约定在数符和尾数之间。在浮点数表示中，数符和阶符都各占一位，阶码的位数随数值表示的范围而定，尾数的位数则依数的精度要求而定。

> 注意：
>
> 浮点数的正、负是由尾数的数符确定，而阶码的正、负只决定小数点的位置，即决定浮点数的绝对值大小。

另外，在计算机中，带符号数还有其他的表示方法，常用的有原码、反码和补码等。

1.3.4 字符的编码

字符编码（Character Code）就是规定用怎样的二进制码来表示字母、数字以及一些专用符号。

1. ASCII

在计算机系统中，有两种重要的字符编码方式，一种是美国国际商业机器公司（IBM）的扩充二进制码EBCDIC，主要用于IBM的大型主机，还有一种就是微型计算机系统中用得最多最普遍的美国标准信息交换码（American Standard Code for Information Interchange，ASCII）。该编码已被国际标准化组织（ISO）接收为国际标准，所以又称为国际5号码。因此，ASCII是目前国际上比较通用的信息交换码。

ASCII有7位ASCII和8位ASCII两种。7位ASCII称为基本ASCII，是国际通用的。它包含10个阿拉伯数字、52个英文大小写字母、32个字符和运算符以及34个控制码，一共128个字符，具体编码如表1－2所示。

表1－2 标准ASCII字符集

十进制	十六进制	字符	十进制	十六进制	字符	十进制	十六进制	字符	十进制	十六进制	字符
0	00	NUL	24	18	CAN	48	30	0	72	48	H
1	01	SOH	25	19	EM	49	31	1	73	49	I
2	02	STX	26	1A	SUB	50	32	2	74	4A	J
3	03	ETX	27	1B	ESC	51	33	3	75	4B	K
4	04	EOT	28	1C	FS	52	34	4	76	4C	L
5	05	ENQ	29	1D	GS	53	35	5	77	4D	M
6	06	ACK	30	1E	RS	54	36	6	78	4E	N
7	07	BEL	31	1F	US	55	37	7	79	4F	O
8	08	BS	32	20	SP	56	38	8	80	50	P
9	09	HT	33	21	!	57	39	9	81	51	Q
10	0A	LF	34	22	"	58	3A	:	82	52	R
11	0B	VT	35	23	#	59	3B	;	83	53	S
12	0C	FF	36	24	$	60	3C	<	84	54	T
13	0D	CR	37	25	%	61	3D	=	85	55	U
14	0E	SO	38	26	&	62	3E	>	86	56	V
15	0F	SI	39	27	'	63	3F	?	87	57	W
16	10	DLE	40	28	(	64	40	@	88	58	X
17	11	DC1	41	29	)	65	41	A	89	59	Y
18	12	DC2	42	2A	*	66	42	B	90	5A	Z
19	13	DC3	43	2B	+	67	43	C	91	5B	[
20	14	DC4	44	2C	,	68	44	D	92	5C	\\
21	15	NAK	45	2D	-	69	45	E	93	5D	]
22	16	SYN	46	2E	.	70	46	F	94	5E	^
23	17	ETB	47	2F	/	71	47	G	95	5F	_

续表

十进制	十六进制	字符	十进制	十六进制	字符	十进制	十六进制	字符	十进制	十六进制	字符
96	60	`	104	68	h	112	70	p	120	78	x
97	61	a	105	69	i	113	71	q	121	79	y
98	62	b	106	6A	j	114	72	r	122	7A	z
99	63	c	107	6B	k	115	73	s	123	7B	{
100	64	d	108	6C	l	116	74	t	124	7C		
101	65	e	109	6D	m	117	75	u	125	7D	}
102	66	f	110	6E	n	118	76	v	126	7E	~
103	67	g	111	6F	o	119	77	w	127	7F	DEL

注:NUL—空白　SOH—序始　STX—文始　ETX—文终　EOT—送毕　ENQ—询问
ACK—应答　BEL—告警　BS—退格　HT—横表　LF—换行　VT—纵表
FF—换页　CR—回车　SO—移出　SI—移入　SP—空格　DLE—转义
DC1—设控 1　DC2—设控 2　DC3—设控 3　C4—设控 4　NAK—否认　SYN—同步
ETB—组终　CAN—作废　EM—载终　SUB—取代　ESC—扩展　FS—卷隙
GS—勘隙　RS—录隙　US—元隙　DEL—删除

当微型计算机采用 7 位 ASCII 作机内码时,每个字节的 8 位只占用了 7 位,而把最左边的那 1 位(最高位)置 0。

要注意的是,十进制数字字符的 ASCII 与二进制值是有区别的,如十进制数值 3 的 7 位二进制数为 $(0000011)_2$,而十进制数字字符“3”的 ASCII 为 $(0110011)_2$。很明显,它们在计算机中的表示是不一样的。数值 3 能表示数的大小,并且可以参与数值运算;而数字字符“3”只是一个符号,它不能参与数值运算。

8 位 ASCII 称为扩充 ASCII。由于 128 个字符不够,就把原来的 7 位码扩展成 8 位码,因此它可以表示 256 个字符,前面的 ASCII 部分不变,在编码的 128 ~ 255 范围内,增加了一些字符,比如一些法语字母。

2. BCD 码

BCD(Binary Coded Decimal)码是二进制编码的十进制数,有 4 位 BCD 码、6 位 BCD 码和扩展的 BCD 码 3 种。

(1)8421 BCD 码

8421 BCD 码是用 4 位二进制数表示一个十进制数字,4 位二进制数从左到右其位权依次为 8、4、2、1,它只能表示十进制数的 0 ~ 9 十个字符。为了能对一个多位十进制数进行编码,需要有与十进制数的位数一样多的 4 位组。

(2)扩展 BCD 码

由于 8421 BCD 码只能表示 10 个十进制数,所以在原来 4 位 BCD 码的基础上又产生了 6 位 BCD 码。它能表示 64 个字符,其中包括 10 个十进制数、26 个英文字母和 28 个特殊字符。但在某些场合,还需要区分英文字母的大小写,这就提出了扩展 BCD 码,它是由 8 位组成的,可表示 256 个符号,其名称为 Extended Binary Coded Decimal Interchange Code,缩写为 EBCDIC。EBCDIC 码是常用的编码之一,IBM 及 UNIVAC 计算机均采用这种编码。

3. Unicode 编码

扩展的 ASCII 所提供的 256 个字符,用来表示世界各地的文字编码还显得不够,还需要表示更多的字符和意义,因此又出现了 Unicode 编码。

Unicode 是一种 16 位的编码,能够表示 65 000 多个字符或符号。目前,世界上的各种语言一般所使用的字母或符号都在 3 400 个左右,所以 Unicode 编码可以用于任何一种语言。Unicode 编码与现在流行的 ASCII 完全兼容,二者的前 256 个符号是一样的。

1.3.5 汉字的编码

ACSII 只对英文字母、数字和标点符号进行编码。为了在计算机内表示汉字,用计算机处理汉字,同样也需要对汉字进行编码。计算机对汉字信息的处理过程实际上是各种汉字编码间的转换过程。这些编码主要包括汉字输入码、汉字内码、汉字字形码、汉字地址码及汉字信息交换码等。下面分别对各种汉字编码进行介绍。

1. 汉字信息交换码

汉字信息交换码是用于汉字信息处理系统之间或汉字信息处理系统与通信系统之间进行信息交换的汉字代码，简称交换码，也叫国标码。它是为了使系统、设备之间信息交换时能够采用统一的形式而制定的。

我国 1981 年颁布了国家标准——信息交换用汉字编码字符集（基本集），代号为 GB 2312—1980，即国标码。

国标码规定了进行一般汉字信息处理时所用的 7 445 个字符编码，其中 682 个非汉字图形符号（如序号、数字、罗马数字、英文字母、日文假名、俄文字母、汉语注音等）和 6 763 个汉字的代码。汉字代码中又有一级常用字 3 755 个，二级次常用字 3008 个。一级常用汉字按汉语拼音字母顺序排列，二级次常用字按偏旁部首排列，部首依笔画多少排序。

由于一个字节只能表示 2^8（256）种编码，显然用一个字节不可能表示汉字的国标码，所以一个国标码必须用两个字节来表示。

2. 汉字输入码

为将汉字输入计算机而编制的代码称为汉字输入码，也叫外码。

由于汉字主要是经标准键盘输入计算机的，所以汉字输入码都是由键盘上的字符或数字组合而成。例如，用全拼输入法输入“中”字，就要输入字符串 zhong（然后选字）。汉字输入码是根据汉字的发音或字形结构等多种属性及有关规则编制的，目前流行的汉字输入码的编码方案已有许多，如全拼输入法、双拼输入法、自然码输入法、五笔输入法等，可分为音码、形码、音形结合码 3 大类。全拼输入法和双拼输入法是根据汉字的发音进行编码的，称为音码；五笔输入法是根据汉字的字形结构进行编码的，称为形码；自然码输入法是以拼音为主，辅以字形字义进行编码的，称为音形结合码。

对于同一个汉字，不同的输入法有不同的输入码。例如，“中”字的全拼输入码是 zhong，其双拼输入码是 vs，而五笔输入码是 kh。不管采用何种输入方法，输入的汉字都会转换成对应的机内码并存储在介质中。

3. 汉字内码

汉字内码是为在计算机内部对汉字进行存储、处理而设置的汉字编码，它应能满足在计算机内部存储、处理和传输的要求。当一个汉字输入计算机后就转换为内码，然后才能在机器内传输和处理。汉字内码的形式也是多种多样的，目前对应于国标码，一个汉字的内码也用两个字节存储，并把每个字节的最高二进制位置“1”作为汉字内码的标识，以免与单字节的 ASCII 混淆产生歧义。也就是说，国标码的两个字节每个字节最高位置“1”，即转换为内码。

4. 汉字字形码

目前，汉字信息处理系统中产生汉字字形的方式，大多以点阵的方式形成汉字，汉字字形码也就是指确定一个汉字字形点阵的编码，也叫字模或汉字输出码。

汉字是方块字，将方块等分成有 n 行 n 列的格子，简称为点阵。凡笔画所到的格子点为黑点，用二进制数“1”表示，否则为白点，用二进制数“0”表示。这样，一个汉字的字形就可用一串二进制数表示了。例如，16×16 汉字点阵有 256 个点，需要 256 位二进制位来表示一个汉字的字形码。这样就形成了汉字字形码，亦即汉字点阵的二进制数字化。图 1-10 所示为“中”字的 16×16 点阵字形示意图。

图 1-10　“中”字的 16×16 点阵字形示意图

在计算机中，8 个二进制位组成一个字节，它是对存储空间编地址的基本单位。可见一个 16×16 点阵的字形码需要 16×16/8 = 32 B 存储空间；同理，24×24 点阵的字形码需要 24×24/8 = 72 B 存储空间；32×32 点阵的字形码需要 32×32/8 = 128 B 存储空间。例如，用 16×16 点阵的字形码存储“中国”两个汉字，需占用 2×16×16/8 = 64 B 的存储空间。

显然，点阵中行、列数划分越多，字形的质量越好，锯齿现象也就越小，但存储汉字字形码所占用的存储空间也就越大。

汉字的点阵字形的缺点是放大后会出现锯齿现象，很不美观。中文 Windows 中广泛采用了 TrueType 类型的字形码，它采用了数学方法来描述一个汉字的字形码，可以实现无限放大而不产生锯齿现象。

5. 汉字地址码

汉字地址码是指向存储汉字字形信息的逻辑地址码。一般汉字字形信息都是按一定顺序（大多数按国标码中汉字的排列顺序）连续存放在存储介质中，所以汉字地址码也大多是连续有序的，而且与汉字内码间有着简单的对应关系，以简化汉字内码到汉字地址码的转换。

6. 各种汉字编码之间的关系

汉字的输入、处理和输出的过程，实际上是汉字的各种编码之间的转换过程，或者说汉字编码在系统有关部件之间传输的过程。图 1－11 所示为这些代码在汉字信息处理系统中的位置及它们之间的关系。

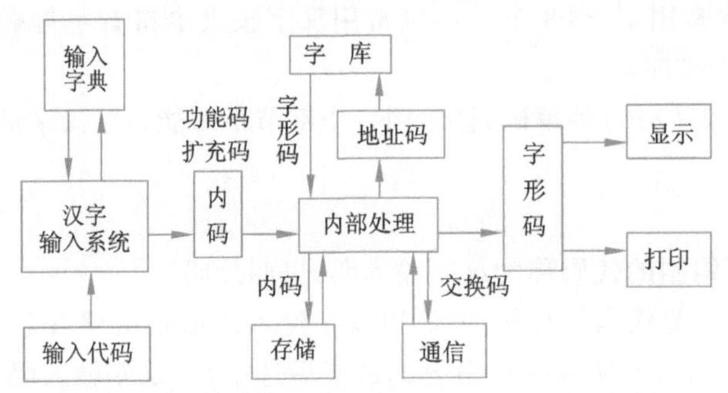

图 1－11　汉字编码在系统有关部件之间传输的过程

汉字输入码向内码的转换，是通过使用输入字典（或称索引表，即外码与内码的对照表）实现的。一般的系统具有多种输入方法，每种输入方法都有各自的索引表。

在计算机的内部处理过程中，汉字信息的存储和各种必要的加工以及向磁盘存储汉字信息，都是以汉字内码形式进行的。

汉字通信过程中，处理器将汉字内码转换为适合于通信用的交换码（国标码）以实现通信处理。

在汉字的显示和打印输出过程中，处理器根据汉字内码计算出汉字地址码，按地址码从字库中取出汉字字形码，实现汉字的显示或打印输出。

第 2 章　计算机系统

计算机系统由硬件(Hardware)系统和软件(Software)系统两大部分组成。操作系统是协调和控制计算机各部分进行和谐工作的一个系统软件,是计算机所有软硬件资源的管理者和组织者。Windows 则是 Microsoft 公司开发的基于图形用户界面的操作系统,也是目前最流行的微机操作系统。本章分别介绍组成计算机系统的硬件系统、微型计算机硬件系统及软件系统,操作系统的基本知识和概念,然后介绍 Windows 7 的使用与操作。

学习目标

- 了解计算机的基本结构及硬件组成,理解计算机的工作原理。
- 了解微型计算机硬件系统的各组成部分及常用的微型计算机外围设备。
- 掌握计算机软件系统的分类,了解常用的系统软件与应用软件。
- 理解操作系统的基本概念,了解操作系统的功能与种类。
- 了解 Windows 操作系统的基本知识与操作。

2.1　计算机系统构成

一个完整的计算机系统由硬件系统和软件系统两大部分组成,它们是计算机系统中相互依存、相互联系的组成部分。硬件系统指组成计算机的物理装置,是由各种有形的物理器件组成的,是计算机进行工作的物质基础。软件系统指运行在硬件系统之上的并且是管理、控制和维护计算机及外围设备的各种程序、数据以及相关资料的总称。

通常,把不装备任何软件的计算机称为裸机,它是什么任务也执行不了的。普通用户所面对的一般都是在裸机之上配置若干软件之后所构成的计算机系统。计算机硬件是支撑软件工作的基础,没有足够的硬件支持,软件也就无法正常地工作。硬件的性能决定了软件的运行速度、显示效果等,而软件则决定了计算机可进行的工作种类。只有将这两者有效地结合起来,才能成为计算机系统。计算机系统的组成如图 2－1 所示。

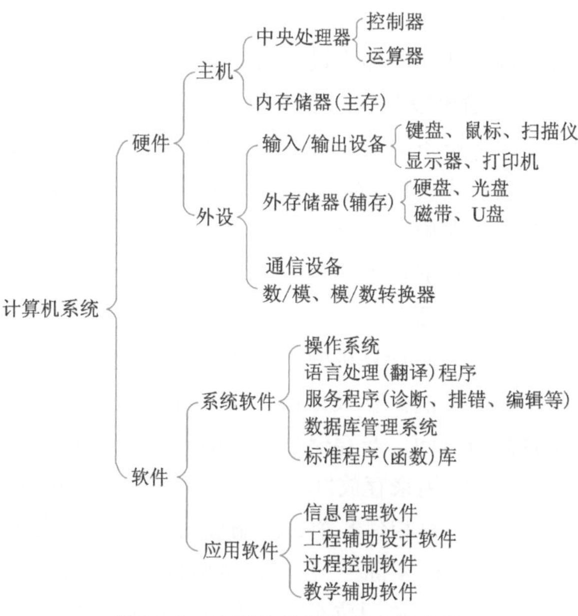

图 2－1　计算机系统的组成示意图

2.2 计算机硬件系统

硬件是指肉眼看得见的机器部件，它就像是计算机的"躯体"，它们是计算机工作的物质基础。不同种类计算机的硬件组成各不相同，但无论什么类型的计算机，都可以将其硬件划分为功能相近的几大部分。

2.2.1 计算机硬件的组成

根据冯·诺依曼设计思想，计算机的硬件组成由运算器、存储器、控制器、输入设备和输出设备5个基本部件组成，如图2-2所示。图中空心的双箭头代表数据信号流向，实心的单线箭头代表控制信号流向。从图2-2中可以看出，由输入设备输入数据，运算器处理数据，在存储器中存取有用的数据，在输出设备中输出运算结果，整个运算过程由控制器进行控制协调。这种结构的计算机称为冯·诺依曼结构计算机。自计算机诞生以来，虽然计算机系统从性能指标、运算速度、工作方式和应用领域等方面都发生了巨大的变化，但其基本结构仍然延续着冯·诺依曼的计算机体系结构。

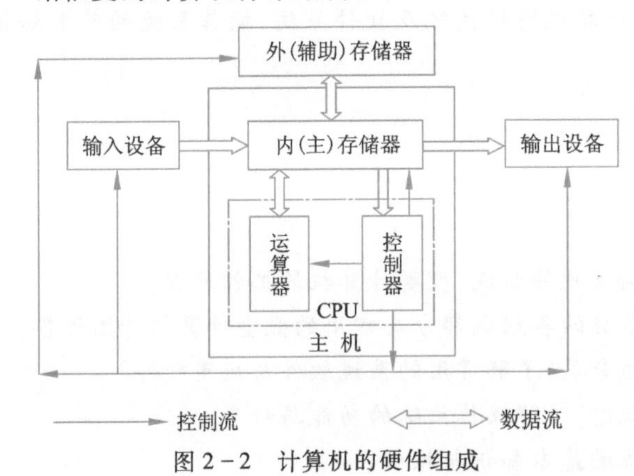

图2-2 计算机的硬件组成

1. 输入设备

输入设备的主要作用是把准备好的数据、程序等信息转变为计算机能接收的电信号送入计算机中。例如，用键盘输入信息时，敲击它的每个键位都能产生相应的电信号送入计算机；又如，模/数转换装置，把控制现场采集到的温度、压力、流量、电压、电流等模拟量转换成计算机能接收的数字信号，然后再传入计算机。目前常用的输入设备有键盘、鼠标、扫描仪等。

2. 输出设备

输出设备的主要功能是把计算机处理后的数据、计算结果或工作过程等内部信息转换成人们习惯接收的信息形式（如字符、曲线、图像、表格、声音等）或能为其他机器所接收的形式输出。例如，在纸上打印出印刷符号或在屏幕上显示字符、图形等。常见的输出设备有显示器、打印机、绘图仪等，它们分别能把信息直观地显示在屏幕上或打印出来。

3. 存储器

存储器是计算机的记忆装置，其基本功能是存储二进制形式的数据和程序，所以存储器应该具备存数和取数的功能。存数是指往存储器里"写入"数据；取数是指从存储器里"读出"数据。读/写操作统称为对存储器的访问。与存储器有关的术语介绍如下：

① 位：用来存放"0"或"1"的一位二进制数位称为位，它是构成存储器的最小单位。

② 字：每相邻8个二进制位为一个字节，是存储器最基本的单位。

③ 地址：实际上，存储器是由许许多多个二进制位的线性排列构成的，为了存取到指定位置的数据，通常将每8位二进制位组成一个存储单元称为字节，并给每个字节编上一个号码，称为地址。根据指定地址存取数据，就像人们在旅馆中根据门牌号码找房间一样。因此，可将内存描述为由若干行组成的一个矩阵，每一行就是一个存储单元（字节）且有一个编号，称为存储单元地址。每行中有8列，每列代表一个存储元件，

它可存储一位二进制数（“0”或“1”）。图2－3所示为这种内存概念模型。

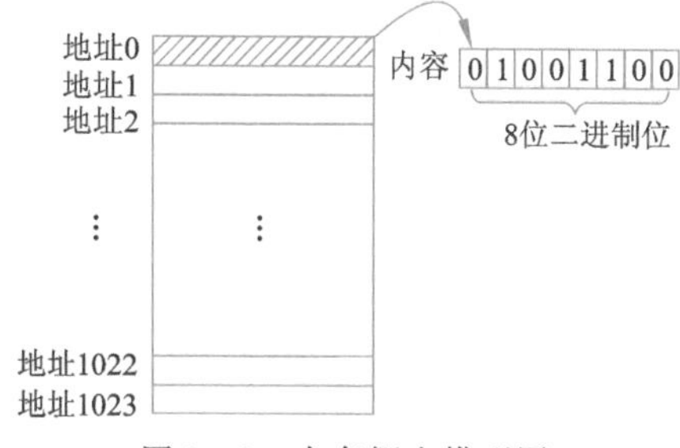

图2－3　内存概念模型图

④ 字长：在计算机中作为一个整体被存取或运算的最小信息单位称为字或单元，每个字中所包含的二进制位数称为字长。计算机的字长都是字节的整数倍。

⑤ 存储容量：存储器能够存储信息的总字节数，其基本单位是字节。此外，常用的存储容量单位还有KB（千字节）、MB（兆字节）、GB（吉字节）和TB（太字节）。它们之间的关系为：

$1B = 8$ bit　　$1KB = 2^{10}$ B $= 1\ 024$ B　　$1MB = 2^{10}$ KB $= 1\ 024$KB

$1GB = 2^{10}$ MB $= 1\ 024$ MB　　$1TB = 2^{10}$ MB $= 1\ 024$ GB

⑥ 存取周期：存储器的存取时间，即从启动一次存储器操作到完成该操作所经历的时间。一般是从发出读信号开始，到发出通知CPU读出数据已经可用的信号为止之间的时间，存取周期越短越好。

⑦ 存取操作：对存储单元进行存入操作时，即将一个数存入或写入一个存储单元时，先删去其原来存储的内容，再写入新数据；从存储单元中读取数据时，其内容保持不变。

计算机系统中的存储器可分为两大类：一类是设在主机中的内存储器，也叫主存储器，简称内存或主存；另一类是属于计算机外围设备的存储器，叫外存储器，也叫辅助存储器，简称外存或辅存。中央处理器（CPU）只能直接访问存储在内存中的数据，而外存中的数据只有先调入内存后才能被中央处理器访问和处理。

（1）内存储器

内存储器可以与CPU直接进行信息交换，用于存放当前CPU要用的数据和程序，存取速度快、价格高、存储容量较小。内存储器又分为随机存储器（Random Access Memory，RAM）和只读存储器（Read Only Memory，ROM）两类。

① 随机存储器：也叫随机存取存储器。目前，所有的计算机大都使用半导体RAM。半导体存储器是一种集成电路，其中有成千上万的存储元件。依据存储元件结构的不同，RAM又可分为静态RAM（Static RAM，SRAM）和动态RAM（Dynamic RAM，DRAM）。静态RAM集成度低、价格高，但存取速度快，常用作高速缓冲存储器（Cache）。动态RAM集成度高、价格低，但存取速度慢，常做主存使用。

RAM存储当前CPU使用的程序、数据、中间结果和与外存交换的数据，CPU根据需要可以直接读/写RAM中的内容。RAM有两个主要特点：一是其中的信息随时可以读出或写入；二是加电使用时其中的信息会完好无缺，但是一旦断电（关机或意外掉电），RAM中存储的数据就会消失，而且无法恢复。

② 只读存储器：顾名思义，对只读存储器只能进行读出操作而不能进行写入操作。ROM中的信息是在制造时用专门设备一次写入的。只读存储器常用来存放固定不变、重复执行的程序，如各种专用设备的控制程序等。ROM中存储的内容是永久性的，即使关机或掉电也不会消失。

（2）外存储器

外存储器用来存放要长期保存的程序和数据，属于永久性存储器，需要时应先调入内存。相对内存而言，外存的容量大、价格低，但存取速度慢，它连在主机之外故称外存。常用的外存储器有硬盘、光盘、磁带和U盘等。

4. 运算器

运算器（Arithmetic Unit）是计算机的核心部件，是对信息进行加工和处理的部件，其速度几乎决定了计算机的计算速度。它的主要功能是对二进制数码进行算术运算或逻辑运算，所以也称它为算术逻辑部件（ALU）。参加运算的数（称为操作数）全部是在控制器的统一指挥下从内存储器中取到运算器里，绝大多数运算任务都由运算器完成。

5. 控制器

控制器（Control Unit）是指挥和协调计算机各部件有条不紊工作的核心部件，它控制计算机的全部动作。控制器主要由指令寄存器、译码器、时序节拍发生器、程序计数器和操作控制部件等组成。它的基本功能就是从存储器中读取指令、分析指令、确定指令类型并对指令进行译码,产生控制信号去控制各个部件完成各种操作。

控制器和运算器合在一起称为中央处理器(Central Processing Unit,CPU),它是计算机的核心部件。

在计算机硬件系统的5个组成部件中,CPU和内存(通常安放在机箱里)统称为主机,它是计算机系统的主体;输入设备和输出设备统称为I/O设备,通常把I/O设备和外存一起称为外围设备(简称外设),它是人与主机沟通的桥梁。

2.2.2 计算机的工作原理

计算机能自动且连续地工作主要是因为在内存中装入了程序,通过控制器从内存中逐一取出程序中的每一条指令,分析指令并执行相应的操作。

1. 指令系统和程序的概念

(1)指令和指令系统

指令是计算机硬件可执行的、完成一个基本操作所发出的命令。全部指令的集合就称为该计算机的指令系统。不同类型的计算机,由于其硬件结构不同,指令系统也不同。一台计算机的指令系统是否丰富完备,在很大程度上说明了该计算机对数据信息的运算和处理能力。

一条计算机指令是用一串二进制代码表示的,它由操作码和操作数两部分组成。操作码指明该指令要完成的操作,如加、减、传送、输入等;操作数是指参加运算的数或者数所在的单元地址。不同的指令,其长度一般不同。例如,有单字节地址和双字节的地址。

由于各种CPU都有自己的指令系统,所以为某种计算机编写的程序有可能无法在另一种计算机上运行。如果一种计算机上编写的程序可以在另一种计算机上运行,则称两种计算机是相互兼容的。

(2)程序

计算机为完成一个完整的任务必须执行的一系列指令的集合,称为程序。用高级程序语言编写的程序称为源程序。能被计算机识别并执行的程序称为目标程序。

2. 指令和程序在计算机中的执行过程

通常,一条指令的执行分为取指令、分析指令、执行指令3个过程。

(1)取指令

根据CPU中的程序计数器中所指出的地址,从内存中取出指令送到指令寄存器中,同时使程序计数器指向下一条指令的地址。

(2)分析指令

将保存在指令寄存器中的指令进行译码,判断该条指令将要完成的操作。

(3)执行指令

CPU向各部件发出完成该操作的控制信号,并完成该指令的相应操作。

取指令→分析指令→执行指令→取下一条指令……周而复始地执行指令序列的过程就是进行程序控制的过程。程序的执行就是程序中所有指令执行的全过程。

2.3 微型计算机及其硬件系统

近年来由于大规模和超大规模集成电路技术的发展,微型机算机的性能大幅提高,价格不断降低,使个人计算机(Personal Computer,PC)全面普及,从实验室来到了家庭,成为计算机市场的主流。

2.3.1 微型计算机概述

1. 微型计算机的硬件结构

微型计算机(简称微机)的硬件结构亦遵循冯·诺依曼型计算机的基本思想,但其硬件组成也有自身的特点,微型计算机采用总线结构,其结构示意图如图2-4所示。由图2-4可以看出微机硬件系统由CPU、内存、外存、I/O 设备组成。其中，核心部件 CPU 通过总线连接内存构成微型计算机的主机。主机通过接口电路配上 I/O 设备就构成了微机系统的基本硬件结构。通常它们按照一定的方式连接在主板上，通过总线交换信息。

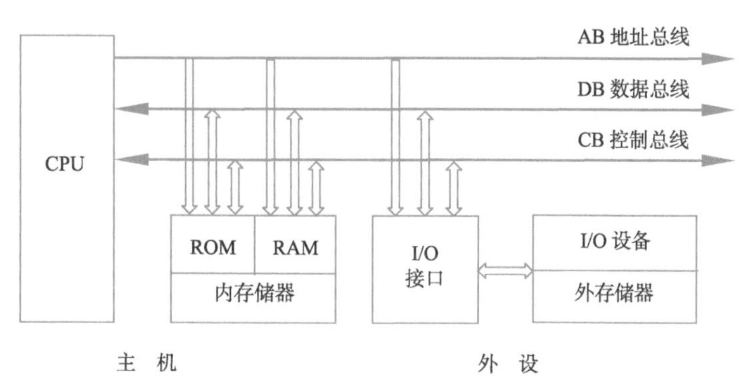

图 2－4　微机硬件系统结构示意图

所谓总线就是一组公共信息传输线路，由 3 部分组成：数据总线（Data Bus，DB）、地址总线（Address Bus，AB）、控制总线（Control Bus，CB）。三者在物理上做在一起，工作时各司其职。总线可以单向传输数据，也可以双向传输数据，并能在多个设备之间选择出唯一的源地址和目的地址。早期的微型计算机是采用单总线结构，当前较先进的微型计算机是采用面向 CPU 或面向主存的双总线结构。

2. 微型计算机的基本硬件配置

现在常用微型机硬件系统的基本配置通常包含 CPU、主板、内存、硬盘、光驱、显示器、显卡、声卡、键盘、鼠标、机箱、电源等。根据需要还可以配置音箱、打印机、扫描仪和绘图仪等。

主机箱是微机的主要设备的封装设备，有卧式和立式两种。卧式机箱的主板水平安装在主机箱的底部；而立式机箱的主板垂直安装在主机箱的右侧。

在主机箱内安装有 CPU、内存、主板、硬盘及硬盘驱动器、光盘驱动器、机箱电源和各种接口卡等部件，如图 2－5 所示。主机箱面板上有一个电源开关（Power）和一个重启动开关（Reset）。按电源开关可启动计算机，当计算机使用过程中无法正常运行，如死机时，按重启动开关可重新启动计算机。计算机主机箱的背面有许多专用接口，主机通过它可以与显示器、键盘、鼠标、打印机等输入、输出设备连接。

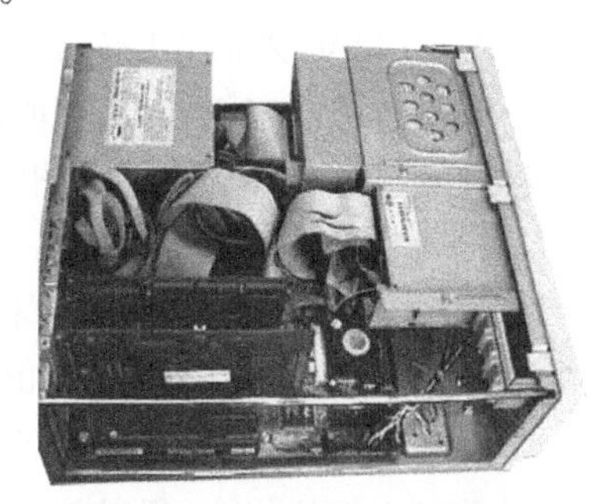

图 2－5　机箱内部结构图

2.3.2　微型计算机的主机

随着集成电路制作工艺的不断进步，出现了大规模集成电路和超大规模集成电路，可以把计算机的核心部件运算器和控制器集成在一块集成电路芯片内，称为中央处理器，微型计算机的中央处理器通常也称为微处理器（Micro Processor Unit，MPU）。中央处理器、内存、总线、I/O 接口和主板构成了微型计算机的主机，被封装在主机箱内。

1. 中央处理器

中央处理器（Central Processing Unit，CPU）主要包括运算器和控制器两大部件，是计算机的核心部件。CPU 是一个体积不大而元器件集成度非常高、功能强大的芯片，一般由逻辑运算单元、控制单元和存储单元组成。在逻辑运算和控制单元中包括一些寄存器，这些寄存器用于 CPU 在处理数据过程中暂时保存数据。简单地讲，CPU 是由控制器和运算器两部分组成。图 2－6 所示为个人计算机的 CPU。

图 2－6　个人计算机的 CPU

CPU 主要的性能指标有主频、外频、前端总线频率、CPU 字长、倍频系数等。

2. 内存储器

在微机系统内部,内存是仅次于CPU的最重要的器件之一,是影响微机整体性能的重要部分。内存一般按字节分成许许多多的存储单元,每个存储单元均有一个编号,称为地址。CPU通过地址查找所需的存储单元。此操作称为读操作;把数据写入指定的存储单元称为写操作。读、写操作通常又称为“访问”或“存取”操作。

存储容量和存取时间是内存性能优劣的两个重要指标。存储容量指存储器可容纳的二进制信息量,在计算机的性能指标中,常见的2 GB、4 GB等,即是指内存的容量。通常情况下,内存容量越大,程序运行速度相对就越快。存取时间即指存储器收到有效地址到其输出端出现有效数据的时间间隔,存取时间越短,性能越好。

根据功能,内存又可分为随机存储器(RAM)、只读存储器(ROM)、CMOS存储器、高速缓冲存储器(Cache,简称高速缓存)和虚拟存储器。

(1)随机存储器(RAM)

RAM中的信息可以随时读出和写入,是计算机对程序和数据进行操作的工作区域,我们通常所说的微机的内存也指的是RAM。在计算机工作时,只有将要执行的程序和数据放入RAM中,才能被CPU执行。由于RAM中存储的程序和数据在关机或断电后会丢失,不能长期存储,通常要将程序和数据存储在外存储器中(如硬盘),当要执行该程序时,再将其从硬盘中读入到RAM中,然后才能运行。目前,计算机中使用的内存均为半导体存储器,它是由一组存储芯片焊制在一条印制电路板上而成的,因此通常又习惯称为内存条,如图2-7所示。

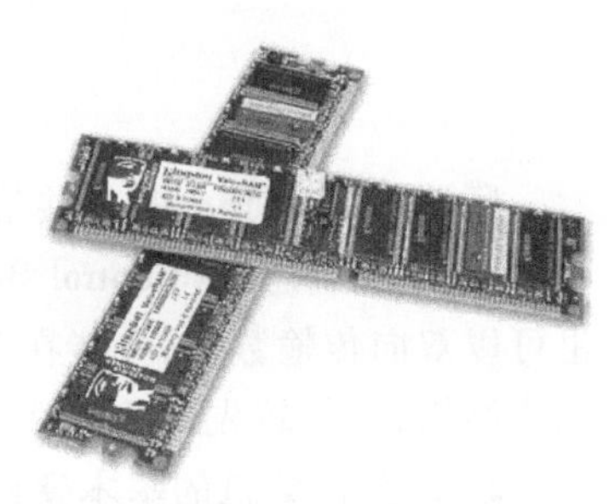

图2-7 内存条

对于RAM,人们总是希望其存储容量大一些、存取速度快一些,所以RAM的容量和存取时间是内存的一个重要指标。容量越大、存取速度越快,其价格也随之上升。在选配内存时,在满足容量要求的前提下,应尽量挑选与CPU时钟周期相匹配的内存条,这将有利于最大限度地发挥内存条的效率。

(2)只读存储器(ROM)

ROM中的内容只能读出、不能写入,它的内容是由芯片厂商在生产过程中写入的,并且断电后ROM中的信息也不会丢失,因此常用ROM来存放重要的、固定的并且反复使用的程序和数据。

众所周知,在计算机加电后,CPU得到电能就开始准备执行指令,但由于刚开机,RAM中还是空的,没有那些需要执行的指令,所以就需要ROM中保存一个称之为BIOS(基本输入/输出系统)的小型指令集。BIOS非常小,但是却非常重要。当打开计算机时,CPU执行ROM中的BIOS指令,首先对计算机进行自检,如果自检通过,便开始引导计算机从磁盘上读入、执行操作系统,最后把对计算机的控制权交给操作系统。ROM的只读性,保证了存于其中的程序、数据不遭到破坏。由此可见,ROM是计算机系统中不可缺少的部分。

(3)CMOS存储器

除了ROM之外,在计算机中还有一个称之为CMOS的“小内存”,它保存着计算机当前的配置信息,如日期和时间、硬盘格式和容量、内存容量等。这些也是计算机调入操作系统之前必须知道的信息。如果将这些文件保存在ROM中,这些信息就不能被修改,因而也就不能将硬盘升级,或是修改日期等信息。所以计算机必须使用一种灵活的方式来保存这些引导数据,它保存的时间要比RAM长,但又不像ROM那样不能修改。当计算机系统设置发生变化时,可以在启动计算机时按【Del】键进入CMOS Setup程序来修改其中的信息,这就是CMOS存储器的功能。

(4)高速缓存

CPU的速度在不断提高,已大大超过了内存的速度,使得CPU在进行数据存取时都需要进行等待,从而降低了整个计算机系统的运行速度,为解决这一问题引入了Cache技术。

Cache就是一个容量小、速度快的特殊存储器。系统按照一定的方式对CPU访问的内存数据进行统计,将内存中被 CPU 频繁存取的数据存入 Cache，当 CPU 要读取这些数据时，则直接从 Cache 中读取，加快了 CPU 访问这些数据的速度，从而提高了整体运行速度。

Cache 分为一级、二级和三级 Cache，每级 Cache 比前一级 Cache 速度慢且容量大。Cache 最重要的技术指标是它的命中率，它是指 CPU 在 Cache 中找到有用的数据占数据总量的比率。

（5）虚拟存储器

任何一个程序都要调入内存才能执行，为了能够运行更大的程序，为了同时运行多道程序，就需要配置较大的内存，或对已有的计算机扩大内存。然而，内存的扩充终归有限，目前广泛采用的是“虚拟存储技术”，它可以通过软件方法，将内存和一部分外存空间构成一个整体，为用户提供一个比实际物理存储器大得多的存储器，称之为“虚拟存储器”。

通常在一个程序运行时，某一时间段内并不会涉及它的全部指令，而仅仅是局限于在一段程序代码之内。当一个程序需要执行时，只要将其调入虚拟存储器就可以了，而不必全部调入内存。程序进入虚拟存储器后，系统会根据一定的算法，将实际执行到的那段程序代码调入物理内存（称为页进），如果内存已满，系统会将目前暂时不执行的代码送回到作为虚拟存储器的外存区域（称为页出）中，再将当前要执行的代码调入内存。这样，操作系统会通过页进、页出，保证要执行的程序段都在内存。

虚拟存储器的技术有效地解决了内存不足的问题。但是，程序执行过程中的页进、页出实际上是内外存数据的交换，而访问外存的时间比访问内存的时间要慢得多。所以，虚拟存储器实际上是用时间换取了空间。

3. 总线

总线（Bus）是连接 CPU、存储器和外围设备的公共信息通道，各部件均通过总线连接在一起进行通信，CPU 与各部件的连接线路如图 2－8 所示。总线的性能主要由总线宽度和总线频率来表示。总线宽度为一次能并行传输的二进制位数，总线越宽，速度越快。总线频率即总线中数据传输的速度，单位仍用 MHz 表示。总线时钟频率越快，数据传输越快。根据总线连接的部件不同，总线又分为内部总线、系统总线和外部总线。

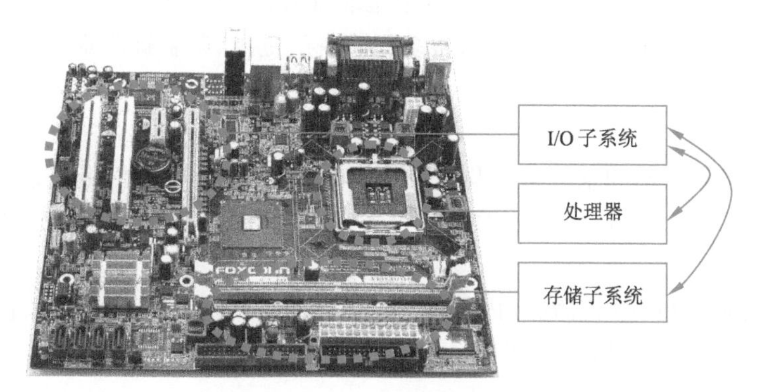

图 2－8　CPU 与各部件的连接线路

（1）内部总线

内部总线即用于同一部件内部的连接，如 CPU 内部连接各内部寄存器和运算器的总线。

（2）系统总线

系统总线用于连接同一计算机的各部件，如 CPU、内存储器、I/O 设备等接口之间的互相连接的总线。系统总线按功能可分为控制总线（CB）、数据总线（DB）和地址总线（AB），分别用来传送控制信号、数据信息和地址信息。

（3）外部总线

外部总线是指与外围设备接口相连的，实际上是一种外围设备的接口标准，负责 CPU 与外围设备之间的通信，例如，目前计算机上流行的接口标准有 IDE、SCSI、USB 和 IEEE 1394 等，前两种主要是与硬盘、光驱等 IDE 设备接口相连，后面两种新型外部总线可以用来连接多种外围设备。

总线连接的方式使机器各部件之间的联系比较规整，减少了连线，也使部件的增减方便易行。目前，使用的微型计算机，都是采用总线连接，所以当需要增加一些部件时，只要这些部件发送与接收信息的方式能够满足总线规定的要求就可以与总线直接挂接。这给计算机各类外设的生产及应用都带来了极大的方便，拓展了计算机的应用领域。总线在发展过程中也形成了许多标准，如 ISA、PCI、AGP 等。

4. 输入/输出接口

CPU 与外围设备、存储器的连接和数据交换都需要通过接口设备来实现，前者被称为 I/O 接口，而后者则被称为存储器接口。存储器通常在 CPU 的同步控制下工作，接口电路比较简单；而 I/O 设备品种繁多，其相应的接口电路也各不相同，因此，习惯上说到接口只是指 I/O 接口，I/O 接口也称适配器或设备控制器。由于这些 I/O 接口一般制作成电路板的形式，所以常把它们称为适配器，简称××卡，如声卡、显卡、网卡等。

(1)接口的功能

在微机中，当增加外围设备时，由于主机中的 CPU 和内存都是由大规模集成电路组成的，而 I/O 设备是由机电装置组合而成，它们之间在速度、时序、信息格式和信息类型等方面存在着不匹配，因此不能直接将外围设备挂在总线上，必须经过 I/O 接口电路才能连接到总线上。接口电路具有设备选择、信号转换及缓冲等功能，以确保设备与 CPU 工作协调一致。

(2)接口的类别

① 总线接口：主板一般提供多种总线类型，如 PCI、AGP 等，供插入相应的功能卡，如显卡、声卡、网卡等。

② 串行口：采用一次传输一个二进制位的传输方式。主板上提供 COM1 和 COM2 两个串行口。

③ 并行口：采用一次传送 8 位二进制位的传输方式。主板上提供 LPT1 和 LPT2 两个并行口。早期的打印机通常连接在并行口上。

④ USB 接口：通用串行总线(USB)是一种新型的接口标准。随着计算机应用技术的发展，外围设备使用越来越多，原来提供的有限接口已经不够使用。USB 接口只需一个就可以接 127 个 USB 外围设备，有效扩展了计算机的外接设备能力。另外，在硬件设置上也非常容易，支持即插即用，可以在不关闭电源的情况下作热插拔。现在采用 USB 接口的外设种类有很多，如鼠标、键盘、调制解调器(Modem)、数码照相机、扫描仪、音箱、打印机、摄像头、U 盘和移动硬盘等。

5. 主板

主板是一个提供了各种插槽和系统总线及扩展总线的电路板，又叫主机板或系统板。主板上的插槽用来安装组成微型计算机的各部件，而主板上的总线可实现各部件之间的通信，所以说主板是微机各部件的连接载体。

主板主要包括控制芯片组、CPU 插座、内存插槽、BIOS、CMOS、各种 I/O 接口、扩展插槽、键盘/鼠标接口、外存储器接口和电源插座等元器件，如图 2-9 所示。有些主板还集成了显卡、声卡和网卡等。

图 2-9 主板

主板在整个微机系统中起着很重要的作用,主板的类型和性能决定了系统可安装的各部件的类型和性能,从而影响整个系统的性能。

2.3.3 微型计算机的外存储器

外存储器(简称外存)属于外围设备。它既是输入设备,又是输出设备,是内存的后备与补充。与内存相比,外存容量较大,关机后信息不会丢失,但存取速度较慢,一般用来存放暂时不用的程序和数据。它只能与内存交换信息,不能被计算机系统中的其他部件直接访问。当CPU需要访问外存的数据时,需要先将数据读入到内存中,然后CPU再从内存中访问该数据,当CPU要输出数据时,也是将数据先写入内存,然后再由内存写入到外存中。

在计算机发展过程中曾出现过许多种外存,目前微型计算机中最常用的外存有磁盘、磁带、光盘和移动存储设备等。

1. 磁盘存储器

磁盘存储器是目前各类计算机中应用最广泛的外存设备,它以铝合金或塑料为基体,两面涂有一层磁性胶体材料。通过电子方法可以控制磁盘表面的磁化,以达到记录信息(0和1)的目的。磁盘的读写是通过磁盘驱动器完成的。关于磁盘存储器有如下几个常用术语:

① 磁道(Track):每个盘片的每一面都要划分为若干条形如同心圆的磁道,这些磁道就是磁头读写数据的路径。磁盘的最外层是第0道,最内层为第n道。每个磁道上记录的信息一样多,这样,内圈磁道上记录的密度,比外圈磁道上记录的密度大。

② 柱面(Cylinder):一个硬盘由几个盘片组成,每个盘片又有两个盘面,每个盘面都有相同数目的磁道。所有盘面上相同位置的磁道组合在一起,叫作一个柱面。例如,有一个硬盘组,一个盘片的盘面上有256个磁道,对于多个盘片组成的盘片组来说,就是有256个柱面。

③ 扇区(Sector):为了记录信息方便,每个磁道又划分为许多称之为扇区的小区段。每个磁道上的扇区数是一样的。通常扇区是磁盘地址的最小单位,与主机交换数据是以扇区为单位的。磁道上的每一扇区记录等量的数据,一般为512 B。小于或等于512 B的文件放在一个扇区内,大于512 B的文件存放于多个扇区。图2-10所示为磁道、柱面、扇区的示意图。

在磁盘存储器的历史上,软盘曾经扮演过重要的角色,但是由于其存储容量小,数据保存不可靠,目前已被淘汰,现在提到的磁盘存储器一般多指硬盘存储器,简称硬盘,如图2-11所示。硬盘安装在主机箱内,盘片与读写驱动器均组合在一起,成为一个整体。硬盘的指标主要体现在容量和转速上。磁盘转速越快,存取速度也就越快,但对磁盘读写性能要求也就越高。硬盘的容量已从过去的几十MB、几百MB,发展到现在的上百GB甚至上TB。微型计算机中的大量程序、数据和文件通常都保存在硬盘上,一般的计算机可配置不同数量的硬盘,且都有扩充硬盘的余地。

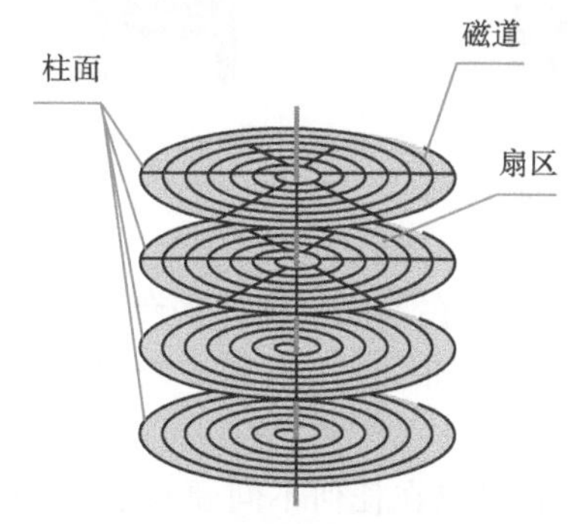

图2-10 磁盘的磁道、扇区和柱面

图2-11 硬盘及硬盘内部结构

硬盘的格式化分为低级格式化和高级格式化。低级格式化就是将硬盘划分磁道和扇区,这一般由厂家完成。只有当硬盘出现严重问题或被病毒感染无法清除时,用户才需要对硬盘重新进行低级格式化。进行低级格式化必须使用专门的软件。在系统安装前,还要对硬盘进行分区和高级格式化。分区是将一个硬盘划分为几个逻辑盘,分别标识出 C 盘、D 盘、E 盘等,并设定主分区(活动分区)。高级格式化的作用是建立文件的分配表和文件目录表。硬盘必须经过低级格式化、分区和高级格式化后才能使用。

2. 光盘存储器

光盘是利用激光原理进行读、写的设备,是近代发展起来不同于完全磁性载体的光学存储介质。光盘凭借大容量得以广泛使用,它可以存放各种文字、声音、图形、图像和动画等多媒体数字信息,如图 2-12 所示。光盘需要有光盘驱动器配合使用,如图 2-13 所示。

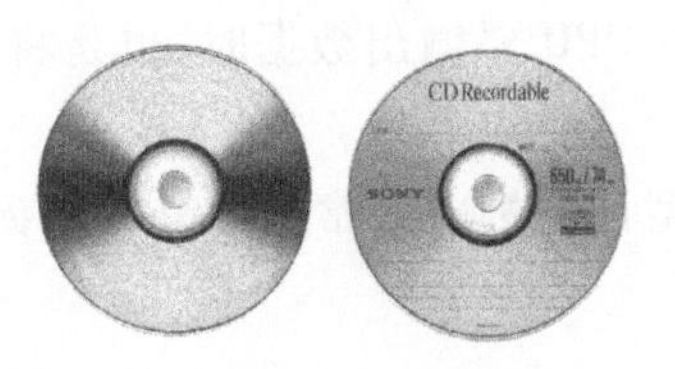

图 2-12　光盘

2-13　光盘驱动器

光盘只是一个统称,它分成两类:一类是只读型光盘,其中包括 CD-Audio、CD-Video、CD-ROM、DVD-Audio、DVD-Video、DVD-ROM 等;另一类是可记录型光盘,包括 CD-R、CD-RW、DVD-R、DVD+R、DVD+RW、DVD-RAM、Double Layer DVD+R 等各种类型。

根据光盘结构,光盘主要分为 CD、DVD、BD 等几种类型,这几种类型的光盘,在结构上有所区别,但主要结构原理是一致的。而只读的 CD 和可记录的 CD 在结构上没有区别,它们主要区别在材料的应用和某些制造工序的不同,DVD 方面也是同样的道理。

BD(Blu-ray Disc,也称为"蓝光光盘")是 DVD 之后的下一代光盘格式之一,用以存储高品质的影音及高容量的数据。"蓝光光盘"这一称谓并非官方正式中文名称,它只是人们为了易记而起的中文名称。蓝光光盘是由 SONY 及松下电器等企业组成的"蓝光光盘联盟"策划的次世代光盘规格,并以 SONY 为首于 2006 年开始全面推动相关产品。

一般 CD 的最大容量大约是 700 MB;DVD 盘片单面 4.7GB,最多能刻录约 4.59 GB 的数据(因为 DVD 的 1GB=1 000 MB,而硬盘的 1GB=1 024 MB),双面为 8.5 GB,最多约能刻 8.3 GB 的数据;BD 的单面单层为 25 GB、双面为 50 GB、三层达到 75 GB、四层更达到 100 GB。

3. 移动存储设备

随着通用串行总线(USB)开始在 PC 上出现并逐渐盛行,借助 USB 接口,移动存储产品已经逐步成为现在存储设备的主要成员,并作为随身携带的存储设备而广泛使用。常用的移动存储设备如图 2-14 所示。

(a) U盘

(b) 移动硬盘

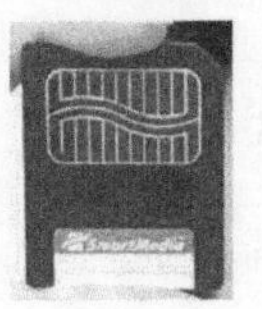

(c) 存储卡

图 2-14　移动存储设备

① U 盘:U 盘是一种基于 USB 接口的移动存储设备,它可使用在不同的硬件平台,目前优盘的容量一般在几十 GB 甚至达到上百 GB。U 盘的价格便宜,体积很小,便于携带,使用极其方便,是非常适宜随身携带的存储设备。

② 移动硬盘:移动硬盘也是基于 USB 接口的存储产品。它可以在任何不同硬件平台(PC、MAC、笔记本式计算机)上使用,容量在几百 GB 甚至达到 TB 级别,与现在流行的存储设备刻录机、MO、ZIP 相比,有体积小,重量轻,携带非常方便等优点。同时具有极强的抗震性,是一款实用、稳定的移动存储产品,得到了越来越广泛的应用。

③ 存储卡:自从计算机应用变得越来越广泛之后,很多人都喜欢随身携带小巧的 IT 产品,如数码照相机、数码摄像机、掌上计算机或 MP3 随身听等。而数码照相机和 MP3 均采用存储卡作为存储设备,将数据

保存在存储卡中,可以方便地与计算机进行数据交换。现在存储卡的容量也越来越大。

2.3.4　微型计算机的输入设备

键盘和鼠标是计算机最常用的输入设备,其他输入设备还有扫描仪、磁卡读入机等,这里重点介绍键盘和鼠标。

1. 键盘

键盘(Keyboard)是人机对话的最基本的设备,用户用它来输入数据、命令和程序。键盘内部有专门的控制电路,当按下键盘上的某一个按钮时,键盘内部的控制电路就会产生一个相应的二进制代码,并将此代码输入到计算机内部。键盘的主键盘区设置与英文打字机相同,另外还设置了一些专门键和功能键以便于操作和使用。键盘是通过键盘连线插入主板上的键盘接口与主机相连接的,现在的主流键盘大都采用USB接口。

除标准键盘外,还有各类专用键盘,它们是专门为某种特殊应用而设计的。例如,银行计算机管理系统中供储户使用的键盘,按键数不多,只是为了输入储户标识码、密码和选择操作之用。专用键盘的主要优点是简单,即使没有受过训练的人也能使用。

2. 鼠标

随着Windows操作系统的普及,鼠标也成为微机必不可少的输入设备。鼠标是一种计算机的输入设备,它是计算机显示系统纵横坐标定位的指示器,因形似老鼠而得名"鼠标"。鼠标的使用代替了键盘烦琐指令的输入,使计算机的操作更加简便。

鼠标按其工作原理及其内部结构的不同可以分为机械式鼠标和光电式鼠标。机械式鼠标由于是采用纯机械结构,导致定位精度难如人意,加上使用过程中磨损得较为厉害,直接影响了机械鼠标的使用寿命,目前已基本被淘汰。而光电式鼠标通过发射红外线的发光管作为感光头,以此来实现准确的定位,使用起来方便、不受限制,目前大部分计算机都会选用光电式鼠标。

鼠标按接口类型可分为串行鼠标、PS/2鼠标、总线鼠标、USB鼠标(多为光电鼠标)四种。其中,USB鼠标通过一个USB接口,直接插在计算机的USB接口上。目前鼠标基本都是USB接口的鼠标。

鼠标按使用的形式又分为有线鼠标和无线鼠标两种:

① 有线鼠标:通过连线将鼠标插在USB接口上。由于直接用线与计算机连接,受外界干扰非常小,因此在稳定性方面有着巨大的优势,比较适合对鼠标操作要求较高的游戏与设计使用。

② 无线鼠标:指通过无线缆直接连接到主机的鼠标。一般采用27 MHz、2.4 GHz、蓝牙技术实现与主机的无线通信。无线鼠标简单,无线的束缚,可以实现较远地方的计算机操作,比较适合家庭用户以及追求极致的无线体验用户。无线鼠标的另外一个优点是携带方便,并且可以保证计算机桌面的简洁,省却了线路连接的杂乱。

3. 其他输入设备

除了键盘和鼠标外,还有一些常用的输入设备,下面简要说明这些输入设备的功能和基本原理。

① 图形扫描仪:一种图形、图像输入设备,它可以直接将图形、图像、照片或文本输入计算机中,如可以把照片、图片经扫描仪输入到计算机中。随着多媒体技术的发展,扫描仪的应用将会更为广泛。扫描仪如图2-15所示。

图2-15　扫描仪

② 条形码阅读器:这是一种能够识别条形码的扫描装置,连接在计算机上使用。当阅读器从左向右扫描条形码时,就把不同宽窄的黑白条纹翻译成相应的编码供计算机使用。许多自选商场和图书馆里都用它管理商品和图书。

③ 光学字符阅读器(OCR):一种快速字符阅读装置,用许许多多的光电管排成一个矩阵,当光源照射被扫描的一页文件时,文件中空白的白色部分会反射光线,使光电管产生一定的电压;而有字的黑色部分则把光线吸收掉,光电管不产生电压。这些有、无电压的信息组合形成一个图案,并与OCR系统中预先存储的模

板匹配,若匹配成功就可确认该图案是何字符。有些机器一次可阅读一整页的文件,称为读页机,有的则一次只能读一行。

④ 汉字语音输入设备和手写输入设备:可以直接将人的声音或手写的文字输入到计算机中,使文字输入变得更为方便、容易。

2.3.5 微型计算机的输出设备

显示器和打印机是计算机最基本的输出设备,其他常用输出设备还有绘图仪等。

1. 显示器

计算机的显示系统由显示器、显卡和相应的驱动软件组成。

(1)显示器

显示器用来显示计算机输出的文字、图形或影像。早期主流的显示器是阴极射线管显示器(Cathode Ray Tube,CRT),但是目前 CRT 已经被液晶显示器(Liquid Crystal Display,LCD)所取代。液晶显示器的特点是轻、薄、耗电少,并且无辐射,目前台式机和笔记本式计算机大部分以液晶显示器作为基本的配置,因此已成为最主流的显示器产品。

LCD 显示器主要有 5 个技术参数,分别是亮度、对比度、可视角度、信号反应时间和色彩。

除了 LCD 显示器,目前触摸屏显示器(Touch Screen)也得到很多应用。触摸屏显示器可以让使用者只要用手指轻轻地碰计算机显示屏上的图符或文字就能实现对主机操作,这样摆脱了键盘和鼠标操作,使人机交互更为直截了当。触摸屏显示器主要应用于公共场所大厅信息查询、领导办公、电子游戏、点歌点菜、多媒体教学、机票/火车票预售等,随着 iPad 的流行及触摸屏手机的广泛使用,触摸屏显示器目前更是在手持计算机中得到很大的发展。

(2)显卡

显卡也称为显示适配器,是个人计算机最基本的组成部分之一。显卡的用途是将计算机系统所需要的显示信息进行转换,驱动显示器并向显示器提供行扫描信号,控制显示器的正确显示,是连接显示器和个人计算机主板的重要组件,如图 2-16 所示。

图 2-16 显卡

显示器显示效果如何,不光要看显示器的质量,还要看显卡的质量,而决定显卡性能的主要因素依次为显示芯片、显存带宽、显存频率及显存容量。

① 显示芯片是显卡的核心芯片,其性能的好坏直接决定了显卡性能的好坏,它的主要任务就是处理系统输入的视频信息并将其进行构建、渲染等工作。显示芯片的性能直接决定了显卡性能的高低。目前设计、制造显示芯片的厂家有 NVIDIA、AMD 等公司。

② 显存带宽取决于显存位宽和显存频率。显存位宽是显存在一个时钟周期内所能传送数据的位数,位数越大则瞬间所能传输的数据量越大,这是显存的重要参数之一。人们习惯上称之为 64 位、128 位、256 位或 512 位显卡就是指显存的位宽。显存位宽越高,性能越好,价格也就越高。

③ 显存频率是指默认情况下,该显存在显卡上工作时的频率,以 MHz(兆赫兹)为单位。显存频率一定程度上反应着该显存的速度。一般显卡主要有 400 MHz、500 MHz、600 MHz、650 MHz 等,高端产品中还有 800 MHz、1200 MHz、1600 MHz,甚至更高。

④ 显存容量是显卡上本地显存的容量,显存容量的大小决定着显存临时存储数据的能力,在一定程度上也会影响显卡的性能。目前,主流的显存容量是 512 MB 和高档显卡的 1GB、2GB,某些专业显卡已经具有 3~4 GB 的显存,甚至更高。

值得注意的是,显存容量越大并不一定意味着显卡的性能就越高,显存容量应该与显示芯片的性能相匹配才合理,显示芯片性能越高。其处理能力越高,所配备的显存容量相应也应该越大,而低性能的显示芯片配备大容量显存对其性能是没有任何帮助的。

2. 打印机

打印机是计算机目前最常用的输出设备之一,也是品种、型号最多的输出设备之一。

打印机分为击打式打印机和非击打式打印机两种。击打式打印机利用机械动作将印刷活字压向打印纸和色带进行印字。由于击打式打印机依靠机械动作实现印字,因此工作速度不高,并且工作时噪声较大。非击打式打印机种类繁多,有静电式打印机、热敏式打印机、喷墨式打印机和激光打印机等,印字过程无机械击打动作,速度快,无噪声。

(1)点阵打印机

点阵打印机主要由打印头、运载打印头的装置、色带装置、输纸装置和控制电路等几部分组成。打印头是点阵式打印机的核心部分,对打印速度、印字质量等性能有决定性影响。

(2)喷墨打印机

喷墨打印机属非击打式打印机,工作时,喷嘴朝着打印纸不断喷出带电的墨水雾点,当它们穿过两个带电的偏转板时接受控制,然后落在打印纸的指定位置,形成正确的字符。喷墨打印机可打印高质量的文本和图形,还能进行彩色打印,而且噪声很小。但喷墨打印机常要更换墨盒,增加了日常消费。

(3)激光打印机

激光打印机也属非击打式打印机,工作原理与复印机相似,涉及光学、电磁学、化学等原理。简单来说,它将来自计算机的数据转换成光,射向一个充有正电的旋转的鼓上。鼓上被照射的部分便带上负电,并能吸引带色粉末。鼓与纸接触再把粉末印在纸上,接着在一定压力和温度的作用下熔结在纸的表面。激光打印机打印速度快,印字质量高,常用来打印正式公文及图表。

3. 数据投影设备

现在已经有不少设备能够把计算机屏幕的信息同步地投影到更大的屏幕上,以便使更多的人可以看到屏幕上的信息。有一种叫作投影板的设备,体积较小,价格较低,采用LCD技术设计成可以放在普通投影仪上的形状。另一种同类设备是投影仪,体积较大,价格较高,它采用类似大屏幕投影电视设备的技术,将红、绿、蓝3种颜色聚焦在屏幕上,可供更多人观看,常用于教学、会议和展览等场合。

2.3.6　微机的主要性能指标

微机的技术性能指标标志着微机的性能优劣及应用范围的广度。在实际应用中,常见的微机性能指标如下:

1. 速度

不同配置的微机按相同的算法执行相同的任务所需要的时间可能不同,这与微机的速度有关。微机的速度可用主频和运算速度两个指标来衡量。

① 主频即计算机的时钟频率,即CPU在单位时间内的平均操作次数,是决定计算机速度的重要指标,以兆赫兹(MHz)为单位。它在很大程度上决定了计算机的运行速度,主频越高,计算机的运算速度相应地也就越快。

② 运算速度是指计算机每秒钟能执行的指令数,以每秒百万条指令(MIPS)为单位,此指标更客观地反映微机的运算速度。

微机的速度是一个综合指标,影响微机速度的因素很多,如存储器的存取速度、内存大小、字长、系统总线的时钟频率等。

2. 字长

字长是计算机运算部件一次能同时处理的二进制数据的位数。字长越长,计算机的处理能力就越强。微机的字长总是8的倍数。早期的微机字长为16位(如Intel 8086、80286等),从80386、80486到Pentium II、Pentium III和Pentium 4芯片字长均为32位,最新的酷睿系列可以支持64位。字长越长,数据的运算精度也就越高,计算机的运算功能也就越强,可寻址的空间也越大。因此,微机的字长是一个很重要的技术性能指标。

3. 存储容量

存储容量是指计算机能存储的信息总字节量,包括内存容量和外存容量,主要指内存储器的容量。显然,内存容量越大,计算机所能运行的程序就越大,处理能力就越强。尤其是当前微机应用多涉及图像信息处理，要求存储容量会越来越大，甚至没有足够大的内存容量就无法运行某些软件。目前，主流微机的内存容量一般都在 2 GB 以上，外存容量在几百 GB 以上。

4. 存取周期

存储器完成一次读（或写）操作所需的时间称为存储器的存取时间或者访问时间。连续两次读（或写）所需的最短时间称为存储周期。内存储器的存取周期也是影响整个计算机系统性能的主要性能指标之一。

此外，还有计算机的可靠性、可维护性、平均无故障时间和性能/价格比也都是计算机的技术指标。

5. 可靠性

计算机的可靠性以平均无故障时间（Mean Time Between Failures，MTBF）来表示的，MTBF 越大，系统性能就越好。

6. 可维护性

计算机的可维护性以平均修复时间（Mean Time To Repair，MTTR）表示，MTTR 越小越好。

7. 性能/价格比

性能/价格比也是一种衡量计算机产品性能优劣的概括性技术指标。性能代表系统的使用价值，它包括计算机的运算速度、内存储器容量和存取周期、通道信息流量速率、I/O 设备的配置、计算机的可靠性等。价格是指计算机的售价。性能/价格比中的性能指数由专用的公式计算。性能/价格比越高，表明计算机越物有所值。

评价计算机性能的技术指标还有兼容性、汉字处理能力和网络功能等。

2.4 计算机软件系统

软件是指为方便使用计算机和提高使用效率而组织的程序和数据以及用于开发、使用和维护的有关文档的集合。软件系统可分为系统软件和应用软件两大类，如图 2－17 所示。

从用户的角度看，对计算机的使用不是直接对硬件进行操作，而是通过应用软件对计算机进行操作，而应用软件也不能直接对硬件进行操作，而是通过系统软件对硬件进行操作。用户、软件和硬件的关系如图 2－18 所示。

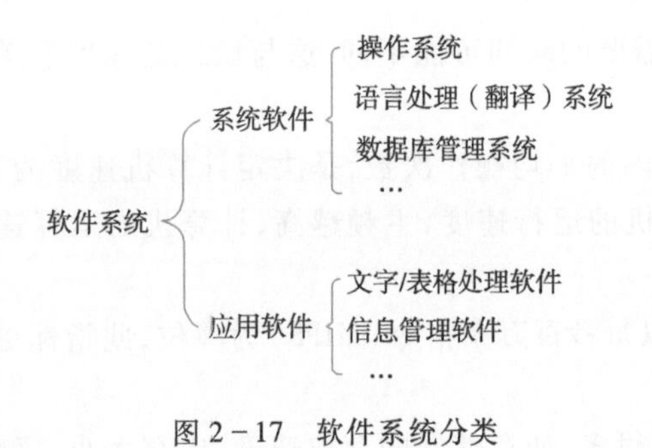

图 2－17　软件系统分类

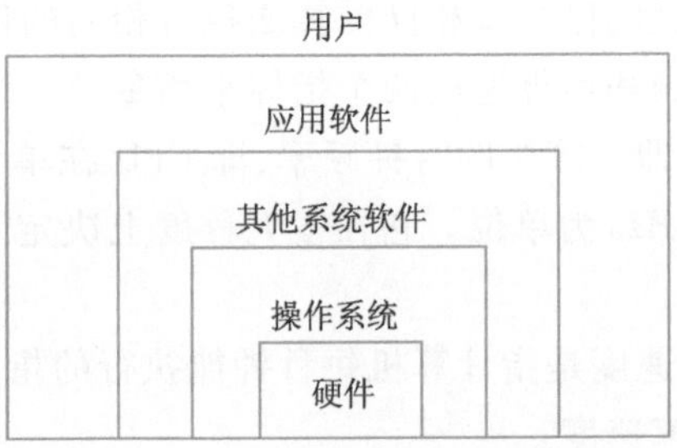

用户
应用软件
其他系统软件
操作系统
硬件

图 2－18　用户、软件和硬件的关系

2.4.1 系统软件

系统软件是计算机必须具备的支撑软件，负责管理、控制和维护计算机的各种软硬件资源，并为用户提供一个友好的操作界面，帮助用户编写、调试、装配、编译和运行程序。它包括操作系统、语言处理程序、数据库管理系统和各类服务程序等。下面分别简介它们的功能。

1. 操作系统

操作系统（Operating System，OS）是对计算机全部软、硬件资源进行控制和管理的大型程序，是直接运行在裸机上的最基本的系统软件，其他软件必须在操作系统的支持下才能运行。它是软件系统的核心。

2. 语言处理系统

计算机只能直接识别和执行二进制的执行代码，要在计算机中运行用各种编程语言编制的程序就必须配备程序语言翻译程序（以下简称翻译程序）。翻译程序本身是一组程序，不同的程序设计语言都有相应的翻译程序。对于高级语言来说,翻译的方法有解释和编译两种。

对源程序进行解释和编译任务的程序,分别叫作编译程序和解释程序。例如,FORTRAN、COBOL、PASCAL和C等高级语言,使用时需有相应的编译程序;BASIC、Lisp等高级语言,使用时需用相应的解释程序。

总的来说,汇编程序、编译程序和解释程序都属于语言处理系统或简称翻译程序。

3. 工具软件

工具软件也称为服务程序,它包括协助用户进行软件开发或硬件维护的软件,如编辑程序、连接装配程序、纠错程序、诊断程序和防病毒程序等。

4. 数据库系统

在信息社会里,人们的社会和生产活动产生更多的信息,以至于人工管理难以应付,希望借助计算机对信息进行搜集、存储、处理和使用。数据库系统(Database System,DBS)就是在这种需求背景下产生和发展的。

数据库(Database,DB)是指按照一定数据模型存储的数据集合,如学生的成绩信息、工厂仓库物资的信息、医院的病历、人事部门的档案等都可分别组成数据库。

数据库管理系统(Database Management System,DBMS)则是能够对数据库进行加工、管理的系统软件。其主要功能是建立、删除、维护数据库及对库中数据进行各种操作,从而得到有用的结果,它们通常自带语言进行数据操作。

数据库系统由数据库、数据库管理系统以及相应的应用程序组成。数据库系统不但能够存放大量的数据,更重要的是能迅速地、自动地对数据进行增删、检索、修改、统计、排序、合并、数据挖掘等操作,为人们提供有用的信息。这一点是传统的文件系统无法做到的。

5. 网络软件

20世纪60年代出现的网络技术在20世纪90年代得到了飞速发展和广泛应用。计算机网络是将分布在不同地点的、多个独立的计算机系统用通信线路连接起来,在网络通信协议和网络软件的控制下,实现互联互通、资源共享、分布式处理,提高计算机的可靠性及可用性。计算机网络是计算机技术与通信技术相结合的产物。

计算机网络由网络硬件、网络软件及网络信息构成。其中的网络软件包括网络操作系统、网络协议和各种网络应用软件。

2.4.2 应用软件

在系统软件的支持下,用户为了解决特定的问题而开发、研制或购买的各种计算机程序称为应用软件,如文字处理、图形图像处理、计算机辅助设计和工程计算等软件。同时,各个软件公司也在不断开发各种应用软件,来满足各行各业的信息处理需求,如铁路部门的售票系统、教学辅助系统等。应用软件的种类很多,根据其服务对象,又可分为通用软件和专用软件两类。

1. 通用软件

这类软件通常是为解决某一类问题而设计的,而这类问题是很多人都要遇到和解决的。

① 文字处理软件:用计算机撰写文章、书信、公文并进行编辑、修改、排版和保存的过程称为文字处理。目前广泛流行的Word就是典型的文字处理软件。

② 电子表格软件:电子表格可用来记录数值数据,可以很方便地对其进行常规计算。像文字处理软件一样,它也有许多比传统账簿和计算工具先进的功能,如快速计算、自动统计、自动造表等。Excel软件就属此类软件的典型代表。

③ 绘图软件:在工程设计中,计算机辅助设计(CAD)已逐渐代替人工设计,完成了人工设计无法完成的巨大而烦琐的任务,极大地提高了设计质量和效率。现广泛用于半导体、飞机、汽车、船舶、建筑及其他机械、电子行业。日常通用的绘图软件有AutoCAD、3ds Max、Protel、Orcad、高华CAD软件等。

2. 专用软件

上述的通用软件或软件包,在市场上可以买到,但有些有特殊要求的软件是无法买到的。例如,某个用户希望对其单位保密档案进行管理,另一个用户希望有一个程序能自动控制车间里的车床同时将其与上层事务性工作集成起来统一管理等。因为它们相对于一般用户来说过于特殊,所以只能组织人力到现场调研后开发软件,当然开发出的这种软件也只适用于这种情况。

综上所述,计算机系统由硬件系统和软件系统组成,两者缺一不可。而软件系统又由系统软件和应用软件组成,操作系统是系统软件的核心,在计算机系统中是必不可少的。其他的系统软件,如语言处理系统可根据不同用户的需要配置不同的程序语言编译系统。随着各用户的应用领域不同可以配置不同的应用软件。

2.5 操作系统基础知识

2.5.1 操作系统的概念

操作系统是管理、控制和监督计算机软、硬件资源协调运行的软件系统,由一系列具有不同控制和管理功能的程序组成,它是系统软件的核心,是计算机软件系统的核心。操作系统是计算机发展中的产物,引入操作系统的主要目的有两个:一是方便用户使用计算机,如用户输入一条简单的命令就能自动完成复杂的功能,这就是操作系统启动相应程序、调度恰当资源执行的结果;二是统一管理计算机系统的软、硬件资源,合理组织计算机工作流程,以便充分、合理地发挥计算机的效率。

操作系统是用户和计算机之间的接口,是为用户和应用程序提供进入硬件的界面。图 2-19 所示为计算机硬件、操作系统、其他系统软件、应用软件以及用户之间的层次关系图。

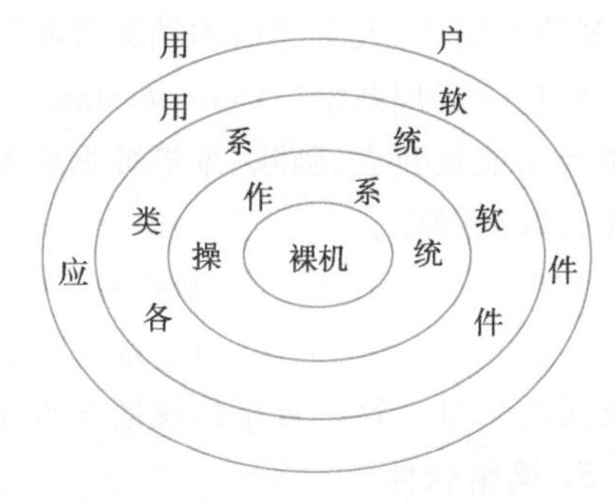

图 2-19 操作系统、软/硬件、用户间的关系

2.5.2 操作系统的功能

操作系统的主要功能是管理计算机资源,所以其大部分程序都属于资源管理程序。计算机系统中的资源可以分为 4 类,即处理器、主存储器、外围设备和信息(程序和数据)。管理上述资源的操作系统也包含 4 个模块,即处理器管理、存储器管理、设备管理和文件管理。操作系统的其他功能是合理地组织工作流程和方便用户。操作系统提供的作业管理模块,对作业进行控制和管理,成为用户和操作系统之间的接口。由此可以看出,操作系统应包括 5 大基本功能模块。

1. 作业管理

作业是用户程序及所需的数据和命令的集合,任何一种操作系统都要用到作业这一概念。作业管理就是对作业的执行情况进行系统管理的程序集合,主要包括作业的组织、作业控制、作业的状况管理及作业的调动等功能。

2. 进程管理

进程是可与其他程序共同执行的程序的一次执行过程,它是系统进行资源分配和调度的一个独立单位。程序和进程不同,程序是指令的集合,是静态的概念;进程则是指令的执行,是一个动态的过程。

进程管理是操作系统中最主要又最复杂的管理,它描述和管理程序的动态执行过程。尤其是多个程序分时执行,机器各部件并行工作及系统资源共享等特点,使进程管理更为复杂和重要。它主要包括进程的组织、进程的状态、进程的控制、进程的调度和进程的通信等控制管理功能。

3. 存储管理

存储管理是操作系统中用户与主存储器之间的接口,其目的是合理利用主存储器空间并且方便用户。存储管理主要包括如何分配存储空间、如何扩充存储空间、如何实现虚拟操作,以及如何实现共享、保护和重定位等功能。

4. 设备管理

设备管理是操作系统中用户和外围设备之间的接口,其目的是合理地使用外围设备并且方便用户。设备管理主要包括如何管理设备的缓冲区、进行 I/O 调度、实现中断处理及虚拟设备等功能。

5. 文件管理

文件是指一个具有符号名的一组关联元素的有序序列，计算机是以文件的形式来存放程序和数据的。文件管理是操作系统中用户与存储设备之间的接口，它负责管理和存取文件信息。不同的用户共同使用同一个文件，即文件共享，以及文件本身需要防止其他用户有意或无意的破坏，即文件的保护等，也是文件管理要考虑的。

2.5.3 操作系统的分类

按照操作系统的发展过程，通常可以将操作系统进行如下分类：

① 单用户操作系统：计算机系统在同一时刻只能支持运行一个用户程序。这类系统管理起来比较简单，但最大的缺点是计算机系统的资源不能得到充分利用。

② 批处理操作系统：20 世纪 70 年代运行于大、中型计算机上的操作系统，它使多个程序或多个作业同时存在和运行，能充分使用各类硬件资源，故也称为多任务操作系统。

③ 分时操作系统：分时操作系统是支持多用户同时使用计算机的操作系统。分时操作系统将 CPU 时间资源划分成极短的时间片，轮流分给每个终端用户使用，当一个用户的时间片用完后，CPU 就转给另一个用户使用。由于轮换的时间很快，虽然各用户使用的是同一台计算机，但却能给用户一种“独占计算机”的感觉。分时操作系统是多用户多任务操作系统，UNIX 是国际上最流行的分时操作系统。

④ 实时操作系统：在某些应用领域，要求计算机对数据能进行迅速处理。例如，在自动驾驶仪控制下飞行的飞机、导弹的自动控制系统中，计算机必须对传感系统测得的数据及时、快速地进行处理和反应。这种有响应时间要求的计算机操作系统就是实时操作系统。

⑤ 网络操作系统：计算机网络是通过通信线路将地理上分散且独立的计算机连接起来实现资源共享的一种系统。能进行计算机网络管理、提供网络通信和网络资源共享功能的操作系统称为网络操作系统。

2.5.4 常用的操作系统

1. DOS 操作系统

DOS 是微软公司开发的操作系统，自 1981 年问世以来，历经十几年的发展，是 20 世纪 90 年代最流行的微机操作系统，在当时几乎垄断了 PC 操作系统市场。DOS 是单用户单任务操作系统，对 PC 硬件要求低，通常操作是利用键盘输入程序或命令。由于 DOS 命令均由若干字符构成，枯燥难记，到 20 世纪 90 年代后期，随着 Windows 的完善，DOS 被 Windows 所取代。

2. Windows 操作系统

Windows 是由微软公司开发的基于图形用户界面（Graphic User Interface，GUI）的单用户多任务操作系统。20 世纪 90 年代初 Windows 一出现，即成为 90 年代最流行的微型计算机操作系统，并逐渐取代 DOS 成为微机的主流操作系统。之后历经 Windows 95、Windows 98、Windows 2000、Windows XP，直至今天的 Windows 7 和 Windows 8 等。

Windows 支持多线程、多任务与多处理，它的即插即用特性使得安装各种支持即插即用的设备变得非常容易，它还具有出色的多媒体和图像处理功能以及方便安全的网络管理功能。Windows 是目前最流行的微机操作系统。

3. UNIX 操作系统

UNIX 是一个多任务多用户的分时操作系统，一般用于小型机、大型机等较大规模的计算机中，它是 20 世纪 60 年代末由美国电话电报公司（AT&T）贝尔实验室研制的。

UNIX 提供有可编程的命令语言，具有输入/输出缓冲技术，还提供了许多程序包。UNIX 系统中有一系列通信工具和协议，因此网络通信功能强、可移植性强。因特网的 TCP/IP 协议就是在 UNIX 下开发的。

4. Linux 操作系统

Linux 来源于 UNIX 的精简版本 Minix。1991 年芬兰赫尔辛基大学学生 Linus Torvalds 修改完善了 Minix，开发出了Linux的第一个版本。其源代码在Internet上公开后，世界各地的编程爱好者不断地对其进行完善，正因为这个特点，Linux被认为是一个开放代码的操作系统，同时，由于它是在网络环境下开发完善的，因此它有着与生俱来的强大的网络功能。Linux的这种高性能及开发的低开支，也让人们对它寄予厚望，期望能够替换其他昂贵的操作系统软件。目前Linux主要流行的版本有Red Hat Linux、Turbo Linux，我国自行开发的有红旗Linux、蓝点Linux等。

5. 嵌入式操作系统

嵌入式操作系统(Embedded Operating System，EOS)是指用于嵌入式系统的操作系统。嵌入式操作系统是一种用途广泛的系统软件，通常包括与硬件相关的底层驱动软件、系统内核、设备驱动接口、通信协议、图形界面、标准化浏览器等。嵌入式操作系统负责嵌入式系统的全部软、硬件资源的分配、任务调度，控制、协调并发活动。它必须体现其所在系统的特征，能够通过装卸某些模块来达到系统所要求的功能。嵌入式操作系统通常具有系统内核小、专用性强、系统精简、高实时性、多任务的操作系统及需要开发工具和环境等特点。目前，在嵌入式领域广泛使用的操作系统有嵌入式Linux、Windows Embedded、VxWorks等，以及应用在智能手机和平板计算机的Android、iOS等。

6. 平板计算机操作系统

2010年，苹果iPad在全世界掀起了平板计算机热潮，自第一代iPad上市以来，平板计算机以惊人的速度发展起来，其对传统PC产业，甚至是整个3C产业都带来了革命性的影响。随着平板计算机的快速发展，平板计算机在PC产业的地位将愈发重要，其在PC产业的占比也必将得到大幅提升。目前，市场上所有的平板计算机基本使用3种操作系统，分别是iOS、Android、Windows 8。

iOS是由苹果公司开发的手持设备操作系统。iOS最初是设计给iPhone使用的，后来陆续套用到iPod touch、iPad以及Apple TV等苹果产品上。苹果的iOS系统是封闭的，并不开放，所以使用iOS的平板计算机，也只有苹果的iPad系列。

Android是Google公司推出的基于Linux核心的软件平台和操作系统，主要用于移动设备。Android系统最初都是应用于手机的，由于Google以免费开源许可证的授权方式，发布了Android的源代码，并允许智能手机生产商搭载Android系统，也正是因为这样，Android系统很快占有了市场的份额。Android系统后来更逐渐拓展到平板计算机及其他领域，目前Android已成为iOS最强劲的竞争对手之一。Android是国内平板计算机应用广泛的操作系统。

Windows 8是微软公司推出的用于自己开发的平板计算机的系统。Windows 8系统支持来自Intel、AMD和ARM的芯片架构，其宗旨是让人们的日常计算机操作更加简单和快捷，为人们提供高效易行的工作环境。目前，Windows 8系统的平板计算机价格还比较贵，但是，由于Windows 8可以兼容之前Windows版本系列的软件，这意味着使用Windows 8的平板计算机不仅可以玩游戏，同时也可以处理一些办公文件，从而大大提升Windows 8的竞争力。可以预见，随着Windows 8系统平板计算机价格的下降，Windows 8、iPad、Android系统之间会进行更激烈的竞争。

2.6 Windows操作系统介绍

2.6.1 Windows的发展

Windows是由Microsoft公司开发的基于图形用户界面(Graphic User Interface，GUI)的多任务操作系统。20世纪90年代初Windows一出现，即成为90年代最流行的微型计算机操作系统，并逐渐取代DOS成为微机的主流操作系统。之后历经Windows 95、Windows 98、Windows 2000、Windows XP、Windows 7，直至今天的Windows 8。

Windows支持多线程、多任务与多处理，它的即插即用特性使得安装各种支持即插即用的设备变得非常容易，它还具有出色的多媒体和图像处理功能以及方便安全的网络管理功能。Windows是目前最流行的微机操作系统。

2.6.2 Windows 的基本知识

1. Windows 的启动与退出

开启计算机电源之后，Windows 被装载入计算机内存，并开始检测、控制和管理计算机的各种设备，这一过程叫作系统启动。启动成功后，将进入 Windows 的工作界面。

在计算机数据处理工作完成以后，需要退出 Windows，才能切断计算机的电源。直接切断计算机电源的做法，对计算机及 Windows 系统都有损害。

在关闭计算机之前，首先要保存正在做的工作并关闭所有打开的应用程序，然后在 Windows 的“开始”菜单中单击“关机”按钮。此时，系统首先会关闭所有运行中的程序，然后系统会关闭后台服务，接着系统向主板和电源发出信号，切断对所有设备的供电，即关闭了计算机。

与关机有关的还有重新启动、锁定、睡眠、注销及切换用户等操作。

2. Windows 的桌面

桌面是指 Windows 显现的主界面，在正常启动 Windows 后，首先看到的就是 Windows 的桌面，如图 2-20 所示。

图 2-20 Windows 的桌面

在桌面上显示了一系列常用项目的程序图标，包括“计算机”“网络”“控制面板”“回收站”和“Internet Explorer”等。

在桌面最下方是 Windows 任务栏(taskbar)，任务栏的最左端是“开始”按钮，之后依次有快速启动区、应用程序区、语言选项带和托盘区等。其中，Windows 中正在运行的程序图标会出现在任务栏的应用程序区，单击任务栏中的程序图标可以方便预览各个程序窗口内容，并进行窗口切换。

任务栏在默认情况下总是位于 Windows 工作桌面的底部，而且不被其他窗口覆盖，其高度只能容纳一行的按钮。但也可以对任务栏的状况进行调整或改变，称之为定制任务栏。

单击任务栏左端的“开始”按钮会弹出“开始”菜单。“开始”菜单集成了 Windows 中大部分的应用程序和系统设置工具，是启动应用程序最直接的工具，Windows 的几乎所有功能设置项，都可以在“开始”菜单中找到。

Windows 的开始菜单也可以进行一些自定义的设置，通过对“开始”菜单的定制，可以更方便、灵活地使用 Windows。

3. Windows 的窗口

运行一个程序或打开一个文档，Windows 系统就会在桌面上开辟一块矩形区域用来查看相应的程序或文档，在这个矩形区域内集成了诸多的元素，而这些元素则根据各自的功能又被赋予不同的名字，这个集成诸多元素的矩形区域就叫作窗口。窗口具有通用性，大多数窗口的基本元素都是相同的。窗口可以打开、关闭、移动和缩放。

图 2-21 所示为一个典型的 Windows 窗口，它由边框、标题栏、菜单栏、工具栏、主窗口、导航窗格、细节窗格、预览窗格、状态栏等部分组成。

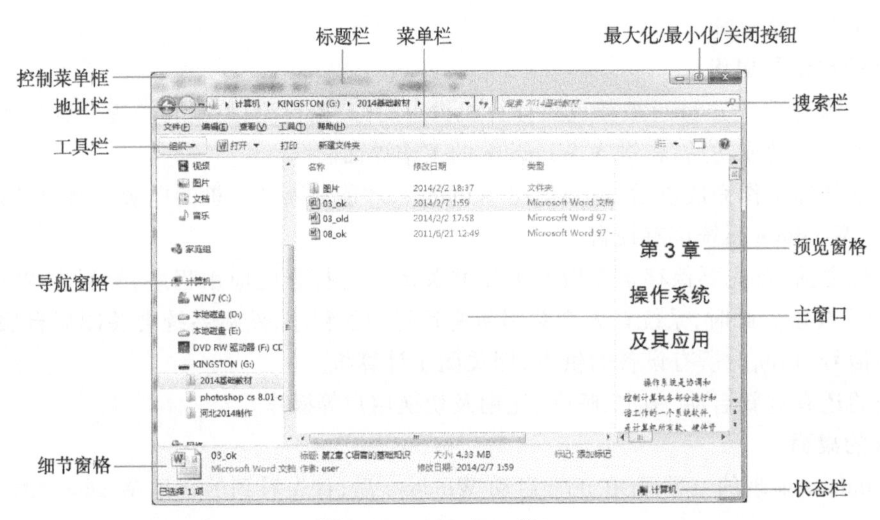

图 2－21　Windows 窗口

Windows 窗口的操作包括窗口的最大化/还原、最小化、关闭操作、改变窗口大小的操作、移动窗口操作及在多个窗口之间进行切换的操作等。此外，为了更方便地查看和管理窗口，还可以在桌面上进行排列窗口的操作。

4. Windows 的菜单与对话框

在 Windows 中，菜单是一种用结构化方式组织的操作命令的集合，通过菜单的层次布局，复杂的系统功能才能有条不紊地为用户接受，如图 2－22 所示。在 Windows 中，有控制菜单、菜单栏或工具栏级联菜单、“开始”菜单和右键快捷菜单等几种形式的菜单。

在 Windows 菜单命令中，选择带有省略号的命令后会在屏幕上弹出一个特殊的窗口，在该窗口中列出了该命令所需的各种参数、项目名称、提示信息及参数的可选项，这种窗口叫对话框，如图 2－23 所示。对话框是一种特殊的窗口，它没有控制菜单图标、最大/最小化按钮，对话框的大小不能改变，但可以用鼠标拖动移动它或关闭它。

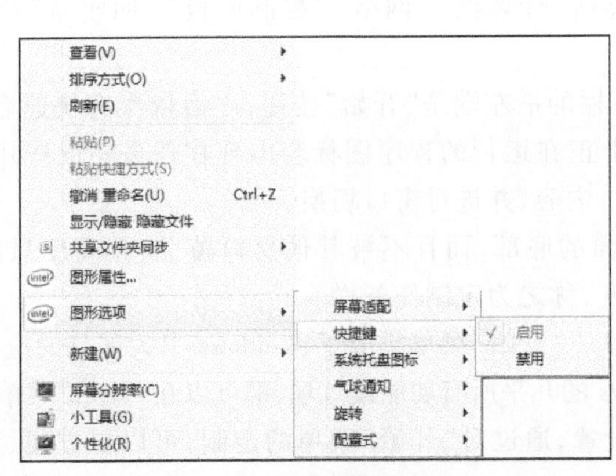

图 2－22　Windows 的菜单

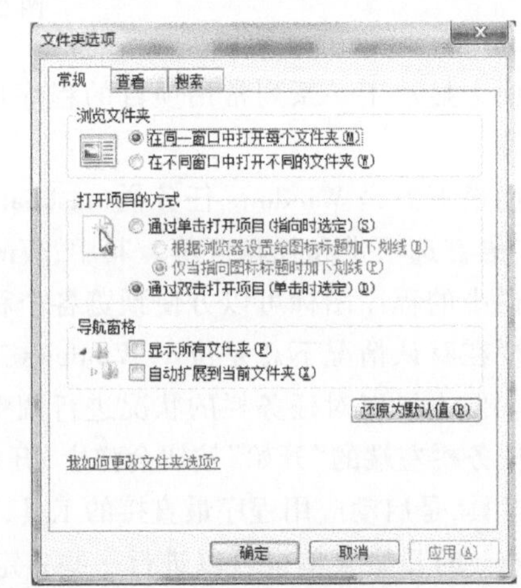

图 2－23　“文件夹选项”对话框

5. Windows 的中文输入

一般 Windows 提供有多种中文输入方法，如微软拼音输入法、智能 ABC 输入法、郑码输入法等。除了 Windows 自带的输入法外，还有许多第三方开发的中文输入法，这些输入法通常词库量大，组词准确并兼容各种输入习惯，因此得到广泛的应用，比较著名的有搜狗拼音输入法、QQ 拼音输入法、谷歌拼音输入法等。一般这类第三方的中文输入法软件可以通过免费软件的方式得到，使用前需要安装。

无论是使用何种输入法，当需要输入中文时，都要先调出一种自己熟悉的中文输入法，然后按照该中文输入法的规则输入汉字。在输入汉字时，只要输入相应的英文字符或数字，即可调出并输入对应的汉字。

6. Windows 的帮助系统

在使用 Windows 操作系统的过程中，经常会遇到一些计算机故障或疑难问题，Windows 具有一个方便简洁、信息量大的帮助系统，使用 Windows 系统内置的“Windows 帮助和支持”，用户可以从中方便快捷地查找到有关软件的使用方法及疑难问题的解决方法，借助于该帮助系统，可以帮助用户解决所遇到的计算机问题。

2.6.3 Windows 的文件管理

文件管理是操作系统中的一项重要功能，Windows 具有很强的文件组织与管理功能，借助于 Windows，用户可以方便地对文件进行管理和控制。

1. 文件的有关知识

(1)文件

文件是计算机中一个非常重要的概念，它是操作系统用来存储和管理信息的基本单位。在文件中可以保存各种信息，它是具有名字的一组相关信息的集合。编制的程序、编辑的文档以及用计算机处理的图像、声音信息等，都要以文件的形式存放在磁盘中。

每个文件都必须有一个确定的名字，这样才能做到对文件进行按名存取的操作。通常文件名称由文件名和扩展名两部分组成，文件名和扩展名之间用“.”分隔。在 Windows 中，文件的扩展名由 1～4 个合法字符组成，而文件名称(包括扩展名)可由最多达 255 个的字符组成。

(2) 文件的类型

计算机中所有的信息都是以文件的形式进行存储的，如程序、文档、图像、声音信息等。由于不同类型的信息有不同的存储格式与要求，相应的就会有多种不同的文件类型，这些不同的文件类型一般通过扩展名来标明。表 2－1 所示为常见的扩展名及其含义。

表 2－1 常见文件扩展名及其含义

扩展名	含义	扩展名	含义
.com	系统命令文件	.exe	可执行文件
.sys	系统文件	.rtf	带格式的文本文件
.doc、.docx	Word 文档	.obj	目标文件
.txt	文本文件	.swf	Flash 动画发布文件
.bas	BASIC 源程序	.zip	ZIP 格式的压缩文件
.c	C 语言源程序	.rar	RAR 格式的压缩文件
.html	网页文件	.cpp	C ++ 语言源程序
.bak	备份文件	.java	Java 语言源程序

(3)文件属性

文件属性是用于反映该文件的一些特征的信息。常见的文件属性如下：

① 文件的创建时间：该属性记录了文件被创建的时间。

② 文件的修改时间：文件可能经常被修改，文件修改时间属性会记录下文件最近一次被修改的时间。

③ 文件的访问时间：文件会经常被访问，文件访问时间属性则记录了文件最近一次被访问的时间。

④ 文件的位置：文件所在位置，一般包含盘符、文件夹。

⑤ 文件的大小：文件实际的大小。

⑥ 文件所占的磁盘空间：文件实际所占的磁盘空间。由于文件存储是以磁盘簇为单位，因此文件的实际大小与文件所占磁盘空间很多情况下是不同的。

⑦ 文件的只读属性：为防止文件被意外修改，可以将文件设为只读属性，只读属性的文件可以被打开，但除非将文件另存为新的文件，否则不能将修改的内容保存下来。

⑧ 文件的隐藏属性：对重要文件可以将其设为隐藏属性，一般情况下隐藏属性的文件是不显示的，这样可以防止文件误删除、被破坏等。

⑨ 文件的存档属性:当建立一个新文件或修改旧文件时,系统会把存档属性赋予这个文件,当备份程序备份文件时,会取消存档属性,这时,如果又修改了这个文件,则它又获得了存档属性。所以,备份程序可以通过文件的存档属性,识别出来该文件是否备份过或做过了修改,需要时可以对该文件再进行备份。

(4)文件目录/文件夹

为了便于对文件的管理,Windows 操作系统采用类似图书馆管理图书的方法,即按照一定的层次目录结构,对文件进行管理,称为树形目录结构。

所谓的树形目录结构,就像一棵倒挂的树,树根在顶层,称为根目录,根目录下可有若干个(第一级)子目录或文件,在子目录下还可以有若干个子目录或文件,一直可嵌套若干级。

在 Windows 中,这些子目录称为文件夹,文件夹用于存放文件和子文件夹。可以根据需要,把文件分成不同的组并存放在不同的文件夹中。实际上,在 Windows 的文件夹中,不仅能存放文件和子文件夹,还可以存放其他内容,如某一程序的快捷方式等。

在对文件夹中的文件进行操作时,作为系统应该知道这个文件的位置,即它在哪个磁盘的哪个文件夹中。对文件位置的描述称为路径,如"D:\\chai\\练习\\student. docx"就指示了 student. docx 文件的位置在 D 盘的 chai 文件夹下的"练习"文件夹中。

(5) 文件通配符

在文件操作中,有时需要一次处理多个文件,当需要成批处理文件时,有两个特殊的符号非常有用,它们就是文件的通配符"*"和"?"。

① *:在文件操作中使用它代表任意多个 ASCII 字符。

② ?:在文件操作中使用它代表任意一个字符。

例如,*. docx 表示所有扩展名为 . docx 的文件;lx*. bas 表示文件名的前两个字符是 lx,扩展名是 . bas 的所有文件;a?e?x. * 表示文件名由 5 个字符组成,其中第 1、3、5 个字符是 a、e、x,第 2 个和第 4 个为任意字符,扩展名为任意符号的一批文件;而 a?e?x*. * 则表示了文件名的前 5 个字符中,第 1、3、5 个字符是 a、e、x,第 2 个和第 4 个为任意字符,扩展名为任意符号的一批文件(文件名不一定是 5 个字符)。当需要对所有文件进行操作时,可以使用 *. *。

在文件搜索等操作中,通过灵活使用通配符,可以很快匹配出含有某些特征的多个文件。

2. Windows 的文件管理和操作

在 Windows 中通过"Windows 资源管理器"来对文件进行管理和操作。"Windows 资源管理器"是一个用于查看和管理系统中所有资源的管理工具,它在一个窗口之中集成了系统的所有资源,利用它可以很方便地在不同的资源(文件夹)之间进行切换并实施操作。使用 Windows 资源管理器管理文件非常方便,图 2-24 所示为 Windows 资源管理器窗口。

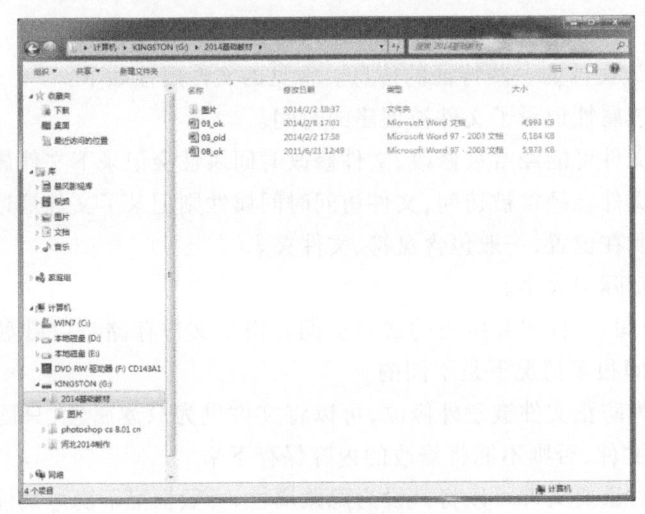

图 2-24 Windows 资源管理器窗口

(1)在“Windows资源管理器”窗口查看文件夹和文件

Windows资源管理器窗口左侧的导航窗格中以树的形式列出了系统中的所有资源,包括“收藏夹”“库”“家庭组”“计算机”和“网络”,其中“计算机”用来管理所有磁盘及文件夹和文件。在导航窗格中选中“计算机”图标,主窗口中会显示出所有硬盘和移动盘的图标。

在Windows资源管理器中对文件进行管理和操作,最常见的操作就是逐层打开文件夹,直至找到需要操作的文件。通常的操作方法是,在导航窗格中选中“计算机”,然后在主窗口中双击需要操作的盘符(如D盘),此时主窗口中会显示出D盘中所有的文件夹和文件;继续找到需要操作的文件夹双击,此时主窗口中会显示该文件夹之下的所有子文件夹和文件,然后依此类推,直至找到需要操作的文件。

在进行文件夹操作时,也可以在导航窗格中逐层打开盘区、文件夹、子文件夹等,此时文件夹会按照层次关系依次展开。用户可以根据需要,在导航窗格中展开需要的文件夹,折叠目前不需要的文件夹,然后根据需要在不同的文件夹之间方便地进行切换,达到对文件夹和文件操作的目的。

通过Windows资源管理器的地址栏也可以方便地在不同文件夹之间进行切换,当在Windows资源管理器中查看一个文件夹时,在地址栏处会显示出当前文件夹的目录层次,在目录层次的每一级中间还有向右的小箭头,当用户单击其中某个小箭头时,该箭头会变为向下,显示该目录下所有文件夹名称。此时单击其中任一文件夹,即可快速切换至该文件夹访问页面,非常方便用户快速切换目录。

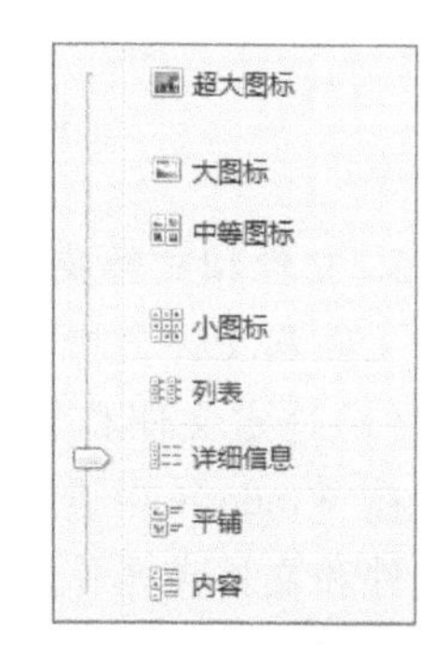

图2-25　视图模式菜单

(2)设置文件夹或文件的显示选项

Windows资源管理器提供了多种方式来显示文件或文件夹的内容,此外,还可以通过设置,排序显示文件或文件夹的内容。

Windows资源管理器提供了8个视图模式来显示文件或文件夹的图标,如图2-25所示。用户可以从视图模式菜单中选择自己需要的显示模式。

在Windows资源管理器中,可以按照文件的名称、类型、大小和修改时间,对文件进行排序显示,以方便对文件的管理,如图2-26所示。4种排序方式的含义如下:

① 按名称排列:按照文件和文件夹名称的英文字母排列。

② 按类型排列:按照文件的扩展名将同类型的文件放在一起显示。

③ 按大小排列:根据各文件的字节大小进行排列。

④ 按修改日期排列:根据建立或修改文件或文件夹的时间进行排列。

Windows还可以依据上述的排列方式,进一步按组排列。在图2-26所示快捷菜单中选择“分组依据”级联菜单,然后在“名称”“修改日期”“类型”和“大小”4个分组依据中选择一种,系统就会根据选择的分组依据,进行分组排列显示,使排列效果更加明显。

(3)设置文件夹或文件的显示方式

在文件夹窗口下看到的可能并不是全部的内容,有些内容当前可能没有显示出来,这是因为Windows在默认情况下,会将某些文件(如隐藏文件等)隐藏起来不让它们显示。为了能够显示所有文件,可以打开“文件夹选项”对话框,在“查看”选项卡的“隐藏文件和文件夹”的两个单选按钮中选中“显示隐藏的文件、文件夹和驱动器”单选按钮,如图2-27所示。

如果在上述操作中又选择了“不显示隐藏的文件、文件夹和驱动器”单选按钮,则隐藏文件又被隐藏了起来,不再显示。另外,通过在资源管理器的窗口中右击,在弹出的快捷菜单中选择“显示/隐藏 隐藏文件”命令(见图2-26),可以在显示或不显示隐藏文件之间进行快速切换。

通常情况下,在文件夹窗口中看到的大部分文件只显示了文件名的信息,而其扩展名并没有显示。这是因为在默认情况下,Windows对于已在注册表中登记的文件,只显示文件名信息,而不显示扩展名。也就是说,Windows是通过文件的图标来区分不同类型的文件的,只有那些未被登记的文件才能在文件夹窗口中显示其扩展名。

如果想看到所有文件的扩展名,可以在“文件夹选项对话框”的“查看”选项卡中,取消选择“隐藏已知文件类型的扩展名”复选框,如图 2-27 所示。

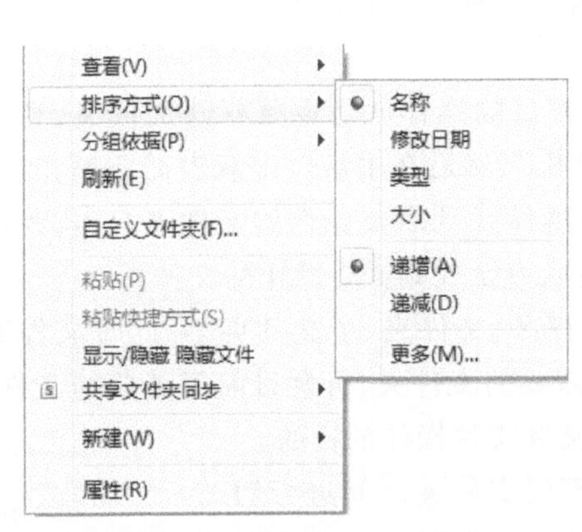

图 2-26 排序方式级联菜单

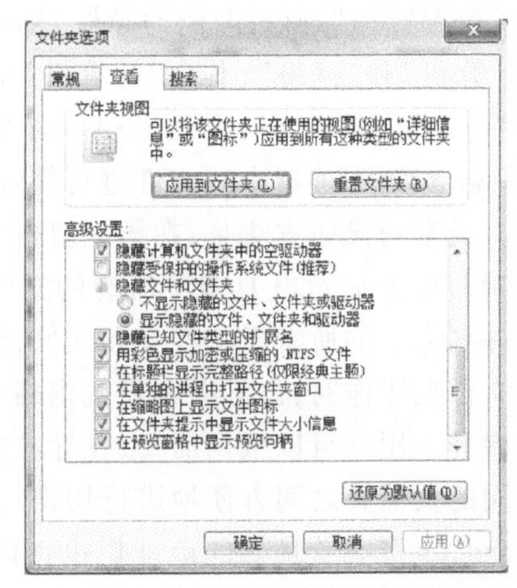

图 2-27 “文件夹选项”对话框

3. 文件和文件夹操作

文件和文件夹操作包括文件和文件夹的选定、复制、移动和删除等,是日常工作中最经常进行的操作。

(1)选定文件和文件夹

在 Windows 中进行操作,通常都遵循这样一个原则:先选定对象,再对选定的对象进行操作。因此,进行文件和文件夹操作之前,首先要选定欲操作的对象。

选定文件对象时可以用鼠标单击文件或文件夹图标,选定单个对象;还可以通过按住【Ctrl】或【Shift】键后单击文件对象,同时选定多个文件对象的操作。

(2)创建文件夹

在“工具栏”上直接单击“新建文件夹”;或右击想要创建文件夹的窗口或桌面,在弹出的快捷菜单中选择“新建”→“文件夹”命令,此时弹出文件夹图标并允许为新文件夹命名(系统默认文件名为“新建文件夹”)。

(3)利用 Windows 剪贴板实现移动或复制文件和文件夹的操作

为了在应用程序之间交换信息,Windows 提供了剪贴板的机制。剪贴板是内存中一个临时数据存储区,在进行剪贴板的操作时,总是通过“复制”或“剪切”命令将选定的对象送入剪贴板,然后在需要接收信息的窗口内通过“粘贴”命令从剪贴板中取出信息。

虽然“复制”和“剪切”命令都是将选定的对象送入剪贴板,但这两个命令是有区别的。“复制”命令是将选定的对象复制到剪贴板,因此执行完“复制”命令后,原来的信息仍然保留,同时剪贴板中也具有了该信息;“剪切”命令是将选定的对象移动到剪贴板,执行完“剪切”命令后,剪贴板中具有了信息,而原来的信息就被删除了。

如果进行多次的“复制”或“剪切”操作,剪贴板总是保留最后一次操作时送入的内容。但是,一旦向剪贴板中送入了信息之后,在下一次“复制”或“剪切”操作之前,剪贴板中的内容将保持不变。这也意味着可以反复使用“粘贴”命令,将剪贴板中的信息送至不同的程序或同一程序的不同地方。

由剪贴板的上述特性,可以得出利用剪贴板进行文件移动或复制的常规操作步骤如下:

① 首先选定要移动或复制的文件和文件夹。

② 如果是复制,按【Ctrl+C】组合键,或在“组织”菜单中选择“复制”命令;如果是移动,按【Ctrl+X】组合键,或在“组织”菜单中选择“剪切”命令。

③ 选定接收文件的位置,即打开目标位置的文件夹。

④ 按【Ctrl+V】组合键,或在“组织”菜单中选择“粘贴”命令。

(4)为文件或文件夹重命名

在进行文件或文件夹的操作时,有时需要更改文件或文件夹的名字,这时选定要重命名的对象,然后单击对象的名字，或按【F2】键；也可以右击要重命名的对象，在弹出的快捷菜单中选择“重命名”命令。

(5)删除文件或文件夹

删除文件最快的方法就是用【Delete】键。先选定要删除的对象，然后按该键即可。在进行删除前，系统会给出提示信息让用户确认，确认后，系统才将文件删除。需要说明的是，在一般情况下，Windows 并不真正删除文件，而是将被删除的项目暂时放在回收站中。实际上回收站是硬盘上的一块区域，被删除的文件会被暂时存放在这里，如果发现删除有误，可以通过回收站恢复。

需要说明的是，从移动盘或网络服务器删除的项目不保存在回收站中。此外，当回收站的内容过多时，最先进入回收站的项目将被真正地从硬盘删除，因此，回收站中只能保存最近删除的项目。

4. 文件的搜索

在实际操作中，经常需要找到所需的文件，但文件夹可能要嵌套很多层，尤其是当不太清楚文件在什么位置或对文件的准确名称不太清楚时，找到一个文件可能会很麻烦。此时，就需要对文件进行搜索，以便很快找到所需文件。

在 Windows 资源管理器的右上方有搜索栏，借助于搜索栏可以快速搜索当前地址栏所指定的地址(文件夹)中的文档、图片、程序、Windows 帮助甚至网络等信息。Windows 系统的搜索是动态的，当用户在搜索栏中输入第一个字符的时刻，Windows 的搜索就已经开始工作。随着用户不断输入搜索的文字，Windows 会不断缩小搜索范围，直至搜索到用户所需的结果，由此大大提高了搜索效率。

在搜索栏中输入待搜索的文件时，可以使用通配符“ * ”和“?”，借助于通配符，用户可以很快找到符合指定特征的文件。

5. Windows 中的收藏夹和库

(1)收藏夹

在 Windows 系统中提供了一个类似于 IE 浏览器的收藏夹功能。在 Windows 资源管理器的导航窗格的顶部显示有“收藏夹”的图标，用户可以将经常访问的文件夹保存在“收藏夹”中，这样以后使用起来就可以很方便地找到这个文件夹，而不用怕目标文件夹被一层套一层地隐藏在很深的目录里。

如果想把自己经常访问的文件夹添加到 Windows7 的“收藏夹”中，可以先在 Windows 资源管理器中打开需要添加到“收藏夹”的文件夹，然后右击“收藏夹”图标，在弹出的快捷菜单中选择“将当前位置添加到收藏夹”即可。用户也可以先找到需要添加到“收藏夹”中的文件夹，然后用鼠标将其直接拖动至“收藏夹”区域，即可将其添加到“收藏夹”中。

如果用户不想用收藏夹中的文件夹，则可以在收藏夹中选中该文件夹，然后直接按【Delete】键将其删除。用户删除“收藏夹”中的文件夹不用担心真的删掉了对应的文件夹，因为添加到“收藏夹”里文件夹只是实际文件夹的“快捷方式”。

(2)库

库用于管理文档、音乐、图片和其他文件的位置，它可以用与在文件夹中浏览文件相同的方式浏览文件，也可以查看按属性(如日期、类型和作者)排列的文件。

在某些方面，库类似于文件夹，但与文件夹不同的是，库可以收集存储在多个位置中的文件。库实际上不存储项目，它只是监视包含项目的文件夹，并允许以不同的方式访问和排列这些项目。

库是个虚拟的概念，把文件和文件夹加入到库中并不是将这些文件和文件夹真正复制到库这个位置，而是在库这个功能中登记了这些文件和文件夹的位置来由 Windows 管理而已。也就是说，库中并不真正存储文件，库中的对象只是各种文件和文件夹的一个指向。因此，收入到库中的内容除了它们各自占用的磁盘空间之外，几乎不会再额外占用磁盘空间，并且删除库及其内容时，也并不会影响到那些真实的文件和文件夹，这一点与快捷方式非常相像。

在 Windows 中用户可以根据自己的需要随意创建新库，在建立好自己的库之后，用户可以随意把常用的文件都拖放到自己建立的库中，这样工作中找到自己的文件夹就变得简单容易，而且这是在非系统盘符下生成的快捷链接，既保证了高效的文件夹管理，也不占用系统盘的空间影响 Windows 运行速度。当用户不再需要某个库时，只要在 Windows 资源管理器中选中这个库，然后按【Delete】键即可将其删除，且不会影响库中的文件和文件夹。

2.6.4 Windows 中程序运行

每一个应用程序都是以文件的形式存放在磁盘上的，所谓运行程序，实际上就是将对应的文件调入内存并执行。在 Windows 中，提供了多种方法来运行程序或打开文档。

1. 使用“开始”菜单的“所有程序”级联菜单运行程序

这是运行程序最直接也是最基本的方法，因为在“开始”菜单的“所有程序”级联菜单中，包含了 Windows 所设置的大部分程序项目，从这里可以启动 Windows 中几乎所有的应用程序。

单击“开始”按钮打开“开始”菜单，然后用鼠标单击“所有程序”，“所有程序”级联菜单即出现在菜单中。在“所有程序”级联菜单中，包含一些安装在 Windows 中的程序名，如 Adobe Photoshop CS，此外，还包含有若干级联菜单项，如“附件”、Microsoft Office 级联菜单项。每个级联菜单都是程序目录，单击这些级联菜单项，即可打开级联菜单，显示出该级联菜单下的程序项目。找到需要运行的程序并单击，即可运行该程序（即打开相应程序窗口）。

通常情况下，“所有程序”级联菜单的内容是由 Windows 设置好的，但也可以根据需要定制“开始”菜单，即在“所有程序”级联菜单中添加或取消一些程序项目。

2. 在资源管理器中直接运行程序或打开文档

（1）通过双击文件图标或名称来运行程序或打开文档

在 Windows 资源管理器中按照文件路径依次打开文件夹，找到需要运行的程序或文档，双击文件图标或直接双击文件名，将运行相应程序或打开文档。这也是运行程序或打开文档的一种常见的方式。所谓打开文档，就是运行应用程序并在该程序中调入文档文件。可见，打开文档的本质仍然是运行程序。

（2）关于 Windows 注册表及相关内容的介绍

当在 Windows 7 资源管理器窗口中双击一个文档图标时，将运行相应的应用程序并调入该文档。系统之所以知道该文档与哪个应用程序相对应，Windows 注册表起到了重要的作用。

Windows 注册表是由 Windows 7 维护着的一份系统信息存储表，该表中除了包括许多重要信息外，还包括了当前系统中安装的应用程序列表及每个应用程序所对应的文档类型的有关信息。在 Windows 中，文档类型是通过文档的扩展名来加以区分的，当在 Windows 中安装一个应用程序时，该应用程序即在注册表中进行登记，并告知该应用程序所对应的文档使用的默认的扩展名。正是有了这些信息，当在 Windows 7 资源管理器窗口中双击一个文档图标时，Windows 才能够启动相应的应用程序并调入该文档。

在 Windows 中，这种某一类文档与一个应用程序之间的对应关系称为关联。例如，以 .docx 为扩展名的文档与 Word 相关联；以 .xlsx 为扩展名的文档与 Excel 相关联。实际上在 Windows 中，大多数文档都与某些应用程序相关联。但是，也有些用户会用自己定义的扩展名来命名文件，这样的文件由于没有在注册表中与某个应用程序相对应，即没有与某个应用程序建立关联，当双击这些文档时，系统将不知道应该运行什么应用程序。为此，需要将这样的文件与某个应用程序建立关联。

当双击某个扩展名的文件时，如果系统中未安装对应的应用程序，Windows 不知道用哪个程序打开该文件，此时系统会弹出“Windows 无法打开此文件”的提示对话框，如图 2－28（a）所示。此时，需要从 Windows 安装的应用程序中找到一个来打开该文件，即自己建立该文件与某个应用程序间的关联。为此，在图 2－28（a）所示对话框中选中“从已安装程序列表中选择程序”单选按钮，然后单击“确定”按钮，打开如图 2－28（b）所示的“打开方式”对话框。

在“打开方式”对话框中，系统会给出一个推荐的程序来打开文件，用户也可以单击“其他程序”旁的下拉图标，列出已在注册表中登记的所有应用程序，从中指定一个应用程序并单击“确定”按钮，则指定的应用程序与选定的文档建立了关联，同时，系统运行该应用程序并调入文档。

需要说明的是，所谓关联是指一个应用程序与某类文档之间的关联。虽然上述操作是通过双击一个文档与指定的应用程序建立了关联，但经过上述操作后，与这个文档同类的文档（具有相同扩展名）均与指定的应用程序建立了关联。此外，在为文档建立关联时，如果没有选中“打开方式”对话框下端的“始终使用选择的程序打开这种文件”复选框，则只是在这个文档和指定的应用程序之间创建一次性关联，即只在当前启动应用程序并调入文档，操作完成后，文档与应用程序之间仍没有关联关系。

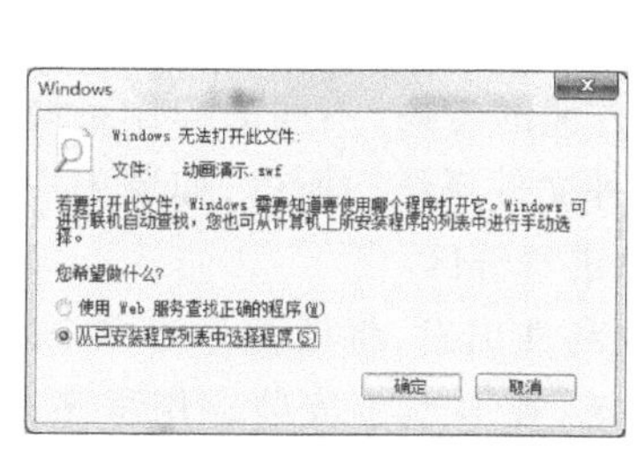

（a）Windows 提示不能打开文件

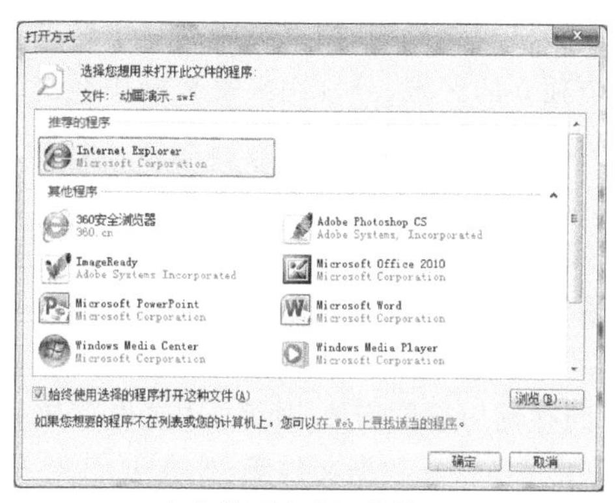

（b）“打开方式”对话框

图 2－28　文件关联

3. 创建和使用快捷方式

快捷方式是一种特殊类型的文件，它仅包含了与程序、文档或文件夹相链接的位置信息，并不包含这些对象本身的信息。因此，快捷方式是指向对象的指针，当双击快捷方式（图标）时，相当于双击了快捷方式所指向的对象（程序、文档、文件夹等）并进而执行之。

由于快捷方式是指向对象的指针，而非对象本身，这意味着创建或删除快捷方式并不影响相应的对象。可以将某个经常使用的程序以快捷方式的形式置于桌面上或某个文件夹中，这样每次执行时会很方便。当不需要该快捷方式时，将其删除，也不会影响到程序本身。

创建快捷方式可以利用 Windows 提供的向导或通过鼠标拖动的方法，还可以通过剪贴板来粘贴快捷方式。

（1）通过鼠标右键拖动的方法建立快捷方式

在找到需要建立快捷方式的程序文件后，用鼠标右键拖动至目的地（桌面或某个文件夹中），将弹出一个菜单，在菜单中选择“在当前位置创建快捷方式”命令，则在目的地建立了以文件名为名称的快捷方式。

（2）利用向导建立快捷方式

在需要建立快捷方式的位置（桌面或某个文件夹中）右击，在弹出的快捷菜单中选择“新建”命令下的“快捷方式”命令，打开“创建快捷方式”向导。在向导的引导下，依次指定程序文件名位置（包括文件的完整路径）、输入快捷方式的名称，即可完成快捷方式的建立。

（3）利用剪贴板粘贴快捷方式

首先选定要建立快捷方式的文件，然后直接按【Ctrl＋C】组合键，将其复制到剪贴板；之后在需要建立快捷方式的位置（桌面或某个文件夹中）右击，在弹出的快捷菜单中选择“粘贴快捷方式”命令，则在该处建立了以文件名为名称的快捷方式。

2.6.5　Windows 的磁盘管理

磁盘是计算机的重要组成部分，计算机中的所有文件以及所安装的操作系统、应用程序都保存在磁盘上。

1. 有关磁盘的基本概念

（1）磁盘格式化

用于存储数据的硬盘可以看作是由多个坚硬的磁片构成的，它们围绕同一个轴旋转。格式化磁盘就是在磁盘上建立可以存放文件或数据信息的磁道和扇区，执行格式化操作后，每个磁片被格式化为多个同心圆，称为磁道（Track）。磁道进一步分成扇区（Sector），扇区是磁盘存储的最小单元。

一个新的没有格式化的磁盘，操作系统和应用程序将无法向其中写入文件或数据信息。所以，新的磁盘在使用之前首先要对其进行格式化，才能存放文件。若要对使用过的磁盘进行重新格式化，一定要谨慎，因为格式化操作将清除磁盘上一切原有的信息。

（2）硬盘分区

在对新硬盘做格式化操作时，都会碰到一个对硬盘分区的操作。所谓硬盘分区是指将硬盘的整体存储空间划分成多个独立的区域，分别用来安装操作系统、安装应用程序以及存储数据文件等。在实际应用中，硬盘分区并非必须和强制进行的工作，但是为了在实际应用时更加方便，通常情况下人们还是要对硬盘进行分区操作，这一般出于如下两点考虑：

① 安装多操作系统的需要：出于对文件安全和存取速度等方面的考虑，不同的操作系统一般采用或支持不同的文件系统，但是对于分区而言，同一个分区只能采用一种文件系统。所以，如果用户希望在同一个硬盘中安装多个支持不同文件系统的操作系统时，就需要对硬盘进行分区。

② 作为不同存储用途的需要：通常，从文件存放和管理的便利性出发，将硬盘分为多个区，用以分别放置操作系统、应用程序以及数据文件等，如在C盘上安装操作系统，在D盘上安装应用程序，在E盘上存放数据文件，F盘则用来备份数据和程序。

（3）文件系统

文件系统是指在硬盘上存储信息的格式。它规定了计算机对文件和文件夹进行操作处理的各种标准和机制，所有对文件和文件夹的操作都是通过文件系统来完成的。不同的操作系统一般使用不同的文件系统，不同的操作系统能够支持的文件系统不一定相同。目前，Windows 7 支持的文件系统有FAT16、FAT32和NTFS。

2. 磁盘的基本操作

（1）查看磁盘容量

在“资源管理器”窗口中单击需要查看的硬盘驱动器图标，窗口底部细节窗格中就会显示出当前磁盘的总容量和可用的剩余空间信息。此外，在资源管理器窗口中右击需要查看的磁盘驱动器图标，在弹出的快捷菜单中选择“属性”命令，打开该磁盘的属性对话框，如图2－29所示，在其中就可了解磁盘空间占用情况等信息。

图2－29　磁盘属性对话框

（2）格式化磁盘

格式化操作是分区管理中最重要的工作之一，用户可以在资源管理器中对选定的磁盘驱动器进行格式化操作。

在Windows资源管理器窗口中右击需要格式化的盘符图标，在弹出的快捷菜单中选择“格式化”命令，即可打开格式化对话框。在对话框中可以指定格式化分区采用的文件系统格式，指定逻辑驱动器的分配单元的大小并为驱动器设置卷标名。

如果在格式化时选中了“快速格式化”复选框，就可以快速完成格式化工作，但这种格式化不检查磁盘的损坏情况，其实际功能相当于删除文件。

尤其需要注意的是，格式化将删除磁盘上的全部数据，操作时一定小心，确认磁盘上无有用数据后，才能进行格式化操作。

3. 磁盘的高级操作

（1）磁盘备份

在实际的工作中，有可能会遇到磁盘驱动器损坏、病毒感染、供电中断等各种意外的事故，这些意外事故的发生都会造成数据丢失和损坏。为了避免意外事故发生所带来的数据错误或数据丢失等损失，需要对磁盘数据进行备份，在需要时可以还原。在Windows 7中，利用磁盘备份向导可以方便快捷地完成磁盘备份工作。

(2) 磁盘清理

用户在使用计算机的过程中会进行大量的读写、安装、下载、删除等操作,这些操作会在磁盘上留存许多临时文件和已经没有用处的文件,这些临时文件和没用的文件不但会占用磁盘空间,还会降低系统的处理速度,降低系统的整体性能。因此,计算机要定期进行磁盘清理,以便释放磁盘空间。

执行"磁盘清理"命令,系统会对指定磁盘进行扫描和计算工作,在完成扫描和计算工作之后,系统会打开"磁盘清理"对话框,并在其中按分类列出指定磁盘上所有可删除文件的大小(字节数),如图2-30所示。

此时,用户根据需要,在"要删除的文件"列表中选择需要删除的某一类文件,单击"确定"按钮,即可完成磁盘清理工作。用户还可以选中"其他选项"选项卡,通过进一步的操作来清理更多的文件以提高系统的性能。

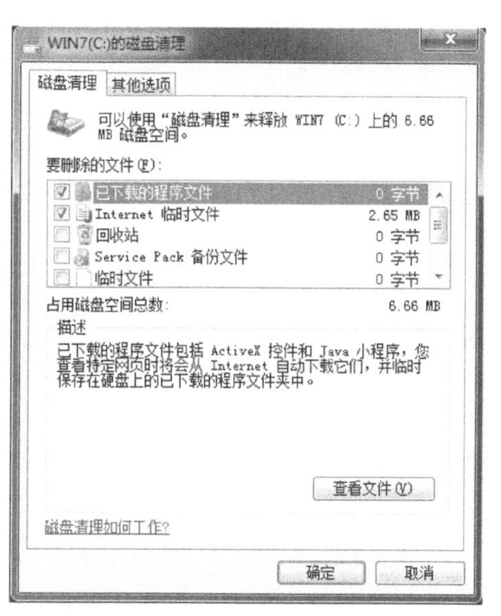

图2-30 磁盘清理对话框

(3) 磁盘碎片整理

在使用磁盘的过程中,由于不断地删除、添加文件,经过一段时间后,就会形成一些物理位置不连续的文件,这就是磁盘碎片。

Windows 7 的"磁盘碎片整理程序"可以清除磁盘上的碎片,重新整理文件,将每个文件存储在连续的簇块中,并且将最常用的程序移到访问时间最短的磁盘位置,以加快程序的启动速度。此外,Windows 7"磁盘碎片整理程序"还具有强大的分析能力,用户可使用分析功能判断进行磁盘碎片整理是否能改善计算机性能,并给出是否要进行磁盘碎片整理的建议。

由于磁盘碎片整理是一个耗时较长的工作,当不需要进行磁盘碎片整理时,根据分析报告操作,可以避免浪费时间。

2.6.6 Windows 控制面板

在 Windows 7 系统中有许多软、硬件资源,如系统、网络、显示、声音、打印机、键盘、鼠标、字体、日期和时间、卸载程序等,用户可以根据实际需要,通过控制面板对这些软、硬件资源的参数进行调整和配置,以便更有效地使用它们。

1. 系统和安全

Windows 系统的系统和安全主要实现对计算机状态的查看、计算机备份以及查找和解决问题的功能,包括防火墙设置、系统信息查询、系统更新、计算机备份等一系列系统安全的配置。

(1) Windows 防火墙

Windows 7 防火墙能够检测来自 Internet 或网络的信息,然后根据防火墙设置来阻止或允许这些信息通过计算机。防火墙可以防止黑客攻击系统或防止恶意软件、病毒、木马程序通过网络访问计算机,而且有助于提高计算机的性能。

在 Windows 7 防火墙的设置中可以打开或关闭防火墙,还可以在"允许的程序和功能"列表栏中,勾选信任的程序,或通过手动添加程序方式,将可信任的应用程序手动添加到信任列表中。

(2) Windows 操作中心

Windows 7 操作中心,通过检查各个与计算机安全相关的项目来检查计算机是否处于优化状态,当被监视的项目发生改变时,操作中心会在任务栏的右侧发布一条信息来通知用户,收到监视的项目状态颜色也会相应地改变以反映该消息的严重性,并且还会建议用户采取相应的措施。

(3) Windows Update

一个新的操作系统诞生之初,往往是不完善的,这就需要不断地更新系统并为系统打上补丁来提高系统的稳定性和安全性。Windows Update 就是为系统更新和补丁而设置的,当用户使用了 Windows Update 时,不必手动联机更新，Windows 会自动检测适用于计算机的最新更新，并根据用户所进行的设置自动安装更新，或者只通知用户有新的更新可用。

2. 外观和个性化

Windows 系统的外观和个性化设置包括对桌面、窗口、按钮、菜单等一系列系统组件的显示设置，系统外观是计算机用户接触最多的部分。

在“控制面板”窗口中选择“外观和个性化”，打开“外观和个性化”窗口，如图 2－31 所示。在该窗口中包含“个性化”“显示”“桌面小工具”“任务栏和「开始」菜单”“轻松访问中心”“文件夹选项”和“字体”7 个选项。

(1) 个性化

在“外观和个性化”窗口中单击“个性化”，可以实现更改主题、更改桌面背景、更改窗口颜色和外观、更改声音效果及更改屏幕保护程序的设置。

(2) 显示

在“外观和个性化”窗口中单击“显示”，可以进行调整分辨率、调整亮度、更改显示器设置等项操作。屏幕分辨率是显示器的一项重要指标，其中常见的分辨率包括 800×600 像素、1 024×768 像素、1 280×600 像素、1 280×720 像素、1 280×768 像素、1 360×768 像素及 1 366×768 像素。显示器可用的分辨率范围取决于计算机的显示硬件，分辨率越高，屏幕中的像素点就越多，可显示的内容就越多，所显示的对象就越小。

(3) 任务栏和「开始」菜单

在“外观和个性化”窗口中单击“任务栏和「开始」菜单”，可以自定义开始菜单、自定义任务栏上的图标和更改“开始”菜单上的图片。

(4) 字体

字体是屏幕上看到的、文档中使用的、发送给打印机的各种字符的样式。在 Windows 系统的 C:\\Windows\\fonts 文件夹中安装有多种字体文件，用户可以添加和删除字体。字体文件的操作方式和其他文件操作方式相同，用户可以在 C:\\Windows\\fonts 文件夹中移动、复制或删除字体文件。系统中使用最多的字体主要有宋体、楷体、黑体、仿宋等。

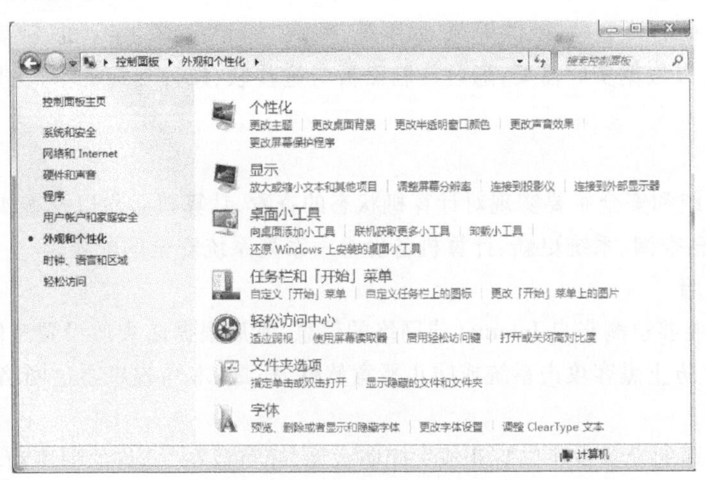

图 2－31 “外观和个性化”窗口

3. 时钟、语言和区域设置

在“控制面板”窗口中选择“时钟、语言和区域”，用户可以在此设置计算机的日期和时间、所在位置，也可以更改日期、时间或数字的格式，更改显示的语言及键盘或其他输入法等。

4. 程序

在 Windows 系统中，大部分应用程序都需要安装到 Windows 系统中才能使用。在应用程序的安装过程中会进行诸如程序解压缩、复制文件、在注册表中注册必要信息以及设置程序自动运行、注册系统服务等诸多工作。

与安装相反的操作就是卸载，所谓卸载就是将不需要的应用程序从系统中删除。由于应用程序的安装会涉及复制文件、注册信息等诸多工作，因此不能简单地删除应用程序文件来达到卸载的目的，必须借助控制面板中“程序和功能”工具来实现程序的卸载操作。

在“控制面板”窗口中单击“程序”，会在窗口列表中列出系统中安装的所有程序，在列表中选中某个程序项目图标，就可以利用“更改”按钮重新启动安装程序，然后对安装配置进行修改；也可以利用“卸载”按钮卸载程序。

5. 用户账户和家庭安全

在“控制面板”窗口中选中“用户账户和家庭安全”，可实现对用户账户、家长控制等的操作。

(1) 用户账户

Windows 7 系统作为一个多用户操作系统，它允许多个用户共同使用一台计算机，当多个用户共同使用一台计算机时，为了使每个用户可以保存自己的文件夹及系统设置，系统就为每个用户开设一个账号。账号就是用户进入系统的出入证，用户账号一方面为每个用户设置相应的密码、隶属的组，保存个人文件夹及系统设置，另一方面将每个用户的程序、数据等相互隔离，这样用户在不关闭计算机的情况下，不同的用户可以相互访问资源。另外，如果自己的系统设置、程序和文件夹不想让别人看到和修改，只要为其他的用户创建一个受限制的账号即可，而且还可以使用管理员账号来控制别的用户。

(2) 家长控制

Windows 7 中家长控制功能的目的是使家长可以对孩子玩游戏情况、网页浏览情况和整体计算机使用情况进行必要的限制。通过家长控制功能，可以帮助家长确定他们的孩子能玩哪些游戏，能使用哪些程序，能访问哪些网站以及何时执行这些操作。

2.6.7 Windows 的任务管理器

1. Windows 任务管理器概述

Windows 任务管理器是一种专门管理任务进程的程序，它提供了有关计算机性能的信息，并显示了计算机上所运行的程序和进程的详细信息。它可以显示最常用的度量进程性能的单位，如果连接到网络，还可以查看网络状态并迅速了解网络是如何工作的。直接按【Ctrl + Shift + Esc】组合键，或右击任务栏，在弹出的快捷菜单中选择“启动任务管理器”命令，即可打开任务管理器窗口，如图 2-32 所示。

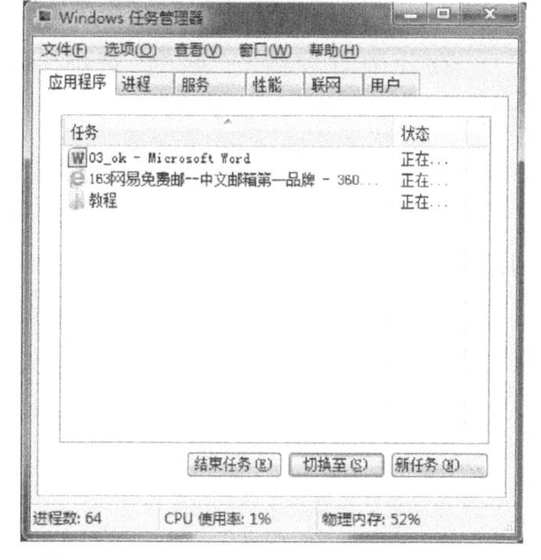

图 2-32 “Windows 任务管理器”窗口

Windows 任务管理器的用户界面提供了文件、选项、查看、窗口、帮助等菜单项，其下还有应用程序、进程、服务、性能、联网、用户 6 个选项卡，在窗口底部是状态栏，在这里可以查看到当前系统的进程数、CPU 使用率、物理内存的使用情况等数据。

2. Windows 任务管理器功能介绍

任务管理器可以对应用程序、进程、服务进行管理，可以对计算机的性能等信息进行显示，还可以显示联网及用户的信息。这些内容被分别安排在 6 个选项卡中。

(1) “应用程序”选项卡

该选项卡显示了所有当前正在运行的应用程序，不过它只显示当前已打开窗口的应用程序，如资源管理器窗口、浏览器窗口或其他应用程序窗口，而 QQ 等最小化至系统托盘区的应用程序则并不会显示出来。在此可以选定某个应用程序，然后单击“结束任务”按钮直接关闭该应用程序。如果需要同时结束多个任务，可以按住【Ctrl】键复选。

在 Windows 中运行某个应用程序时，有时会遇到该应用程序毫无反应，从应用程序窗口中也无法关闭程序这样的情况，此时，在“应用程序”选项卡中，该应用程序的名称后会有“未响应”字样，这时就可以利用上述关闭任务的操作,强行关闭该应用程序。

(2)“进程”选项卡

进程是程序在计算机上的一次执行活动,当运行一个程序时,就启动了一个进程。显然,程序是死的(静态的),进程是活的(动态的)。进程可以分为系统进程和用户进程。凡是用于完成操作系统的各种功能的进程就是系统进程,它们就是处于运行状态下的操作系统本身;用户进程就是所有由用户启动的进程。进程是操作系统进行资源分配的单位。在 Windows 下,进程又被细化为线程,也就是一个进程下有多个能独立运行的更小的单位。

在“进程”选项卡中显示了所有当前正在运行的进程,包括用户打开的应用程序及执行操作系统各种功能的后台服务等。通常对于一般用户来说,不一定清楚地了解进程与对应服务的关系。

如果需要结束某个进程,则首先选定该进程名并右击,在弹出的快捷菜单中选择“结束进程”命令,即可强行终止。不过这种方式将丢失未保存的数据,而且如果结束的是系统服务,则系统的某些功能可能无法正常使用。

(3)“服务”选项卡

服务是系统中不可或缺的一项重要内容,很多内核程序、驱动程序需要通过服务项来加载。每个服务就是一个程序,旨在执行某种功能,不用用户干预,就可以被其他程序调用。

“服务”选项卡实际上是一种精简版的服务管理控制台,“服务”选项卡列出了服务名称、PID(进程号)、对服务性质或功能的描述、服务的当前状态以及工作组。单击“服务”选项卡底部的“服务”按钮,在打开的“服务”窗口中列出了系统中的所有服务项目,用户可以从中访问某个服务。如果用户感觉哪个服务有问题,可以禁止启动它,或者改成只能人工启动,这样就能查看关闭这个服务是否可以解决问题。

(4)“性能”选项卡

在任务管理器的“性能”选项卡中,动态地列出了该计算机的性能,如 CPU 的使用情况、使用记录及各种内存的使用情况。用户可以通过该选项卡了解当前计算机的使用状况。

(5)“联网”选项卡

在任务管理器的“联网”选项卡中,动态地列出了该计算机当前的联网状态,包括适配器名称、网络应用状况、链接速度、当前状态等。

(6)“用户”选项卡

在任务管理器的“用户”选项卡中,列出了在该计算机中建立的各用户的状况,包括用户名、用户标识、用户状态、客户端名、会话等。在“用户”选项卡中还可以进行用户的切换或注销。

第 3 章　办公软件 Office

人们在日常生活、学习、工作中经常要处理各种类型的文档、表格、数据等，而随着计算机应用的推广，越来越多的人选择使用办公软件来帮助自己处理这些信息。Microsoft Office 办公套件是目前应用比较广泛的一类软件，其中包括文档处理、表格处理、幻灯片制作及数据库等实用工具软件，几乎能够满足人们实现办公自动化所需要的所有功能。

本章主要介绍文字处理软件 Word、Excel 和 PowerPoint 的使用与操作，使读者学习文档编辑与处理方法；学习工作表的基本操作、图表技术及数据管理和分析功能；学习如何制作演示文稿。

学习目标

- 了解办公软件的发展和办公软件的标准。
- 了解 Word 的基本知识，掌握 Word 文档版面设计、表格制作和处理及图文处理的操作。
- 了解 Excel 的基本知识，掌握 Excel 基本操作、数据图表操作和数据管理的操作。
- 了解 PowerPoint 的基本知识，掌握演示文稿的制作与放映。

3.1　办公软件概述

3.1.1　办公软件的发展

办公软件属于应用软件中的通用软件。广义上讲，在日常工作中所使用的应用软件都可以称之为办公软件。例如，文字处理、传真、申请审批、公文管理、会议管理、资料管理、档案管理、客户管理、订货销售、库存管理、生产计划、技术管理、质量管理、成本、财务计算、劳资、人事管理，等等，这些都是办公软件的处理范围。但我们平时所指的办公软件多为“字处理软件”“阅读软件”“管理软件”等。典型的办公软件有微软的 Office、金山的 WPS、Adobe 的 Acrobat 阅读器等。

目前，全球用户最多的办公软件当属微软公司的套装软件 Office。微软公司从 20 世纪 80 年代开始推出自己的文字处理软件 MS Word，经过几十年的发展，经历了 Office 95、Office 97、Office 2000、Office 2003、Office 2007，Office 2010，目前最新的版本是 Office 2013。

我国办公软件中最著名的当属 WPS，它是由金山软件公司开发的一套办公软件，最初出现于 1988 年，在微软 Windows 系统出现以前，DOS 系统盛行的年代，WPS 曾是中国最流行的文字处理软件。在 20 世纪 90 年代初期，WPS 在中国很流行，曾占领了中文文字处理 90% 的市场。但是，随着微软 Windows 操作系统的普及，通过各种渠道传播的 Word 6.0 和 Word 97 将大部分 WPS 用户过渡为微软 Office 的用户，WPS 的发展进入历史最低点。

随着我国加入世贸组织，我国大力提倡发展自己的软件产业，使用国产的软件。在这样的背景下，金山公司的发展出现了转机，在中央和地方政府的办公软件采购中，WPS 占了更多的份额。现在我国很多地方的政府机关部门，都采用 WPS Office 办公软件办公。

3.1.2 办公软件的标准

随着互联网络的不断发展，政府、机构、企业、个人用户都在更加紧密地通过信息网络加强彼此间的联系，计算机用户间也越来越频繁地通过网络来交换数据和信息。办公软件作为能够大幅度提高办公效率的软件，已经成为大多数计算机用户不可舍弃的工具。

但是越来越明显的趋势表明，目前封闭的办公软件文档格式逐渐成为阻碍用户信息交流的桎梏，增加了用户的使用成本，提高了用户保存数据的风险，妨害了办公软件间的良性竞争并导致垄断。为了实现多种中文办公软件之间的互联互通，需要制定办公文档的标准。

(1) ODF 标准

ODF(Open Document Format)格式是基于 XML 的纯文本格式，与传统的二进制格式不同，ODF 格式最大的优势在于其开放性和可继承性，具有跨平台跨时间性。基于 ODF 格式的文档在许多年以后仍然可以为最新版的任意平台任意一款办公软件打开使用。ODF 作为标准文档格式，由 OASIS 负责制定，向所有用户免费开放，它的目的是改变办公软件相互封闭、文档格式互不兼容的糟糕情况。目前，ODF 受到了很多政府机构的青睐。在 2006 年上半年已经通过 ISO 批准，正式成为国际标准。

(2) UOF 标准

UOF(Unified Office Document Format, UOF)标准是由国家电子政务总体组所属的中文办公软件基础标准工作组组织制定的《中文办公软件文档格式规范》国家标准。UOF 是基于 XML 的开放文档格式，作为中国国产文档标准，UOF 适合中国国情，它成为了摆脱技术标准受制于外国人的关键因素。

(3) OOXML 标准

OOXML 全称是 Office Open XML，是由微软公司为 Office 2007 产品开发的技术规范，现已成为国际文档格式标准。OOXML 兼容国际标准 ODF(Open Document Format)和中国文档标准 UOF。

3.2 文字处理软件 Word

3.2.1 Word 的基本知识

启动 Word 后就可以打开 Word 文档窗口，如图 3-1 所示。Word 窗口包括标题栏、快速访问工具栏、“文件”选项卡、功能区、工作区、视图切换区、导航窗格及状态栏等窗口元素，Windows 中对窗口操作的各种方法同样适用于 Word 窗口。

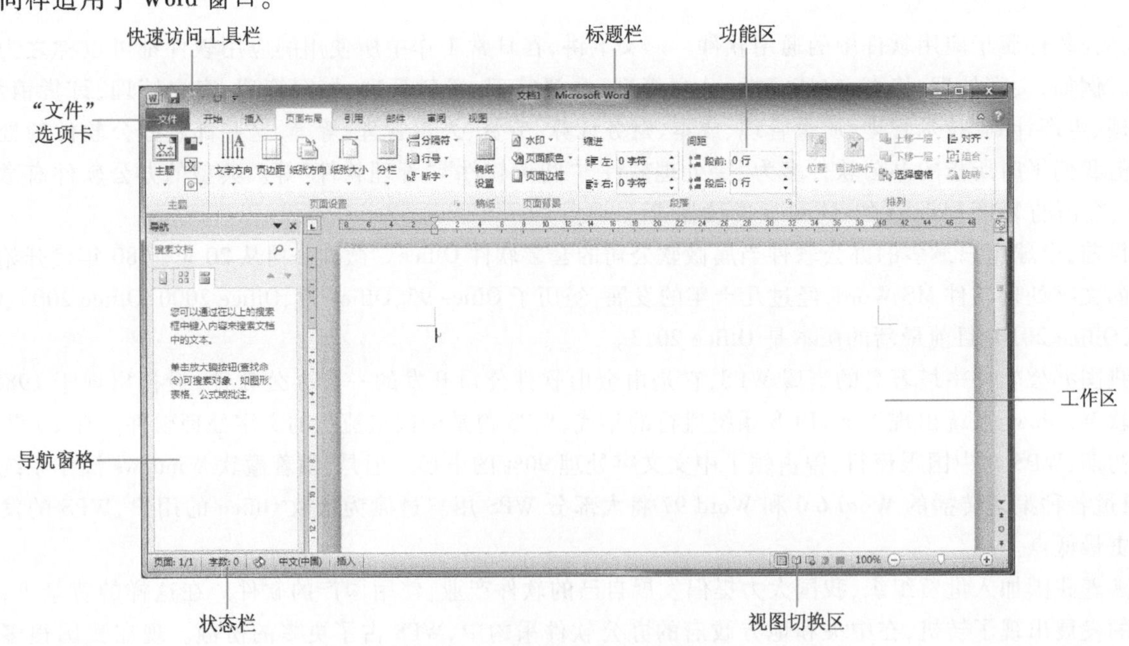

图 3-1 Word 2010 窗口的组成

3.2.2　Word 的基本操作

1. 文档的创建、录入及保存

（1）文档的创建

在创建 Word 文档时，用户可以创建空白的新文档，可以根据现有内容创建新文档，还可以使用 Word 提供的模板快速生成文档的基本结构。Word 中内置了多种文档模板，除了系统自带的模板外，Office.com 的模板网站还提供了许多精美的专业联机模板。使用模板创建的文档，系统已经将其模式预设好，用户在使用的过程中，只需在指定的位置填写相关的文字即可。

（2）特殊符号的输入

编辑文字过程中，经常要使用一些从键盘上无法直接输入的特殊符号，如“☆”“℃”“ā”等，可使用以下方法进行输入：

① 使用“符号”对话框输入。在“插入”选项卡的“符号”选项组中单击“符号”下拉按钮，选择“其他符号”选项打开“符号”对话框，从中找到需要的符号输入。

② 使用输入法的软键盘输入。单击汉字输入法提示条中的软键盘按钮，在弹出的快捷菜单中选择一种符号的类别，然后在弹出的软键盘中单击所需的符号按钮。

（3）插入其他文件的内容

Word 允许在当前编辑的文档中插入其他文件的内容，利用该功能可以将几个文档合并成一个文档。将插入点设置在当前文档中的合适位置，在“插入”选项卡的“文本”选项组中单击“对象”右侧下拉按钮，在弹出的下拉列表中选择“文件中的文字”，打开“插入文件”对话框，然后指定需要插入的文件即可。

基本编辑操作/插入文件

（4）文档的保存

Word 中根据文档的格式、有无确定的文档名等情况，可用多种方法保存。

① 保存未命名的 Word 文档。第一次保存文档时，要输入一个确定的文档名。

② 保存已命名的 Word 文档。对于一个已存在的 Word 文档，当对其进行再次编辑后，若不需修改文件名或文件的保存位置，直接单击快速访问工具栏中的“保存”按钮即可完成保存。

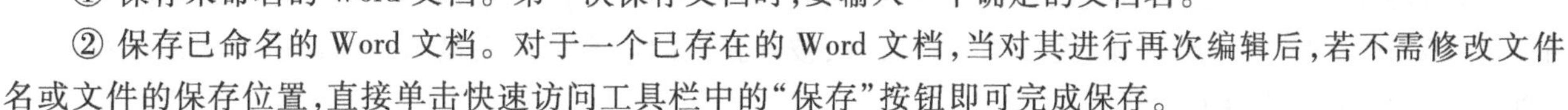

③ 另存 Word 文档。当对一个 Word 文档进行编辑后，如果要更改文件保存位置或不想用原文件名或文件类型保存，可打开“另存为”对话框，重新选择保存位置或指定新文件名进行保存。Word 默认的文档格式类型是.docx，若需要保存为其他类型的文档，在“另存为”对话框的“保存类型”下拉列表中选择一种新类型后保存即可。

2. 文档的视图方式

在文档的编辑过程中，常常需要因不同的编辑目的而突出文档中某一部分的内容，以便能更有效地编辑文档，此时可通过选择不同的视图方式实现。Word 提供了页面视图、阅读版式视图、Web 版式视图、大纲视图和草稿 5 种文档视图方式，这些视图有自己不同的作用和优点，用户可以用最适合自己的视图方式来显示文档。例如，可以用页面视图实现排版，用大纲视图查看文档结构等。

此外，在进行编辑、打印等操作时，可通过以下特定的窗口或视图进行设置，方便操作。

① 在编辑文档时，有时需要在文档的不同部分进行操作，这时可以使用 Word 中提供的拆分窗口的方法，将文档窗口一分为二变成两个窗格，两个窗格中显示的是同一个文档中的不同内容部分，这样就可以很方便地对同一个文档中的前后内容进行编辑操作。

基础知识/视图方式

② 在同时打开两个 Word 文档后，通过选择“并排查看”命令，就可以让两个文档窗口左右并排打开，尤其方便的是，这两个并排窗口可以同步上下滚动，非常适合文档的比较和编辑。

③ 在打印之前，可以使用“打印预览”功能对文档的实际打印效果进行预览，避免打印完成后才发现错误。在这种视图方式下，可以设置显示方式，调整显示比例。

3. 文本的选定及操作

(1)文本的选定

① 按下鼠标左键在文本区拖动,是最基本的选取文本方法,可以直观、自由地选定文本区中的文字。

② 光标先设置一个起始点,然后按住【Shift】键再单击另一位置,可以将两位置点之间的文字选定。在选中一个文本区后,按住【Ctrl】键可以再选中另外一块文本区,即实现不连续文本的选定。

③ 将鼠标置于行前页边距外进行拖动,可以选定任意多行文本,借助于【Shift】键可以将两行之间的文字选定;也可以在行前页边距外处双击选定一个段落,三击选定整个文档。

(2)文本的操作

对选定的文本可以进行删除、复制、剪切等操作。借助于复制粘贴或剪切粘贴,可以实现文本的复制或移动。与 Windows 剪贴板只能保留最近一次剪切或复制的信息不同,Office 提供的剪贴板在 Word 中以任务窗格的形式出现,它具有可视性,允许用户存放多个复制或剪切的内容,在 Office 系列软件中,剪贴板信息是共用的,可以在 Office 文档内或其他程序之间进行更复杂的复制和移动操作。

4. 文本的查找与替换

Word 的查找和替换功能非常强大,它既可以查找和替换普通文本,也可以查找或替换带有固定格式的文本,还可以查找或替换字符格式、段落标记等特定对象;尤其值得提出的是,它也支持使用通配符(如"Word *"或"张?")进行查找。

基本编辑操作/段落交换

(1)查找文本

查找是指从当前文档中查找指定的内容,如果查找前没有选取查找范围,Word 认为在整个文档中进行搜索;若要在某一部分文本范围内查找,则必须选定文本范围。

在"开始"选项卡的"编辑"组中单击"查找"按钮右侧的下拉按钮,在打开的列表中选择"高级查找",打开"查找和替换"对话框,默认显示的是"查找"选项卡,如图 3-2 所示。在"查找内容"文本框中输入要查找的内容,单击"查找下一处"按钮,完成第一次查找,被查找到的内容呈高亮显示。如果还要继续查找,单击"查找下一处"按钮继续向下查找。

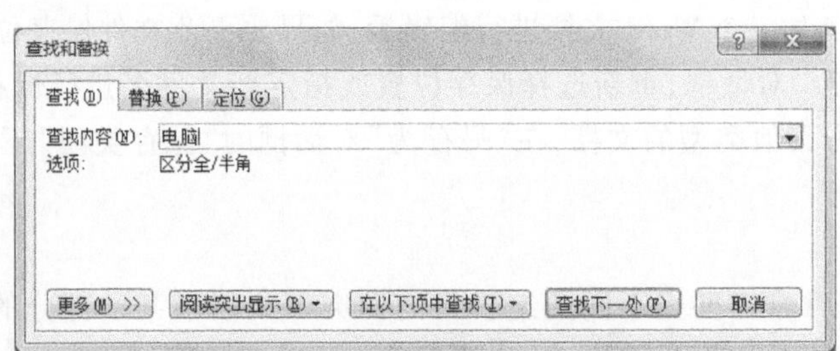

图 3-2 "查找"选项卡

(2)替换文本

按【Ctrl+H】组合键或在"开始"选项卡的"编辑"组中单击"替换"按钮,打开如图 3-3 所示的"查找和替换"对话框,默认显示的是"替换"选项卡。在"查找内容"文本框中输入被替换的内容,在"替换为"文本框中输入用来替换的新内容。如果未输入新内容,被替换的内容将被删除。

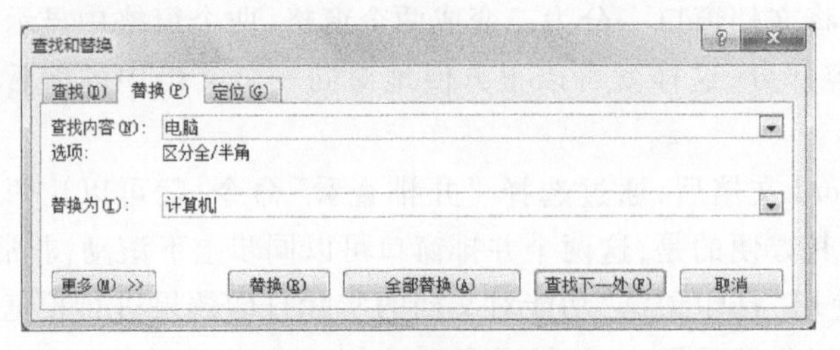

图 3-3 "替换"选项卡

查找替换/批量删除

① 有选择替换。在“替换”选项卡中，每单击一次“查找下一处”按钮，可找到被替换内容，若想替换则单击“替换”按钮；若不想替换则单击“查找下一处”按钮。

查找替换/部分替换

查找替换/全部替换

② 全部替换。单击“替换”选项卡中的“全部替换”按钮，则将查找到的文本内容全部替换成新文本内容。

③ 设置替换选项。若要根据某些条件进行替换，可单击“更多”按钮，打开扩展对话框，如图3－4所示。在其中可以对查找内容的形式进行限制。例如，可以选中“区分大小写”复选框，就会只替换那些大小写与查找内容相符的情况。

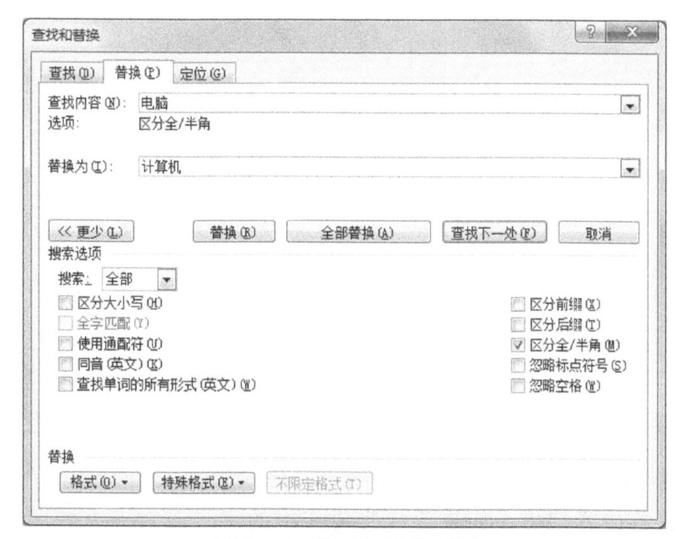

图3－4　打开扩展对话框

查找替换/全角半角替换

查找替换/通配符查找替换

④ 格式及特殊格式替换。Word不仅能替换文本内容，还能替换文本格式或某些特殊字符。例如，将文档中字体为黑体的“计算机”全部替换为“隶书”的“计算机”；将“手动换行符”替换为“段落标记”等，这些操作都可以通过图3－4中的“格式”按钮和“特殊格式”按钮来完成。

查找替换/特殊符号

查找替换/
特殊格式查找替换

查找替换/
带格式查找替换

5. 公式操作

Word 中提供了很多内置的公式,用户可以直接选择所需公式而将其快速插入到文档中;另外,Word 也提供了“公式工具”选项卡,用户可以根据实际需要输入一些特定的公式并对其进行编辑。

① 插入公式。在“插入”选项卡的“符号”组中单击“公式”按钮的下拉按钮,在展开的下拉列表框中就列出了 Word 内置的一些公式样式,如图 3-5 所示,从中选择所需的公式并单击,即可将该公式插入到文档中。

② 输入特定的公式。单击“符号”组中“公式”按钮,此时在文档的插入点处将创建一个供用户输入公式的编辑框,且功能区中增加了“公式工具”下的“设计”选项卡,其中“结构”组中提供有多种类型的公式模板,“符号”组给出了各种运算符号,如图 3-6 所示。此时,通过“符号”组和“结构”组即可输入公式的内容。

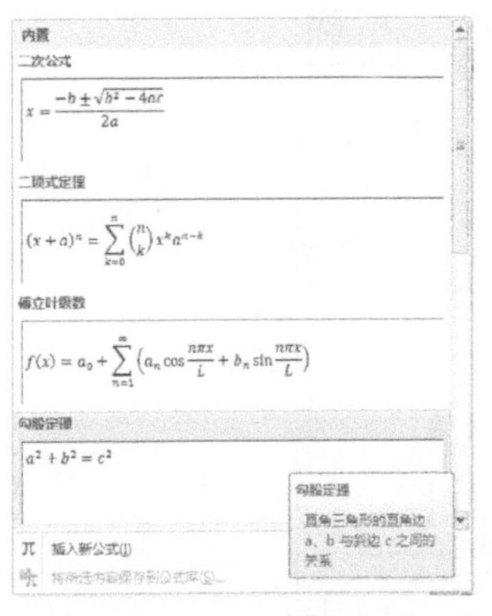

图 3-5 内置公式

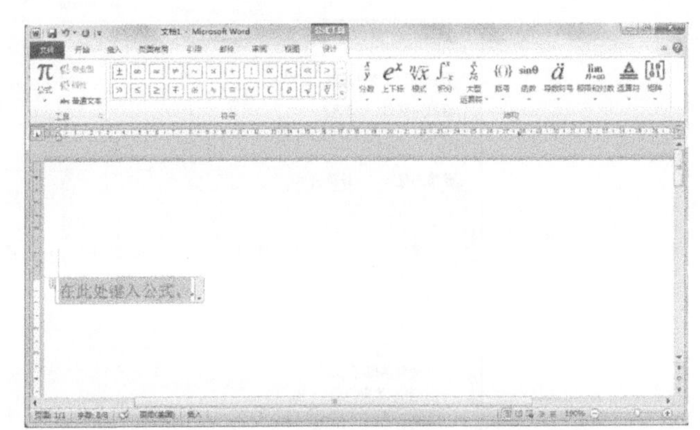

图 3-6 “公式工具”的“设计”选项卡

③ 编辑公式。单击现有的公式,Word 窗口中会显示“公式工具”下的“设计”选项卡。此时插入点定位在公式中,根据需要修改公式内容即可。如果要修改公式中的字号或对齐方式等选项,可在选中公式后,选择“字体”组或“段落”组中的相应命令进行修改。

3.2.3 文档的排版

文档排版即对文档进行外观的设置,在 Word 中对文档的排版包括字符格式的设置、段落格式的设置以及页面格式的设置 3 个方面。

1. 设置字符格式

字符格式设置包括字符的字体、字号和字形,字符的颜色、下画线、着重号,上下标、删除线,字符间距等。在创建新文档时,Word 按系统默认的格式显示,中文字体为宋体五号字,英文字体为 Times New Roman 字体。用户可根据需要对字符的格式进行重新设置。

① 在“字体”组进行设置:在“开始”选项卡的“字体”组中对字符格式进行设置是最常用的方式。选中需要进行格式设置的文本,然后在“字体”组使用相应的格式按钮直接进行设置即可。

② 利用“字体”对话框进行设置:选中需要设置字符格式的文本并右击,在弹出的快捷菜单中选择“字体”命令,打开“字体”对话框,从中对字体格式进行设置。

字体格式/字体・字号・字形

字体格式/字符间距

字体格式/颜色和底纹

2. 设置段落格式

Word中的段落是由一个或几个自然段构成的。在输入一段文字后按【Shift + Enter】组合键，产生一个"↓"符号，称为"手动换行符"，此时形成的是一个自然段。如果输入一段文字后按【Enter】键，产生一个↵符号，那么这段文字就形成一个段落，该符号称为段落标记。段落标记不仅标识一个段落的结束，还存储了该段落的格式信息。段落格式设置通常包括对齐方式、行距和段间距、缩进方式、边框和底纹等的设置。

① 使用"标尺"进行粗略设置。通过这种方法可以设置段落的缩进和制表位。

② 利用"开始"选项卡中的"段落"组进行设置：这也是段落设置最常用的方法，直接单击"段落"组中的按钮，可以设置水平对齐方式、缩进、编号、项目符号和多级列表等。

③ 对段落格式进行精确设置：如需对段落格式进行精确设置，就要在"段落"对话框中进行。在"段落"对话框中可以对水平对齐方式、垂直对齐方式、段落缩进、段落间距及行距等进行设置。单击"开始"选项卡"段落"组右下角的按钮，可以打开"段落"对话框。

段落格式/特殊格式

段落格式/缩进

段落格式/对齐方式

段落格式/行距

段落格式/段前段后间距

3. 设置页面格式

页面设置的内容包括设置纸张大小，页面的上下左右边距、装订线、文字排列方向、每页行数和每行字符数，页码、页眉页脚等内容。这些设置是打印文档之前必须要做的工作，可以使用默认的页面设置，也可以根据需要重新设置或随时进行修改。设置页面既可以在文档的输入之前，也可以在输入的过程中或文档输入之后进行。

在"页面布局"选项卡的"页面设置"组中有"文字方向""页边距""纸张方向""纸张大小"等按钮，也可以单击"页面设置"组右下角的按钮，打开"页面设置"对话框，对页面格式进行设置。

页面设置/标准纸张大小

页面设置/自定义纸张大小

页面设置/页边距·装订线·纸张方向

页面设置/文档网格

4. 文档页面修饰

(1)分节与分栏

默认情况下，文档中每个页面的版式或格式都是相同的，若要改变文档中一个或多个页面的版式或格式，则可以使用分节符来实现。使用分节符可以将整篇文档分为若干节，每一节可以单独设置版式，如页眉、页脚、页边距等，从而使文档的编辑排版更加灵活。在"页面布局"选项卡的"页面设置"中，单击"分隔符"下拉列表，选择一种分节符类型，即可完成插入分节符的操作。

段落格式/分栏

Word的分栏可以使文档具有类似于报纸分栏的效果。Word中每一栏就是一节，可以对每一栏单独进行格式化和版面设计。在分栏的文档中，文字是逐栏排列的，填满一栏后才转到下一栏。要把文档分栏，必须切换到页面视图方式，首先选定要分栏的文本，然后在“页面布局”选项卡的“页面设置”组中单击“分栏”按钮，在其下拉列表中选择分栏形式即可。

（2）页眉与页脚

页眉和页脚通常用于显示文档的附加信息，如日期、时间、发文的文件号、章节名、文件的总页数及当前为第几页等。页眉和页脚属于版式的范畴，文档的每个节可以单独设计页眉和页脚。只有页面视图方式下才能看到页眉和页脚的效果。

页眉页脚/插入页眉页脚及格式设置

页眉页脚/页眉页脚的编辑及版式设置

在“插入”选项卡的“页眉和页脚”组中单击“页眉”或“页脚”按钮，在其下拉列表中列出了Word内置的页眉或页脚模板，从中选择适合的页眉或页脚样式即可，也可以选择“编辑页眉”或“编辑页脚”，根据需要进行编辑。

（3）页码

当文档中包含多个页面时，往往需要插入页码。在“插入”选项卡的“页眉和页脚”组中单击“页码”按钮，在打开的下拉列表中指定页码出现的位置，并在其右侧显示的浏览库中选择所需的页码样式即可插入页码。

页眉页脚/插入页码

段落格式/首字下沉

（4）首字下沉和悬挂

首字下沉就是将文章开头的第一个字符放大数倍，并以下沉或悬挂的方式显示，其实质是将段落的第一个字符转换为图形。将插入点置于需要首字下沉或悬挂的段落中，单击“插入”选项卡中的“首字下沉”按钮，在打开的下拉列表中选择需要的下沉方式即可。

（5）项目符号与编号

项目符号是指在文档中的并列内容前添加的统一符号，而编号是指为具有层次区分的段落添加的号码，通常编号是连续的号码。在各段落之前添加项目符号或编号，可以使文档的条理更加清晰，层次更加分明。

为了使文本更易修改，建议段落前的编号或项目符号不应作为文本输入，而应使用Word自动设置项目符号和段落编号的功能。这样，在已编号的列表中添加、删除或重排列表项目时，Word会自动更新编号。

先选定需要添加项目符号或编号的段落，然后在“开始”选项卡的“段落”组中单击“项目符号”或“编号”按钮右侧的下拉按钮，在打开的下拉列表中选择不同的项目符号或编号样式，即可看到所选段落前都添加了所选的项目符号或编号。

3.2.4 表格处理

制表是文字处理软件的主要功能之一。利用Word提供的制表功能，可以创建、编辑、格式化复杂表格，也可以对表格内数据进行排序、统计等操作，还可以将表格转换成各类统计图表。

1. 表格的创建

Word中不论表格的形式如何，都是以行和列排列信息，行、列交叉处称为单元格，是输入信息的地方。创建的表格可以是整行整列的规则表格，也可以是不规则的表格。

① 创建指定行列数的表格：将插入点置于要插入表格的位置，在“插入”选项卡的“表格”组中，单击“表格”按钮，在打开下拉列表中选择“插入表格”命令，打开“插入表格”对话框，设置行数和列数；或在打开下拉列表中直接用鼠标在“插入表格”下的网格中进行拖动，选取行数和列数。通过这样的方法就创建了一个指定行列数的规则表格。

② 从表格模板库中选择表格样式创建表格：将插入点置于要插入表格的位置，在“插入”选项卡的“表格”组中单击“表格”按钮，在打开的下拉列表中选择“快速表格”命令，打开内置表格样式列表，从中单击需要的模板，即可在当前文档中插入表格，且该表格中包含了示例数据和特定的样式。

③ 手动绘制不规则的表格：通常，若需要制作不规则的表格，往往是先创建一个规则的表格，而后再对其进行单元格的拆分或合并等操作。此外，还可以利用 Word 提供的“绘制表格”命令，像用铅笔作图一样随意地绘制复杂的表格。将插入点置于要插入表格的位置，在“插入”选项卡的“表格”组中单击“表格”按钮，在打开下拉列表中选择“绘制表格”命令，此时鼠标指针变为铅笔状。按住鼠标左键拖动，就可以在文档中任意绘制表格线；若要删除某条框线，可使用“擦除”命令。选择“表格功能”的“设计”选项卡，在“绘图边框”组中单击“擦除”命令按钮，鼠标指针变为橡皮状。将鼠标移动到要擦除的框线上单击鼠标，即可删除该框线。

表格/插入表格

2. 表格的调整

表格调整包括表格行、列的插入与删除，行高与列宽的设置，单元格的合并与拆分，表格的合并与拆分等。

(1)行、列或单元格的插入或删除

① 行、列或单元格的插入：首先在表格中需要插入的位置处设置插入点，然后右击，在弹出的快捷菜单中选择“插入”命令，在出现的级联菜单中根据需要选择在上方或下方插入行；在左侧或右侧插入列。如果要插入单元格，则在级联菜单中选择“插入单元格”，在打开的“插入单元格”对话框中指明插入单元格后，当前单元格的移动方向(右移、下移或整行、整列插入)即可。

② 行、列或单元格的删除：首先在表格中选中需要删除的行或列，然后右击，在弹出的快捷菜单中选择“删除行(或列)”即可。如果要删除单元格，则在快捷菜单中选择“删除单元格”，在打开的“删除单元格”对话框中指明删除单元格后，其相邻单元格的移动方向(左移、上移或整行、整列删除)即可。

③ 表格的删除：先选中整个表格，右击，在弹出的快捷菜单中选择“删除表格”命令，或直接按【Backspace】键，即可将表格删除。需注意的是，若按【Delete】键则将表格中的内容清除而并不删除表格本身。

表格/插入、删除行和列

(2)行高和列宽的调整

① 手动调整行高与列宽：将鼠标指针停留在行边线或列边线上，按住鼠标左键拖动到所需行高或列宽即可。

② 精确设置行高与列宽：选中需要调整的行或列，右击，在弹出的快捷菜单中选择“表格属性”命令，打开“表格属性”对话框，在“行”或“列”选项卡中对行高或列宽进行设置。

表格/设置行高列宽

(3)表格的合并与拆分

① 若要将两个表格合并为一个表格，只要将两个表格中的空行删除即可。

② 为将一个表格一分为二，首先需要选中要成为第二个表格首行的那一行，然后选择“表格工具”下的“布局”选项卡，单击“合并”组中的“拆分表格”命令，原表格被拆分为两个表格，且两表格之间有一个空行相隔。

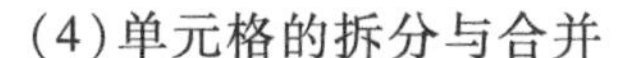

(4)单元格的拆分与合并

① 若要拆分单元格，首先选中要拆分的单元格，然后右击，在弹出的快捷菜单中选择“拆分单元格”命令，打开“拆分单元格”对话框，从中选择要拆分的行数及列数即可完成单元格的拆分。

表格/合并拆分单元格

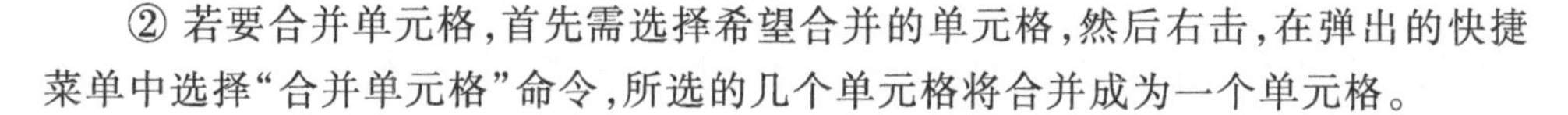

② 若要合并单元格，首先需选择希望合并的单元格，然后右击，在弹出的快捷菜单中选择“合并单元格”命令，所选的几个单元格将合并成为一个单元格。

3. 表格的编辑

表格编辑包括单元格中数据的输入、单元格中文本的移动、复制、删除及单元格文本格式的设置，其中大部分操作都与一般的字符格式化方法一样。由于单元格有高度，所以单元格中文本的对齐方式除了水平对齐方式外，还有垂直对齐方式。默认情况下，单元格文本的对齐方式为靠上两端对齐。

表格/单元格与表格的对齐方式

对单元格文本的对齐方式进行设置时，首先选中需要设置对齐方式的单元格、行或列，然后右击，在弹出的快捷菜单中选择“单元格对齐方式”命令，此时在级联菜单中列出了所有的对齐方式按钮，选择需要的对齐方式按钮即可。

4. 表格的格式化

(1)表格套用样式

Word 提供了表格样式库，可将一些预定义的外观格式应用到表格中，从而使表格的排版变得方便、轻松。将光标置于表格中任意位置，选择“表格工具”的“设计”选项框，单击“表格样式”组的下拉按钮，在打开的下拉列表的“内置”区域显示了各种表格样式供用户挑选，从中选择一种即可套用表格样式。

表格/表格样式

(2)表格的边框和底纹

① 边框的设置：首先选择整个表格，然后右击，在弹出的快捷菜单中选择“边框和底纹”命令，打开“边框和底纹”对话框，在“边框”选项卡中可以选择线型、线条颜色及线条宽度，并通过鼠标指定需要设置的边框，即可设置指定的边框。

表格/表格线的设置

表格/底纹设置

② 底纹的设置：首先选择需要设置底纹的单元格、行或列，然后右击，在弹出的快捷菜单中选择“边框和底纹”命令，打开“边框和底纹”对话框，在“底纹”选项卡的“填充”下拉列表中选择需要填充的颜色，即可设置为指定的底纹。

(3)设置表格的对齐方式和环绕方式

设置表格的对齐方式和环绕方式，可将表格放置于文档中的适当位置。将插入点移动到表格中的任意单元格，然后单击鼠标右键，在弹出的快捷菜单中选择“表格属性”命令，打开“表格属性”对话框，在“表格”选项卡中可对表格的对齐方式和文字环绕方式进行设置。

(4)设置斜线表头

首先将插入点置于要绘制斜线表头的单元格内，选择“表格工具”的“设计”选项卡，在“表格样式”组中单击“边框”下拉按钮，在打开的下拉列表中选择“斜下框线”，即可在该单元格内显示斜线，然后在单元格中输入文本，并对文本进行格式设置，使其成为斜线表头中的行标题和列标题。

(5)设置表格内的文字方向

默认情况下，表格中的文字都是沿水平方向显示的。要改变文字方向，可先选中需要改变方向的单元格，然后右击，在弹出的快捷菜单中选择“文字方向”命令，在打开的“文字方向”对话框中选择一种文字方向。

5. 表格和文本的互换

表格转换在文本编辑中经常使用。有时需要将文本转换成表格，以便说明一些问题；或将表格转换成文本，以增加文档的可读性及条理性。

(1)文本转换成表格

将文本转换为表格时，首先要在文本中添加逗号、制表符或其他分隔符来把文本分行、分列。一般情况下，建议使用制表符来分列，使用段落标记来分行。首先选中要转换的文本，然后在“插入”选项卡的“表格”

组中单击“表格”命令，在打开的下拉列表中选择“文本转换成表格”命令。

(2)表格转换成文本

首先选择需要转换成文本的整个表格或部分单元格，然后选择“表格工具”的“布局”选项卡，单击“数据”组中的“转换为文本”命令，完成表格转换成文本操作。

表格/表格与文字转换

3.2.5　图文处理

Word 虽然是一个文字处理软件，但它同样具有强大的图形处理功能。用户可以在文档的任意位置插入图片、图形、艺术字或文本框等，从而编辑出图文并茂的文档。

1. 插入图片

在 Word 文档中插入图片的方法很多，常用的有插入剪贴画，插入来自文件的图片，或用数字扫描仪、数码照相机等获得图片，然后将这些图像文件插入到文档中，也可通过剪贴板在文档中复制图像，还可以插入屏幕截图。图像被插入到文档中后，可以添加各种特殊效果，如三维效果、纹理填充等。

图文操作/图片/插入图片

(1)插入剪贴画

Word 中提供了多种剪贴画，并以不同的主题进行分类。将插入点置于要插入剪贴画的位置，选择“插入”选项卡，单击“插图”组中的“剪贴画”按钮，打开“剪贴画”任务窗格。在任务窗格中指定主题并选取所需的剪贴画，将该剪贴画插入到了当前光标所在位置。

(2)插入来自文件的图片

在文档中可以插入来自图形图像文件中的图片，如.jpg、.wmf、.bmp 等文件。将插入点置于要插入图片的位置，选择“插入”选项卡，单击“插图”组中的“图片”按钮，打开“插入图片”对话框。在对话框中选择所需图片文件，即可将所选文件的图片以嵌入的方式插入到文档中。

(3)利用剪贴板插入图片

可以将存放于剪贴板中的图片粘贴到当前文档中，常见的方法有以下两种：

① 利用“剪切”或“复制”命令将其他应用程序制作的图片放入剪贴板中，然后使用“粘贴”命令粘贴到当前文档中。

② 按【PrtSc】键可将整个屏幕窗口的内容复制到剪贴板中，或按【Alt + PrtSc】组合键将当前活动窗口的内容复制到剪贴板中，然后再使用“粘贴”命令粘贴到当前文档中。

2. 图片的编辑

插入到文档中的图片可进行编辑修改，如调整图片大小，设置图片的格式、位置、文字环绕等。

(1)调整图片大小

① 通过鼠标调整图片的大小和形状。选定需要调整的图片，此时图片上会出现8个控点。将鼠标指针移至其中一个控点上，按下鼠标左键并拖动，直至得到所需要的形状和大小。

图文混排/图片大小

② 通过“布局”对话框进行精确设置：选定需要调整的图片，右击图片，在弹出的快捷菜单中选择“大小和位置”命令，打开“布局”对话框的“大小”选项卡，在“高度”和“宽度”选项组中输入具体数值设置图片的高度和宽度；在“缩放”选项组中设置图片的高度与宽度的比例。如果选中“锁定纵横比”复选框，图片的尺寸按比例调整。

(2) 设置图片的格式

可将插入的图片快速设置为 Word 内置的图片样式。选中图片，单击“图片工具”下的“格式”选项卡，在“图片样式”组中选择“快速样式”下拉按钮，在打开的下拉列表中选择所需的图片外观样式，如金属框架、矩形投影等。

还可以根据需要设置图片的格式。选中图片，选择“图片工具”下的“格式”选项卡，在“图片样式”组中单击“图片边框”下拉按钮可设置图片轮廓的颜色、宽度和线型；单击“图片效果”下拉按钮可对图片应用视觉效果，如发光、映像等；单击“图片版式”下拉按钮可将图片转换为SmartArt图形。

图文混排/边框和轮廓/形状轮廓

图文混排/边框与轮廓/边框设置

(3)调整图片的显示效果

选中图片，选择“图片工具”下的“格式”选项卡，利用“调整”组中的命令按钮可对图片的亮度、对比度、颜色、艺术效果等进行设置。

(4)图片的裁剪与删除

若只需图片的一部分，则可利用“裁剪”功能将多余部分隐藏起来。选中图片，选择“图片工具”下的“格式”选项卡，单击“大小”组中“裁剪”的下拉按钮，在打开的下拉列表中选择“裁剪”命令，此时图片边缘出现8个裁剪控制手柄，拖动其到适合的位置后释放鼠标，然后再单击文档的任意其他位置，完成图片的裁剪。

图文操作/图片/裁剪图片

需要注意的是，虽然对图片进行了裁剪，但裁剪部分只是被隐藏而已，它仍将作为图片文件的一部分保留。若需要删除图片文件中的裁剪部分，可利用“压缩图片”命令完成。删除图片的裁剪部分后不仅可以减小文件大小，还有助于防止其他人查看已删除的图片部分。但此操作是不可撤销的，因此只有在确定已经进行所需的全部裁剪和更改后，才能执行此操作。

(5)设置图片的文字环绕方式和位置

文字环绕方式是指图片周围的文字分布情况。图片在文档中的存放方式分为嵌入式和浮动式，嵌入式指图片位于文本中，可随文本一起移动及设定格式，但图片本身不能自由移动；浮动式使文字环绕在图片四周或将图片浮于文字上方等，图片在页面上可以自由移动，但当图片移动时周围文字的位置将发生变化。默认情况下，插入到文档内的图片为嵌入式，可根据需要对其环绕方式和位置进行修改，具体方法为：首先选中图片，选择“图片工具”下的“格式”选项卡，单击“排列”组中的“自动换行”下拉按钮，在打开的下拉列表中可设置图片与文字的环绕方式等；单击“其他布局选项”命令，可打开“布局”对话框的“文字环绕”选项卡，除文字环绕方式外，还可设置图片距正文的距离。

图文混排/自动换行

图文混排/位置

3. 绘制自选图形

(1)插入自选图形

Word中可用的形状包括线条、基本几何形状、箭头、公式形状、流程图、星与旗帜、标注，利用这些形状可以组合成更复杂的形状。插入自选图形的操作步骤如下：

① 选择“插入”选项卡，单击“插图”组中的“形状”按钮，在打开的下拉列表中列出了各种形状。

② 选择所需图形，鼠标指针变为十字形，在文档中单击鼠标即可将所选图形插入到文档中，或按下鼠标左键并拖动，松开鼠标后即可绘制出所选图形。

③ 如需要连续插入多个相同的形状，可在所需图形上右击，在弹出的快捷菜单中选择“锁定绘图模式”命令，然后在文档中连续单击鼠标即可插入多个所选形状。绘制完成后按【Esc】键取消插入。

图文操作/形状/插入形状

图文操作/形状/添加和编辑文字

图文混排/形状填充

(2) 图形的编辑

对画好的图形进行操作，可以单击选择单个图形，如果要同时选中多个图形，可先按住【Shift】键，再用鼠标依次单击每个图形。对于调整图形大小等的操作，与前面调整图片大小的方法基本相同，也是通过“布局”对话框进行设置，区别在于当选中图形时，功能区上显示的为“绘图工具”的“格式”选项卡，而选中图片时，功能区上显示的是“图片工具”的“格式”选项卡。

当在文档中有多个图形对象时，为了使页面整齐，也使图文混排变得容易方便，需要进行图形对象的组合、对齐方式和层次关系的调整等操作。

① 组合图形：如果要把几个图形组合成一个整体进行操作，首先要同时选中要组合的图形，然后右击，在弹出的快捷菜单中选择“组合”命令，即可将多个图形组合为一个图形对象。

② 对组合图形取消组合：选中组合对象，右击，在弹出的快捷菜单中选择“取消组合”命令，即可将组合的图形对象分离为独立的图形。

③ 多图形的对齐操作：选中一组图形，选择“绘图工具”下的“格式”选项卡，单击“排列”组中的“对齐”按钮，在打开的下拉列表中可选择相关的命令，可以安排这组图形的水平对齐方式，如左对齐、居中和右对齐，也可以对垂直对齐方式进行选择，主要有顶端对齐、垂直居中和底端对齐。

④ 设置多图形的层次关系：在文档中插入多个图形时，若位置相同时会造成重叠，可以通过设置图形的层次关系来调整重叠图形的前后次序。选中一个图形，右击，在弹出的快捷菜单中有“置于顶层”和“置于底层”命令，其下级级联菜单中还有“上移一层”和“下移一层”命令。通过这些命令，可以对多个图形对象叠放的次序进行调整。

图文混排/组合与取消组合

图文混排/对象对齐

图文混排/叠放次序

4. 艺术字

艺术字不同于普通文字，它具有很多特殊的效果，本质上也是图形对象。

图文操作/艺术字/插入艺术字

(1) 插入艺术字

选择“插入”选项卡，单击“文本”组中的“艺术字”按钮，在打开的下拉列表中列出了艺术字的样式。单击选择一种艺术字样式，则在文档中添加了内容为“请在此放置您的文字”的文本框，删除其中的内容，输入所需文字，即可完成艺术字的插入。

(2) 艺术字的编辑

① 文字的编辑修改：若插入的艺术字内容有误，可对其进行修改。单击艺术字，即可进入编辑状态，并

对其进行修改。

② 设置艺术字的字体与字号：选择艺术字，在“开始”选项卡下的“字体”组中可直接设置“字体”“字号”等格式。

③ 修改艺术字样式：选择艺术字，选择“绘图工具”下的“格式”选项卡，通过“艺术字样式”组中的“快速样式”“文本填充”“文本轮廓”“文本效果”“转换”等，可以对艺术字的样式、填充效果、文本轮廓线、外观效果及艺术字的形状进行设置。

图文操作/艺术字/艺术字文本效果

图文操作/艺术字/更改艺术字样式

④ 设置艺术字文本框的大小：单击艺术字，在艺术字文本框上会出现8个控点，用鼠标拖动控点，可修改艺术字文本框的大小。此外，选择“绘图工具”的“格式”选项卡，在“大小”组中修改“形状高度”和“形状宽度”的数值也可修改其大小。

5. 文本框操作

文本框作为一种图形对象，可用于存放文本或图形。文本框可放置于文档的任意位置，也可以根据需要调整其大小。对文本框内的文字可设置字体、对齐方式等格式，也可对文本框本身设置填充颜色、线条的颜色和线型等格式。

(1)插入文本框

文本框有两种类型：横排文本框和竖排文本框。要插入一个空的文本框，先选择“插入”选项卡，单击“文本”组中的“文本框”按钮，在打开的下拉列表中选择“绘制文本框”命令，以便插入横排文本框；若单击“绘制竖排文本框”选项，则可以插入竖排文本框。此时鼠标指针变为十字形，按下鼠标并拖动至所需文本框的大小后，可以在文本框中输入文字，并对文字进行字体格式、段落格式的设置。

图文操作/文本框/插入文本框

(2)文本框的编辑

① 文本框的移动与缩放：用鼠标单击文本框的边框，则可将文本框选中，拖动鼠标可以将文本框移动到需要的位置。选中文本框后，文本框的周围出现8个控制点，利用控制点可以调整文本框的大小。若要精确设置文本框的大小，可选择“绘图工具”的“格式”选项卡，在“大小”组中通过“形状高度”框和“形状宽度”框进行调整。

② 设置文本框的格式：选中文本框，选择“绘图工具”的“格式”选项卡，单击“形状样式”组的“形状填充”按钮，在打开的下拉列表中可设置文本框的填充效果；单击“形状轮廓”按钮，在打开的下拉列表中可设置轮廓的线型、颜色和宽度；单击“形状效果”按钮，在打开的下拉列表中可设置文本框的外观效果。

③ 设置文本框的文字环绕方式：文本框与其周围的文字之间的环绕方式有嵌入型、四周型、穿越型等。设置文字环绕方式的操作为：选定文本框，选择“绘图工具”的“格式”选项卡，单击“排列”组中的“自动换行”按钮，在打开的下拉列表中选择所需的环绕方式即可。

图文操作/文本框/文本框垂直对齐方式

图文操作/文本框/文本框内部边距

图文操作/文本框/文本框文字方向

3.3 电子表格处理软件 Excel

3.3.1 Excel 的基本知识

1. Excel 的基本概念及术语

(1)工作簿

所谓工作簿就是指在 Excel 中用来保存并处理工作数据的文件,它的扩展名是 . xlsx。一个工作簿文件中可以有多张工作表。

(2)工作表

工作簿中的每一张表称为一个工作表。每张工作表都有一个名称,显示在工作簿窗口底部的工作表标签上。用户可以根据需要增加或删除工作表。每张工作表由行和列构成,行的编号在屏幕中自上而下采用数字 1、2、3……表示,列号则由左到右采用字母 A、B、C……表示。

(3)单元格

工作表中行、列交叉所围成的方格称为单元格,单元格是工作表用于保存数据的最小单位。单元格中可以输入各种数据,如数字、字符串、公式,甚至图形或声音等。每个单元格都有自己的名称,也叫作单元格地址,该地址由列号和行号构成,如 A1 表示第 1 列与第 1 行构成的单元格。对于不同工作表中的单元格,还可以在单元格地址的前面增加工作表名称,如 Sheet1!A1、Sheet2!C4 等。

Excel 基本概念/术语

2. Excel 窗口的组成

Excel 的工作窗口与 Word 窗口类似,也包括标题栏、快速访问工具栏、“文件”选项卡、功能区、状态栏、工作区、滚动条等,除此之外,还包括 Excel 独有的一些窗口元素,如行标签、列标签、名称框、编辑栏等。图 3-7 中列出了 Excel 窗口元素的名称,下面简单介绍 Excel 窗口中主要元素的功能。

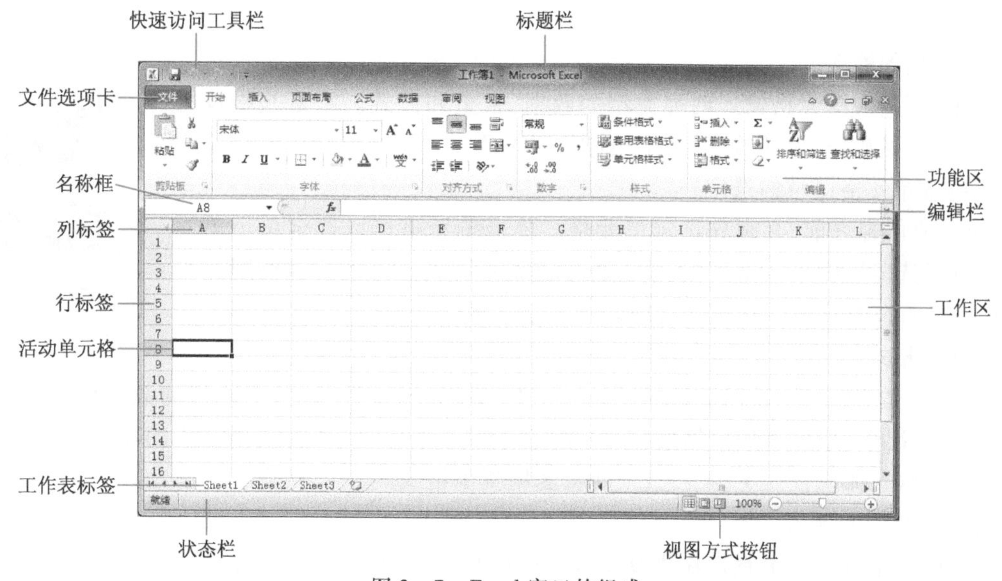

图 3-7 Excel 窗口的组成

(1)活动单元格

当用鼠标单击任意一个单元格后,该单元格即成为活动单元格,也称为当前单元格。此时,该单元格周围出现黑色的粗线方框。通常在启动 Excel 应用程序后,默认活动单元格为 A1。

(2)名称框与编辑栏

名称框可随时显示当前活动单元格的名称,比如光标位于 A 列 8 行,则名称框中显示 A8。

编辑栏可同步显示当前活动单元格中的具体内容,如果单元格中被输入的是公式,则即使最终的单元格中显示的是公式的计算结果,但在编辑栏中也仍然会显示具体的公式内容。另外,有时单元格中的内容较长,无法在单元格中完整显示时,单击该单元格后,在编辑栏中可看到完整的内容。

(3)工作表行标签和列标签

工作表的行标签和列标签表明了行和列的位置,并由行列的交叉决定了单元格的位置。

(4)工作表标签

工作表标签有时也称为页标,一个页标就代表一个独立的工作表。默认情况下,Excel 在新建一个工作簿后会自动创建 3 个空白的工作表并使用默认名称 Sheet1、Sheet2、Sheet3。

3.3.2 Excel 的基本操作

1. 工作簿的新建、打开与保存

(1)工作簿的新建

启动 Excel 后,程序默认会新建一个空白的工作簿,这个工作簿以 Book1. xlsx 命名,用户可以在对该文件保存时更改默认的工作簿名称。

在某个文件夹内的空白处右击,在弹出的快捷菜单中选择“新建”命令,在出现的级联菜单中选择“Microsoft Excel 工作表”命令,也可新建一个 Excel 文档。

(2)工作簿的打开和保存

打开 Excel 工作簿的方法有如下几种,最常用的方法是从“资源管理器”中找到要打开的 Excel 文档后双击可直接打开该文档;也可以在 Excel 窗口中,单击“打开”按钮,在弹出的“打开”对话框中选择要打开的文件。

保存 Excel 工作簿最简单的方法是单击“保存”按钮,或选择“文件”选项卡中的“保存”命令,或按【Ctrl + S】组合键,都可以对已打开并编辑过的工作簿随时进行保存。

对于已经打开的工作簿文件,如果要重命名保存或更改保存位置,则只需选择“文件”选项卡中的“另存为”命令,在打开的“另存为”对话框中,指定保存文件的路径和新的文件名,即可对工作簿进行重新保存。

2. 工作表数据的输入

在 Excel 中,可以为单元格输入两种类型的数据:常量和公式。常量是指没有以“ = ”开头的单元格数据,包括数字、文字、日期、时间等。

Excel 基本操作/数据的输入

(1)单元格及单元格区域的选定

在输入单元格内容之前,必须先选定单元格。单击单元格可以选定单个单元格、鼠标拖动可以选定连续单元格区域、单击行号或列号可以选定整行或整列的单元格、鼠标拖动整行或整列可以选定多行或多列的单元格。

(2)数据显示格式

Excel 提供了一些数据格式,包括常规、数值、文本、日期、货币等格式,单元格的数据格式决定了数据的显示方式。默认情况下,单元格的数据格式是“常规”格式,此时 Excel 会根据输入的数据形式,套用不同的数据显示格式。例如,如果输入 ¥14. 73,Excel 将套用货币格式。

(3)不同数据类型的输入

① 数字的输入:在 Excel 中直接输入 0、1、2、…、9 这 10 个数字及 + 、- 、* 、/、. 、$ 、% 、E 等符号,在默认的“常规”格式下,将作为数值来处理。在单元格中输入数值时,所有数字在单元格中均右对齐。如果要改变其对齐方式,可以选择“对齐方式”中的相应命令按钮进行设置。

② 文本的输入:在 Excel 中如果输入非数字字符或汉字,则在默认的“常规”格式下,将作为文本来处理,所有文本均左对齐;若文本是由一串数字组成的,可以在该串数字的前面加一个半角单撇号,或先设置相应单元格为“文本”格式,再输入数据。

③ 日期与时间的输入:在一个单元格中输入日期时,可使用斜杠(/)或连字符(-),并按“年 - 月 - 日”或“年/月/日”的形式输入一个日期即可。默认状态下,日期和时间项在单元格中右对齐。

3. 有规律的数据输入

表格处理过程中，经常会遇到要输入大量的、连续性的、有规律的数据，使用 Excel 的自动填充功能，可以极大地提高工作效率。

（1）鼠标左键拖动输入序列数据

在单元格中输入某个数据后，用鼠标左键按住填充柄向下或向右拖动（也可以向上或向左拖动），则鼠标经过的单元格中就会以原单元格中相同的数据填充。

Excel 基本操作/自动填充

Excel 单元格填充/序列填充

按住【Ctrl】键的同时，按住鼠标左键拖动填充柄进行填充，如果原单元格中的内容是数值，则 Excel 会自动以递增的方式进行填充；如果原单元格中的内容是普通文本，则 Excel 只会在拖动的目标单元格中复制原单元格中的内容。

（2）鼠标右键拖动输入序列数据

使用鼠标右键拖动填充柄，可以获得非常灵活的填充效果。单击用来填充的原单元格，按住鼠标右键拖动填充柄，拖动经过若干单元格后松开鼠标右键，此时会弹出一个快捷菜单，该菜单中列出了多种填充方式，包括复制单元格、填充序列、仅填充格式、不带格式填充、等差序列、等比序列、序列等。

4. 工作表的编辑操作

（1）单元格编辑

单元格编辑包括对单元格及单元格内数据的操作。

Excel 单元数据填充/选择性粘贴

① 对单元格内数据的操作包括复制、移动和删除单元格数据，清除单元格内容、格式等。其中，复制和移动单元格数据可以通过复制粘贴或剪切粘贴来实现；删除单元格数据直接按删除键即可。在进行复制整个单元格的操作时，Excel 还可以通过“选择性粘贴”命令，实现对单元格中的特定内容进行复制，如只复制数值而不复制公式等。

② 对单元格的操作包括插入单元格、删除单元格、插入行、插入列、删除行、删除列等。选中单元格后右击，在弹出的快捷菜单中可以选择插入或删除单元格；选中行或列，右击，在弹出的快捷菜单中可以选择插入行或列，若删除可选择删除的行或列。

Excel 行列操作/插入行与列

Excel 行列操作/删除行与列

Excel 行与列的操作/行列的移动

（2）表格行高和列宽的设置

① 将鼠标移动到要调整宽度的行标签或列标签的边线上，此时鼠标指针的形状变为上下或左右双箭头，按住鼠标左键拖动，即可调整行高或列宽。

② 若要精确设置行高和列宽，在选定需要调整的行或列后，右击，在弹出的快捷菜单中选择“行高”或“列宽”命令，在打开的对话框中输入确定的值，进行设定即可，也可以双击行标签或列标签的边线，设置最适合的行高或列宽。

Excel 行列操作/行高与列宽

5. 工作表的格式化

工作表的格式化设置包括单元格格式的设置和单元格中数据格式的设置。选中单元格后右击并在弹出的快捷菜单中选择“设置单元格格式”命令，可打开“设置单元格格式”对话框，如图 3－2 所示。对话框中有“数字”“对齐”“字体”“边框”“填充”和“保护”6个选项卡，分别完成相应的格式设置及内容排版设计。

(1)单元格中数据格式的设置

“数字”选项卡用于设置单元格中数字的数据格式。在“分类”列表框中有十多种不同类别的数据，选定某一类别的数据后，将在右侧显示出该类别数据不同的数据格式列表，以及有关的设置选项。在这里可以选择所需要的数据格式类型。

(2)单元格格式的设置

在图3-8所示的“设置单元格格式”对话框中，可以对单元格内容的对齐、单元格字体、表格边框和底纹等进行设置，方法与Word中的操作类似，只要在相应的标签中操作即可。

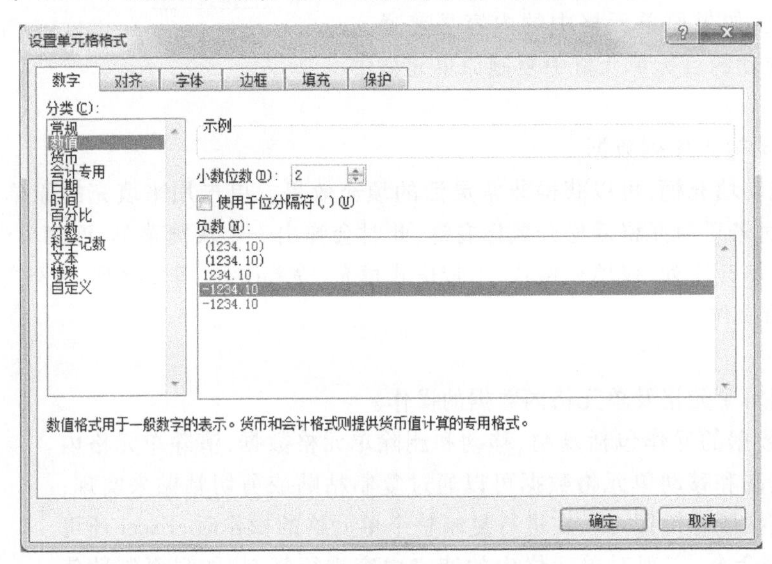

图3-8 “设置单元格格式”对话框

Excel单元格格式设置/字体字号字形

Excel单元格格式设置/对齐方式

Excel单元格格式设置/合并居中

Excel单元格格式设置/数字格式

Excel单元格格式设置/边框设置

Excel单元格格式设置/颜色

6. 工作表的管理操作

① 添加工作表：单击工作表标签上的“插入工作表”按钮，即可在现有工作表后面插入一个新的工作表。

② 删除工作表：右击工作表标签栏中需要删除的工作表名称，在弹出的快捷菜单中选择“删除”命令，即

可将选中的工作表删除。

③ 重命名工作表：右击工作表标签栏中工作表的名称，在弹出的快捷菜单中选择“重命名”命令，或双击需要重命名的工作表标签，输入新的名称将覆盖原有名称。

Excel工作表操作/插入复制移动删除重命名

④ 移动或复制工作表：右击需要移动或复制的工作表并在弹出的快捷菜单中选择“移动或复制工作表”命令，打开“移动或复制工作表”对话框，选择用来接收工作表的工作簿；如果只是复制工作表，则选中“建立副本”复选框即可；如果是在同一个工作簿中复制工作表，可以按下【Ctrl】键并用鼠标单击要复制的工作表标签将其拖动到新位置，然后同时松开【Ctrl】键和鼠标。

3.3.3　公式和函数

Excel 的公式和函数为分析和处理工作表中的数据提供了很大的方便。通过使用公式，可以进行各种数值运算、逻辑比较运算，当无法直接通过创建公式来进行计算时，还可以使用 Excel 中提供的函数来补充。当数据源发生变化时，通过公式和函数计算的结果将会自动更改。

Excel数据填充/公式与函数概念

1. 公式

(1)公式的输入

为单元格设置公式，应在单元格中或编辑栏中输入以“＝”开始的表达式。在一个公式中，可以包含运算符号、常量、函数、单元格地址等。在公式输入过程中，涉及使用单元格地址时，可以直接通过键盘输入地址值，也可以直接用鼠标单击这些单元格，将单元格的地址引用到公式中。

公式中的运算符完成对公式中的元素进行特定类型的运算。根据参与运算的数据类型的不同，运算符分为算术运算符、比较运算符、文本运算符和引用运算符。

① 算术运算符用于对数值的四则运算，包括加(＋)、减(－)、乘(＊)、除(/)、乘方(^)等。

② 比较运算符用于对两个数值或字符进行比较，包括大于(>)、大于等于(>=)、小于(<)、小于等于(<=)、等于(=)、不等(<>)等。

③ 文本运算符用于两个文本的连接操作，包括“＋”和“&”，其中“&”是强制连接运算符，可以将数值或文本强制连接为一个连续的文本值。

Excel数据填充/公式填充

④ 引用运算符用于对单元格的引用操作，有“冒号”“逗号”和“空格”。

在公式输入结束后，输入公式的单元格中将显示出计算结果。由于公式中使用了单元格的地址，如果公式所涉及的单元格的值发生变化，结果会马上反映到公式计算的单元格中。

(2)公式的引用

在公式中通过对单元格地址的引用来使用具体位置的数据。根据引用情况的不同，将引用分为相对地址引用、绝对地址引用和混合地址引用。

① 相对地址引用：当把一个含有单元格地址的公式复制到一个新位置时，公式中的单元格地址也会随着改变，这样的引用称为相对地址引用。

② 绝对地址引用：把公式复制或填入到一个新位置时，公式中的固定单元格地址保持不变，这样的引用称为绝对地址引用。使用绝对地址时，要在列标和行标前面加上“$”符号。

Excel基础知识/引用

③ 混合地址引用：在一个单元格地址引用中，既有绝对地址引用，同时也包含有相对地址引用，这种情况称为混合地址引用。例如，在某些情况下，需要在复制公式时只有行或只有列保持不变，此时，就要使用混合地址引用。

2. 函数

在实际工作中,有很多特殊的运算要求,无法直接用公式表示出计算的式子;或者虽然可以表示出来,但会非常烦琐。为此,Excel 提供了丰富的函数功能,包括常用函数、财务函数、时间与日期函数、统计函数、查找与引用函数等,帮助用户进行复杂与烦琐的计算或处理工作。函数的一般格式为:

函数名(参数 1,参数 2,参数 3,…)

利用函数进行计算,可以用以下方法实现:

① 直接在单元格中输入函数公式:在需要进行计算的单元格中输入“=”,然后输入函数名及函数计算所涉及的单元格范围即可。

② 利用函数向导,引导建立函数运算公式:在实际使用中,人们并不能对所有函数都很了解。通常在使用函数时,是利用“插入函数”按钮,或在函数列表框中选取函数,启动函数向导,引导建立函数运算公式。

Excel 常用函数/求和与求均值

Excel 常用函数/最大值与最小值

Excel 常用函数/计数函数 count 和 countif

Excel 常用函数/条件函数

Excel 常用函数/日期函数

Excel 常用函数/统计排位函数

Excel 常用函数/频率分布统计

3.3.4 数据图表

1. Excel 图表简介

图表是 Excel 最常用的对象之一,它是依据选定的工作表单元格区域内的数据,按照一定的数据系列而生成的,是工作表数据的图形表示方法。Excel 提供的图表类型有柱形图、条形图、折线图、饼图、XY 散点图和面积图。

图表操作/图表基本概念

Excel 的图表分为嵌入式图表和图表工作表两种。嵌入式图表是置于工作表中的图表对象;图表工作表是工作簿中只包含图表的工作表。无论哪种图表都与创建它们的工作表数据相连接,当修改工作表数据时,图表会随之更新。

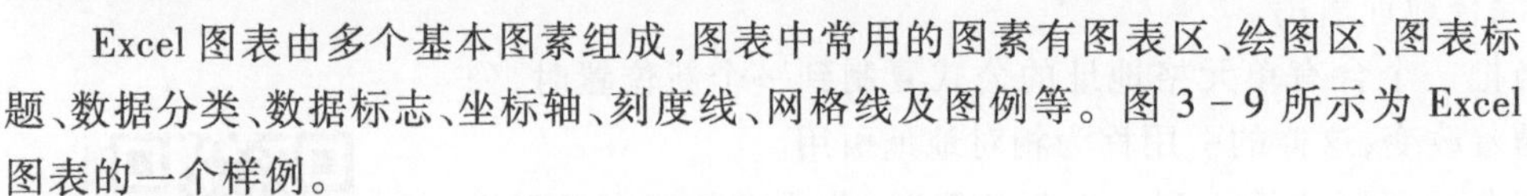

Excel 图表由多个基本图素组成,图表中常用的图素有图表区、绘图区、图表标题、数据分类、数据标志、坐标轴、刻度线、网格线及图例等。图 3-9 所示为 Excel 图表的一个样例。

2. 创建图表

生成图表,首先必须有数据源。这些数据要求以列或行的方式存放在工作表的一个区域中,若以列的方式排列,通常要以区域的第一列数据作为 x 轴的数据;若以行的方式排列,则要求区域的第一行数据作为 x 轴的数据。

图表操作/图表创建

创建图表的一般方法是,首先选择用于创建图表的数据区域,然后选择一种图表类型,并进一步指定该种图表类型下的图表子类型,至此即可在工作表中插入了一个图表。

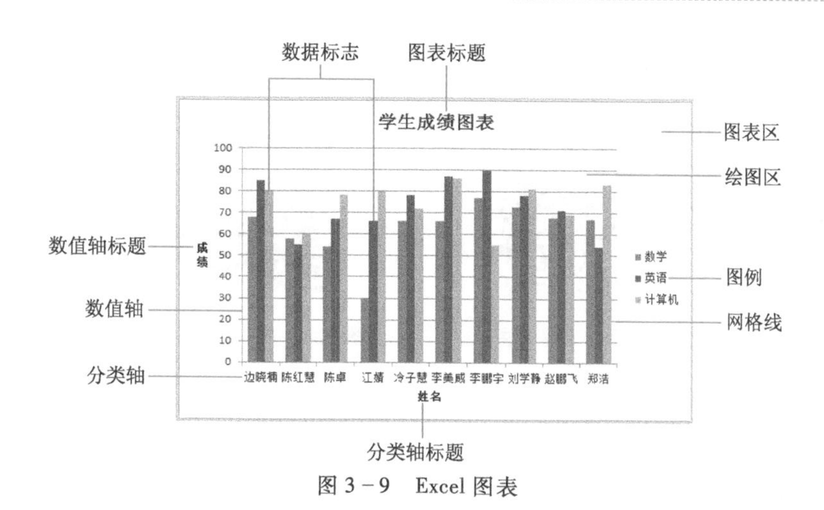

图 3－9　Excel 图表

3. 图表的编辑与格式化

通常开始创建的默认图表未必能满足用户的要求，此时可以对图表进行编辑修改及格式化等操作。所谓图表的编辑与格式化是指按要求对图表内容、图表格式、图表布局和外观进行编辑和设置的操作。

(1)图表的编辑

编辑图表包括更换图表类型、更改或调整数据源、改变图表的位置等。

① 更改图表类型：在创建图表后，可以在“更改图表类型”对话框中重新选择一种图表类型，或针对当前的图表类型，重新选取一种子图表类型。

② 更改或调整数据源：在创建图表后，如果开始选择的数据有误，可以更改数据源；还有一种情况，在创建图表时，对于一些数据源比较复杂的情况，由 Excel 创建的默认图表往往并不能出现用户预计的图表，这时就要调整数据源，如将显示到行上的数据调整到列上等，以使图表最终能反映出用户希望看到的表现形式。在“选择数据源”对话框中可以对工作表的数据区域进行重新选择以更改数据源，或直接对数据源进行调整。

③ 更改图表的位置。默认情况下，图表作为嵌入式图表与数据源出现在同一个工作表中。若要将其单独存放到一个工作表中，可以在“移动图表”对话框中输入需要保存该图表的工作表名称，即可将一个嵌入的图表更改位置，成为一个工作表图表。

图表操作/图表编辑/图表类型

图表操作/图表编辑/数据源

图表操作/图表编辑/图表位置

(2)图表布局

图表布局包括对图表标题和坐标轴标题、图例、数据标签和模拟运算表、坐标轴与网格线的设置。

① 图表标题和坐标轴标题：为了使图表更易于理解，可以为图表添加图表标题和坐标轴标题。通过“图表标题”命令按钮和“坐标轴标题”命令按钮，可以方便地添加图表标题和坐标轴标题。在添加标题时，Excel 还提供有多种标题形式供用户选择。设置完成后，在图表区中将显示内容为“图表标题”和“坐标轴标题”的文本框，分别选中这些文本框，并将其内容修改为所需的文本即可。

② 图例：选中图表，通过“图例”命令按钮，可以选择添加、删除或修改图例的位置等操作。

③ 数据标签：为了清楚地表示系列中图形所代表的数据值，可为图表添加数据标签。通过“数据标签”命令按钮，可以选择显示数据标签的位置，如居中、数据标签内、数据标签外等。

④ 坐标轴与网格线：坐标轴与网格线指绘图区的线条，它们都是用于度量数据的参照框架。通过“坐标

轴”按钮和“网格线”按钮，可以进行更改坐标轴布局和格式的设置，以及取消或显示网格线的操作。

图表操作/图表布局/图表标题

图表操作/图表布局/坐标轴标题

图表操作/图表布局/图例

图表操作/图表布局/图表标签

(3)图表格式的设置

设置图表的格式是指对图表中的各个图表元素进行文字、颜色、外观等格式的设置。除了可以对图表元素的字体、字形、字号及颜色等进行方便的设置外，Excel 还提供了很多预设的轮廓、填充颜色与形状效果的组合效果，可对绘图区的边框颜色和样式及填充效果等进行设置。此外，用户还可以对图表中的数值格式进行设置，如可设置坐标轴的最大值、最小值、刻度单位等。

图表操作/格式设置/字体格式

图表操作/格式设置/坐标轴格式

图表操作/格式设置/填充效果

图表操作/格式设置/数据标签

3.3.5 数据的管理

Excel 具有强大的数据管理功能，在 Excel 中，系统可以将数据清单视为一个数据库表，并通过对数据库表的组织、管理，实现数据的排序、筛选、汇总或统计等操作。

1. 数据清单

(1)数据清单与数据库的关系

数据库是按照一定的层次关系组织在一起的数据的集合，而数据清单是通过定义行、列结构将数据组织起来形成的一个二维表。在 Excel 中将数据清单当作数据库来使用，数据清单形成的二维表属于关系型数据库，如表 3－1 所示。因此，可以简单地认为，一个工作表中的数据清单就是一个数据库。在一个工作簿中可以存放多个数据库，而一个数据库只能存储在一个工作表中。例如，可以将表 3－2 所示的数据存储在 zggz. xlsx 工作簿的“职工档案管理”工作表中。

表 3－1　职工档案管理

姓名	出生日期	性别	工作日期	籍贯	职称	工资	奖金
张楷华	1966 年 11 月 4 日	男	1984 年 1 月 2 日	承德市	副教授	599. 96	200
郭白桦	1968 年 3 月 8 日	女	1990 年 3 月 15 日	天津市	副教授	618. 49	200
唐　虎	1970 年 2 月 3 日	男	1994 年 7 月 1 日	唐山市	讲师	400. 29	150
赵思亮	1971 年 8 月 20 日	男	1995 年 7 月 1 日	保定市	讲师	460. 24	120
宋大康	1965 年 2 月 18 日	男	1983 年 9 月 2 日	天津市	教授	686. 71	300
树　林	1970 年 6 月 19 日	女	1994 年 6 月 15 日	唐山市	教授	830. 65	300
武　进	1960 年 9 月 11 日	男	1978 年 2 月 23 日	唐山市	教授	956. 49	300

由于对数据清单的操作是作为数据库来使用的，所以有必要简单了解一些数据库中的名词术语。

① 字段、字段名:数据库的每一列称为一个字段,对应的数据为字段值,同列的字段值具有相同的数据类型,给字段起的名称为字段名,即列标志。列标志在数据库的第一行。数据库中所有字段的集合称为数据库结构。

Excel 基本操作/数据清单

② 记录:字段值的一个组合为一个记录。在 Excel 中,一个记录存放在同一行中。所有记录的集合构成了数据库的内容。

(2)创建数据清单

创建一个数据清单就是要建立一个数据库,首先要定义字段个数及字段名,即数据库结构,然后再创建数据库工作表。下面根据表 3-2 所示的数据,创建一个“职工档案管理”数据清单。

① 打开一个空白工作表,将工作表名称改为“职工档案管理”。

② 在工作表的第一行中输入字段名“姓名”“出生日期”“性别”等。至此,建立好了数据库的结构,之后就可以输入数据库记录。

③ 输入记录可以直接在单元格中输入数据;也可以通过记录单的方式输入数据,选择“记录单”命令,打开如图 3-10 所示的“职工档案管理”记录单,此时就可以按照类数据库输入的方式进行记录的输入。无论哪种方式,完成输入后,即可对数据库进行后续的操作。

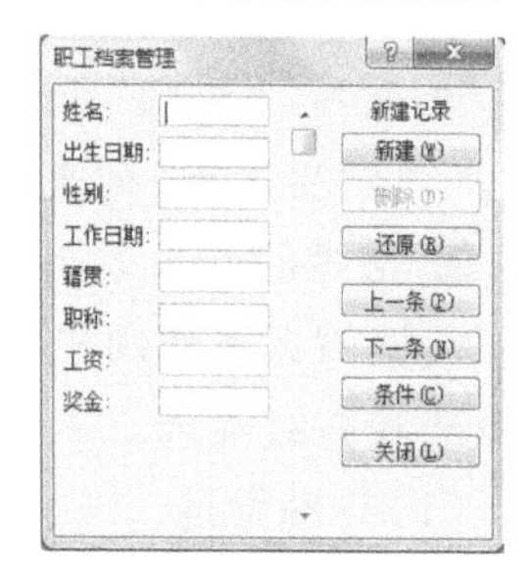

图 3-10 “职工档案管理”记录单

(3)数据清单的编辑

数据清单建立后,可继续对其进行编辑,包括对数据库结构的编辑(增加或删除字段)和数据库记录的编辑(修改、增加与删除等操作)。

数据库结构的编辑可通过插入列、删除列的方法实现;而编辑数据库记录可直接在数据清单中编辑相应的单元格,也可通过记录单对话框完成对记录的编辑。

2. 数据排序

在数据清单中,可根据字段内容按升序或降序对记录进行排序,通过排序,可以使数据进行有序的排列,便于管理。对于数字的排序可以使其按大小顺序排列;对于英文文本项的排序可以使其按字母先后顺序排列;而对于汉字文本的排序,其主要的目的是使相同的项目排列在一起。

(1)单字段排序

排序之前,先在待排序字段中单击任一单元格,然后排序。最简单的方式是直接单击“升序”按钮或“降序”按钮,以实现按该字段内容进行的排序的操作。

也可以打开“排序”对话框,如图 3-11(a)所示。在对话框的“列”下的“主要关键字”下拉列表中,选择某一字段名作为排序的主关键字,在“排序依据”下选择排序类型,若要按文本、数字或日期和时间进行排序,可选择“数值”,若要按格式进行排序,可选择“单元格颜色”“字体颜色”或“单元格图标”等。在“次序”下拉列表中选择“升序”或“降序”以指明记录按升序或降序排列。

(2)多字段排序

如果要对多个字段排序,则应使用“排序”对话框来完成。在“排序”对话框中首先选择“主要关键字”,指定排序依据和次序;然后单击“添加条件”按钮,此时在“列”下则增加了“次要关键字”及其排序依据和次序,如图 3-11(b)所示,可根据需要依次进行选择。若还有其他关键字,可再次单击“添加条件”按钮进行添加。在多字段排序时,首先按主要关键字排序,若主关键字的数值相同,则按次要关键字进行排序,若次要关键字的数值相同,则按第三关键字排序,依此类推。

(a)单字段排序

(b)多字段排序

图 3-11 “排序”对话框

(3)自定义排序

在实际的应用中,有时需要按照特定的顺序排列数据清单中的数据,特别是在对一些汉字信息排列时,就会有这样的要求。例如,对数据清单的职称列进行降序排序时,Excel 给出的排序顺序是“教授—讲师—副教授”,如果用户需要按照“教授—副教授—讲师”的顺序排列,这时就要用到自定义排序功能。

Excel 数据处理/排序

在自定义排序中可以指定按列或行进行自定义排序,其方法是打开“自定义序列”对话框,选择“新序列”选项,在“输入序列”列表框中输入自定义的序列,如“教授”“副教授”“讲师”等,将其添加到“自定义序列”列表框中。之后在“排序”对话框的“自定义序列”列表框中即可选择刚刚添加的排序序列,进行自定义的排序。

3. 数据筛选

数据筛选可使用户快速而方便地从大量的数据中查询到所需要的信息。Excel 提供了两种筛选方法:自动筛选和高级筛选。

(1)自动筛选

自动筛选是将不满足条件的记录暂时隐藏起来,屏幕上只显示满足条件的记录。选择“筛选”命令,此时在各字段名的右侧会增加下拉按钮,单击某字段名右侧的下拉按钮,会显示有关该字段的下拉列表。在该列表中列出了当前字段所有的数据值,可通过清除“(全选)”复选框,然后选中某个或某些数值前的复选框,将这些数值的记录筛选出来。

单击“数字筛选”命令,可打开其级联菜单,其中列出了一些比较运算符命令,如“等于”“不等于”“大于”“小于”等选项。还可单击“自定义筛选”命令,在打开的“自定义自动筛选方式”对话框中进行其他的条件设置。

在对一列数据进行筛选后,还可对其他数据列进行进一步的筛选,其方法是在另一列中重复上述操作。进行另外列的筛选,其可筛选的记录只能是前一次筛选后数据清单中显示的记录,即使用基于另一列中数值的附加条件。

Excel 数据处理/自动筛选

执行完自动筛选后,不满足条件的记录将被隐藏,若希望将所有记录重新显示出来,可通过对筛选列的清除来实现。例如,若要清除对某列的筛选,可单击该列名后的“筛选”按钮,在打开的下拉列表中选择“从 XX 中清除筛选”命令。若希望清除工作表中的所有筛选并重新显示所有行,直接单击“清除”命令按钮即可。若希望清除各个字段名后的下拉按钮,则再次单击“筛选”按钮即可。

(2)高级筛选

如果通过自动筛选还不能满足筛选需要,就要用到高级筛选的功能。高级筛选可以设定多个条件对数据进行筛选,还可以保留原数据清单的显示,而将筛选的结果显示到工作表的其他区域。

进行高级筛选时,首先要在数据清单以外的区域输入筛选条件,然后通过如图 3-12 所示“高级筛选”对话框对筛选数据的区域、条件区域及筛选结果放置的区域进行设置,进而实现筛选操作。

在进行高级筛选操作时,条件的表示非常关键。在输入筛选条件时,首先要输入条件涉及的字段的字段名,然后将该字段的条件写到字段名下面的单元格中。对于筛选条件的表示,根据条件的难易、复杂的程度,可以表示为单一条件或复合条件。

① 单一条件:如果只涉及单个字段的简单条件,用单一条件表示即可。图 3-13 所示为单一条件的例子,其中图 3-12(a)表示的是“职称为教授”的条件;图 3-12(b)表示的是“工资大于 600”的条件。

② 复合条件:对于涉及字段较多的复杂条件,要用到复合条件。Excel 在表示复合条件时,遵循这样的原则,在同一行表示的条件为“与”关系;在不同行表示的条件为“或”关系。图 3-14 所示为几种复合条件的例子,其中图 3-14(a)表示“职称是讲师且性别为男”的条件;图 3-14(b)表示“工资大于 600 且小于 900”的条件;图 3-14(c)表示“职称是教授或者是副教授”的条件;图 3-14(d)表示“职称是讲师或工资大于 600”的条件;(e)表示“职称是教授且工资大于 800,或者职称是副教授且工资大于 600”的条件。

图 3－12 “高级筛选”对话框

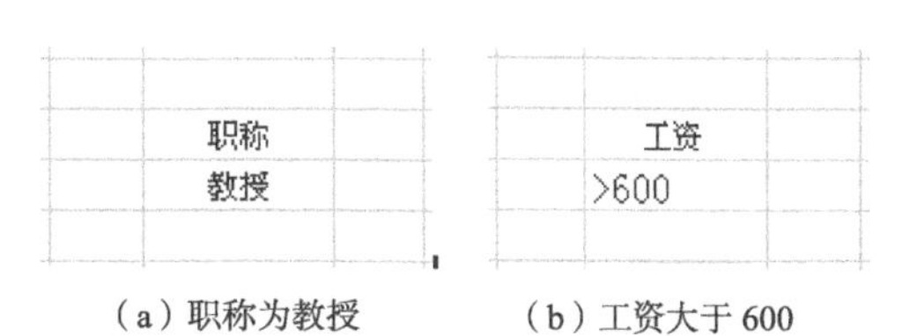

职称
教授

（a）职称为教授

工资
>600

（b）工资大于 600

图 3－13 单一条件的例子

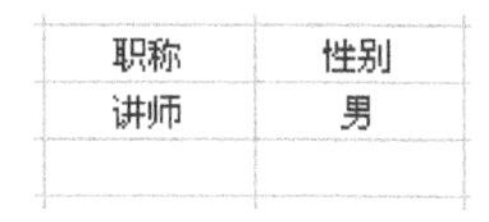

职称	性别
讲师	男

（a）复合条件 1

工资	工资
>600	<900

（b）复合条件 2

职称
教授
副教授

（c）复合条件 3

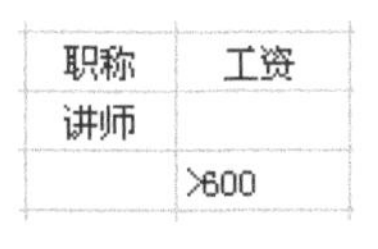

职称	工资
讲师	
	>600

（d）复合条件 4

职称	工资
教授	>800
副教授	>600

（e）复合条件 5

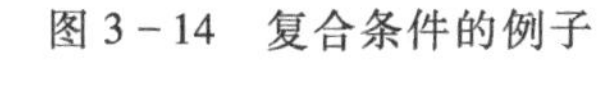

图 3－14 复合条件的例子

Excel 数据处理/高级筛选示例

Excel 数据处理/高级筛选条件

4. 数据分类汇总

分类汇总是按照某一字段的字段值对记录进行分类排序，然后对记录的数值字段进行统计的操作。对数据进行分类汇总，首先要对分类字段进行分类排序，使相同的项目排列在一起，这样汇总才有意义。因此，在进行分类汇总操作时一定要先按照分类项排序，再进行汇总的操作。

例如，针对表 3－1 所示的“职工档案管理”数据，按“职称”汇总“工资”“奖金”字段的平均值，即统计出不同职称的职工的工资和奖金的平均值。其操作为先按“职称”进行排序操作（假定为升序），然后打开“分类汇总”对话框，如图 3－15 所示，设置“分类字段”为“职称”，确定“汇总方式”为“平均值”，“选定汇总项”为“工资”和“奖金”，设置完成后即可完成分类汇总的操作。

如果进行完分类汇总操作后，想要回到原始的数据清单状态，可以删除当前的分类汇总，只要再次打开“分类汇总”对话框，并单击“全部删除”按钮即可。

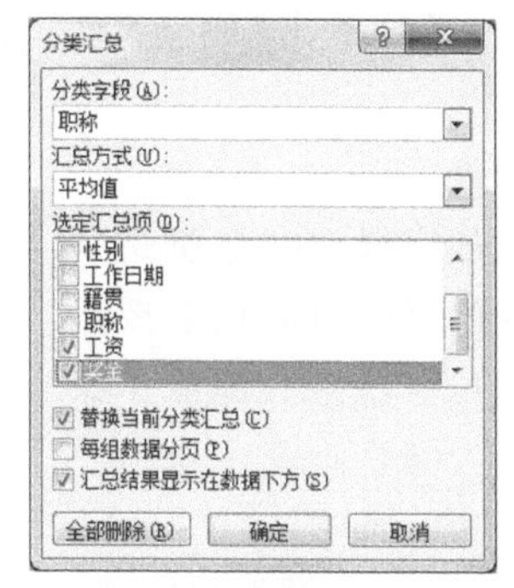

图 3－15 “分类汇总”对话框

Excel 数据处理/分类汇总

5. 数据透视表和数据透视图

数据透视表是一种对大量数据快速汇总和建立交叉列表的交互式表格，可以转换行以查看源数据的不同汇总结果，可以显示不同页面以筛选数据，还可以根据需要显示区域中的明细数据。而数据透视图则是通过图表的方式显示和分析数据。

(1)数据透视表有关概念

数据透视表一般由6部分组成：页字段、页字段项、数据字段、行字段、数据项、列字段、数据区域。图3－16所示为一个数据透视表，该数据透视表分别统计了不同性别及不同职称的职工的工资的和。

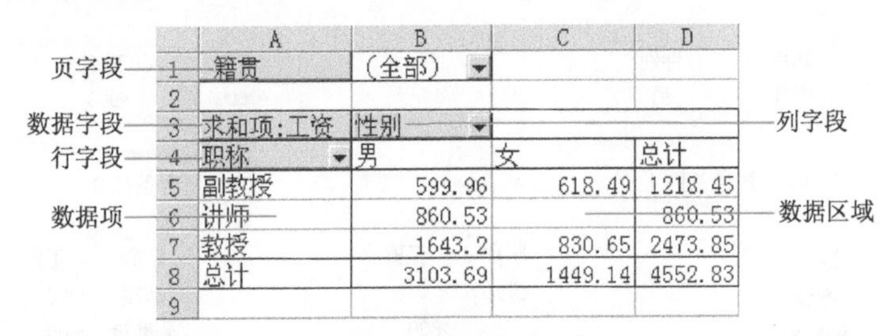

	A	B	C	D
1	籍贯	(全部)		
2				
3	求和项:工资	性别		
4	职称	男	女	总计
5	副教授	599.96	618.49	1218.45
6	讲师	860.53		860.53
7	教授	1643.2	830.65	2473.85
8	总计	3103.69	1449.14	4552.83
9				

图3－16　数据透视表

① 页字段：页字段是数据透视表中指定为页方向的源数据清单或数据库中的字段。

② 页字段项：源数据清单或数据库中的每个字段、列条目或数值都将成为页字段列表中的一项。

③ 数据字段：含有数据的源数据清单或数据库中的字段项称为数据字段。

④ 行字段：行字段是在数据透视表中指定行方向的源数据清单或数据库中的字段。

⑤ 数据项：数据项是数据透视表字段中的分类。

⑥ 列字段：列字段是在数据透视表中指定列方向的源数据清单或数据库中的字段。

⑦ 数据区域：含有汇总数据的数据透视表中的一部分。

(2)数据透视表的创建

首先将光标置于需要建立数据透视表的工作表中，然后打开“创建数据透视表”对话框，如图3－17所示。在该对话框中可确定数据源区域和数据透视表的位置。确定好后，将建立一个空的数据透视表，并在右侧窗格中显示数据透视表字段列表。根据需要将必要的字段拖动到“行标签”区域、“列标签”区域、“数值”区域，即选择相应的页、行、列标签和数值计算项后，即可得到数据透视表的结果。

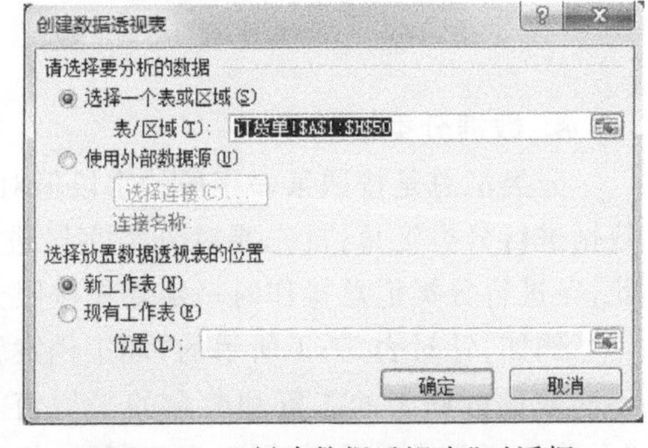

图3－17　“创建数据透视表”对话框

数据透视表创建好后，还可以根据需要对其进行分组或格式的设置，以便得到用户关注的信息。

(3)数据透视表数据的更新

对于建立了数据透视表的数据清单，其数据的修改并不影响数据透视表，即数据透视表中的数据不随其数据源中的数据发生变化，这时必须更新数据透视表数据，通过单击“刷新”按钮，完成对数据透视表的更新。

(4)数据透视表中字段的添加或删除

在建立好的数据透视表中可以添加或删除字段。若要添加字段，在“数据透视表字段列表”中将相应的字段拖动到相应的行、列标签或数值区域内即可；若要删除某一字段，则将相应字段从行、列标签或数值区域内拖出即可。注意在删除了某个字段后，与这个字段相连的数据也将从数据透视表中删除。

Excel 数据处理/数据透视表

(5)数据透视表中分类汇总方式的修改

使用数据透视表对数据表进行分类汇总时，可以根据需要设置分类汇总方式。在Excel中，默认的汇总方式为求和汇总。若要在已有的数据透视表中修改汇总方式，可打开"值字段设置"对话框，从中选择所需的汇总方式；还可打开"设置单元格格式"对话框，对数值的格式进行设置。

(6)数据透视图的创建

数据透视表用表格来显示和分析数据，而数据透视图则通过图表的方式显示和分析数据。创建数据透视图的操作步骤与创建数据透视表类似，在"插入"选项卡中单击"表格"组中"数据透视表"下拉按钮，在弹出的下拉列表中选择"数据透视图"。

3.4　演示文稿制作软件 PowerPoint

3.4.1　PowerPoint 的基本知识

1. PowerPoint 的基本概念及术语

① 演示文稿：由演示时用的幻灯片、发言者备注、概要、通报、录音等组成，以文件形式存放在 PowerPoint 的文件中，该类文件的扩展名是 .pptx。

② 幻灯片：在演示文稿中创建和编辑的单页称为幻灯片。演示文稿由若干张幻灯片组成，制作演示文稿就是制作其中的每一张幻灯片。

③ 对象：演示文稿中的每一张幻灯片是由若干对象组成的，插入幻灯片中的文字、图表、组织结构图及其他可插入元素，都是以一个个对象的形式出现在幻灯片中，制作一张幻灯片的过程，实际上是编辑其中每一个对象的过程。

④ 版式：版式指幻灯片上对象的布局，包含了要在幻灯片上显示的全部内容，如标题、文本、图片、表格等的格式设置、位置和占位符。PowerPoint 中包含 9 种内置幻灯片版式，如标题幻灯片、标题与内容、两栏内容等，默认为标题幻灯片。

基本概念/术语

⑤ 占位符：占位符就是预先占住一个固定的位置，等待用户输入内容。占位符在幻灯片上表现为一种虚线框，框内往往有"单击此处添加标题"或"单击此处添加文本"之类的提示语。占位符相当于版式中的容器，可容纳如文本、表格、图表、SmartArt 图形、影片、声音、图片及剪贴画等内容。

⑥ 母版：母版是指一张具有特殊用途的幻灯片，其中已经设置了幻灯片的标题和文本的格式与位置，对母版的修改会影响到所有基于该母版的幻灯片。

⑦ 模板：模板是指一个演示文稿整体上的外观设计方案，它包含版式、主题颜色、主题字体、主题效果以及幻灯片背景图案等。模板以文件的形式被保存在指定的文件夹中，其扩展名为 .potx。

2. PowerPoint 的窗口与视图

(1)PowerPoint 2010 窗口

图 3-18 所示为 PowerPoint 的窗口界面，与其他 Office 2010 组件的窗口基本相同，窗口主要包括了一些基本操作工具，如标题栏、"快速访问工具栏""文件"选项卡、功能区、状态栏等。此外，窗口中还包括了 PowerPoint 所独有的部分，包括幻灯片窗格、任务窗格、备注窗格、视图方式按钮等。

(2)PowerPoint 的视图

为使演示文稿便于浏览和编辑，PowerPoint 根据不同的需要提供了多种视图方式来显示演示文稿的内容。

① 普通视图：PowerPoint 创建演示文稿的默认视图，实际上是阅读视图、幻灯片视图和备注页视图 3 种模式的综合，是最基本的视图模式。在"普通视图"下，用户可以方便地在幻灯片窗格中对幻灯片进行各种操作，因此大多数情况下都选择普通视图。

② 幻灯片浏览视图：在该视图中，演示文稿中的幻灯片是整齐排列的，可以从整体上对幻灯片进行浏览，对幻灯片的顺序进行排列和组织，并可以对幻灯片的背景、配色方案进行调整，还可以同时对多个幻灯片进行移动、复制、删除等操作。

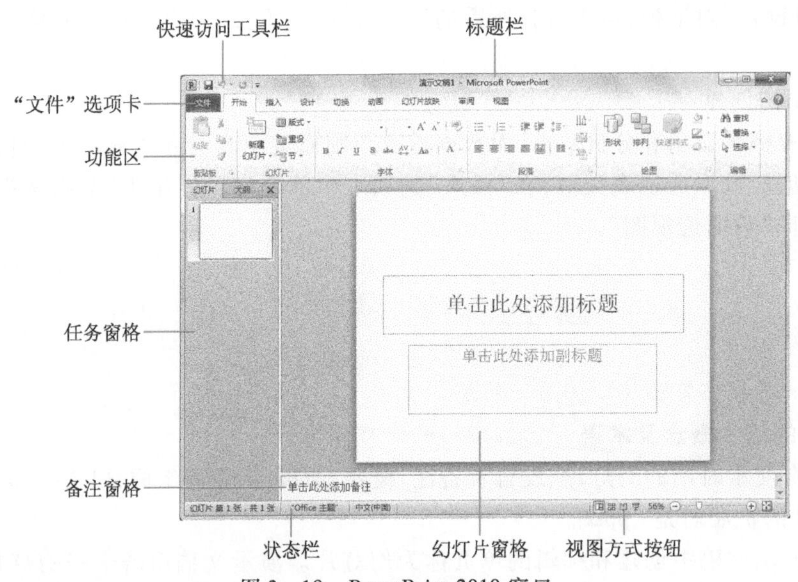

图 3－18　PowerPoint 2010 窗口

③ 备注页视图：用于显示和编辑备注页，在该视图下，既可插入文本内容也可以插入图片等对象信息。

④ 母版视图：包括幻灯片母版视图、讲义母版视图和备注母版视图。它们是存储有关演示文稿信息的主要幻灯片，其中包括背景、颜色、字体、效果、占位符的大小和位置。使用母版视图可以对与演示文稿关联的每张幻灯片、备注页或讲义的样式进行全局更改。

⑤ 幻灯片放映视图：显示的是演示文稿的放映效果，是制作演示文稿的最终目的。在这种全屏幕视图中，可以看到图形、时间、影片、动画等元素以及对象的动画效果和幻灯片的切换效果。

⑥ 阅读视图：用于在方便审阅的窗口中查看演示文稿，而不使用全屏的幻灯片放映视图。

基础知识/视图方式

3. 演示文稿的创建

(1)创建空演示文稿

启动 PowerPoint 后程序默认会新建一个空白的演示文稿，该演示文稿只包含一张幻灯片，采用默认的设计模板，版式为"标题幻灯片"，文件名为演示文稿 1. pptx。创建空白演示文稿具有最大限度的灵活性，用户可以使用颜色、版式和一些样式特性，充分发挥自己的创造力。

(2)根据模板创建演示文稿

PowerPoint 提供了丰富多彩的设计模板，使用模板创建演示文稿非常方便快捷。用户可以根据系统提供的内置模板创建新的演示文稿，也可以从 Office.com 模板网站上下载所需的模板进行创建，还可以使用已安装到本地驱动器上的模板。

(3)根据现有演示文稿创建新文稿

PowerPoint 可以利用已经存在的演示文稿，并在此基础上进行进一步编辑加工。需要说明的是，该种方法在直接利用已有的演示文稿创建新的演示文稿过程中，只是创建了原有演示文稿的副本，不会改变原文件的内容。

(4)根据主题创建演示文稿

PowerPoint 中不仅提供了模板，还提供了一些主题，用户可以创建基于主题的演示文稿。

3.4.2　演示文稿的编辑与格式化

1. 幻灯片的基本操作

(1)文本的编辑与格式设置

文本是演示文稿中的重要内容，几乎所有的幻灯片中都有文本内容，在幻灯片中添加文本是制作幻灯片的基础,同时对于输入的文本还要进行必要的格式设置。

① 文本的输入:如果当前使用的是带有文本占位符的幻灯片版式,单击文本占位符位置,就可在其中输入文本;如果在没有文本占位符的幻灯片版式中添加文本对象,则需要插入文本框,然后可在该文本框中输入文本。

② 文本的格式化:所谓文本的格式化是指对文本的字体、字号、样式及颜色进行必要的设定。对文本的格式化操作既可以在"字体"组中直接单击相应的按钮,也可以在"字体"对话框中进行设置。

③ 段落的格式化:段落的格式化包括段落对齐设置、行距和段落间距设置及项目符号设置。对段落格式化的操作既可以在"段落"组中直接点击相应的按钮,也可以在"段落"对话框中进行设置。

(2)对象及其操作

对象是幻灯片中的基本成分,幻灯片中的对象包括文本对象(标题、项目列表、文字说明等)、可视化对象(图片、剪贴画、图表等)和多媒体对象(视频、声音剪辑等)3类,各种对象的操作一般都是在幻灯片视图下进行,操作方法也基本相同。对象的操作包括选择或取消对象、插入对象和设置对象的格式。

幻灯片设计/图片与形状

幻灯片设计/文本框

幻灯片设计/艺术字

(3)幻灯片的操作

① 选择幻灯片:在对幻灯片编辑之前,首先要选择进行操作的幻灯片。如果是选择单张幻灯片,用鼠标单击它即可;如果希望选择多张幻灯片,可以通过按住【Ctrl】键单击选择多张不连续的幻灯片,或者通过按住【Shift】键并单击首尾幻灯片选择多张连续幻灯片。

② 添加与插入幻灯片:当建立了一个演示文稿后,常常需要增加幻灯片。所谓"添加"是把新增加的幻灯片都排在已有幻灯片的最后面;而"插入"操作的结果是新增加的幻灯片位于当前幻灯片之后。单击"新建幻灯片"按钮,则在当前幻灯片后插入了一张新的幻灯片,该幻灯片具有与之前幻灯片相同的版式。

③ 重用幻灯片:可将已有的其他演示文稿中的幻灯片插入到当前演示文稿中。选择"重用幻灯片"命令,并选择要使用的文件,即可将该指定文件的幻灯片插入到当前幻灯片之后。

④ 删除幻灯片:选中待删除的幻灯片,直接按【Delete】键,或右击,在弹出的快捷菜单中选择"删除幻灯片"命令,该幻灯片立即就被删除了,后面的幻灯片会自动向前排列。

幻灯片编辑/插入·删除·复制和移动

⑤ 复制幻灯片:首先选定待复制的幻灯片,然后使用"复制"和"粘贴"命令复制幻灯片;也可以使用鼠标拖放复制幻灯片,选中要复制的幻灯片,按下【Ctrl】键并同时按住鼠标拖动到指定位置后松开,即可将选中幻灯片复制到新的位置。

⑥ 重新排列幻灯片的次序:在幻灯片浏览视图中或普通视图的幻灯片选项卡下,用鼠标拖动幻灯片到新位置,就把幻灯片移动到新的位置上了。此外,也可以利用"剪切"和"粘贴"命令来移动幻灯片。

2. 幻灯片的外观设计

PowerPoint 的一大特色就是可以使演示文稿的所有幻灯片具有一致的外观。控制幻灯片外观的方法有4种:母版、主题、背景及幻灯片版式。

(1)使用母版

母版用于设置演示文稿中每张幻灯片的预设格式,这些格式包括每张幻灯片标题及正文文字的位置和大小、项目符号的样式、背景图案等。母版可以分成3类:幻灯片母版、讲义母版和备注母版。

① 幻灯片母版:幻灯片母版是所有母版的基础,控制演示文稿中所有幻灯片的默认外观。幻灯片母版中有5个占位符,即标题区、文本区、日期区、页脚区、编号区,修改占位符可以影响所有基于该母版的幻灯片。对幻灯片母版的编辑包括编辑母版标题样式、设置页眉、页脚和幻灯片编号以及向母版插入对象。

② 讲义母版和备注母版:讲义母版用于控制幻灯片以讲义形式打印的格式,如页面设置、讲义方向、幻灯片方向、每页幻灯片数量等;备注母版用来格式化演示者备注页面,以控制备注页的版式和文字的格式。

(2)应用主题

应用主题可以使演示文稿中的每一张幻灯片都具有统一的风格,如色调、字体格式及效果等。在 PowerPoint 中提供了多种内置的主题,用户可以直接应用内置的主题效果;还可以自定义主题效果,根据需要分别设置不同的主题颜色、主题字体和主题效果等。

(3)设置幻灯片背景

利用 PowerPoint 的“背景样式”功能,可自己设计幻灯片背景颜色或填充效果,并将其应用于演示文稿中指定的幻灯片或所有的幻灯片。为幻灯片设置背景颜色首先要选中需要设置背景颜色的一张或多张幻灯片,然后打开“设置背景格式”对话框进行背景设置。在设置时,可以设置单一的背景颜色,也可以进行预设效果的设置,为幻灯片设置纹理效果,或将某一图片文件作为背景。

(4)使用幻灯片版式

在创建新幻灯片时,可以使用 PowerPoint 的幻灯片自动版式,在创建幻灯片后,如果发现版式不合适,也还可以更改该版式。选中需要修改版式的幻灯片,打开“Office 主题”下拉列表,从中选择想要的版式即可。

幻灯片设计/母版

幻灯片设计/主题

幻灯片设计/背景

幻灯片设计/版式

3.4.3 幻灯片的放映设置

幻灯片的放映设置包括设置动画效果、切换效果、放映时间等。在放映幻灯片时设置动画效果或切换效果,可以吸引观众的注意力,突出重点,如果使用得当,动画效果将带来典雅、趣味和惊奇。

1. 设置动画效果

PowerPoint 提供了动画功能,利用动画可为幻灯片上的文本、图片或其他对象设置出现的方式、出现的先后顺序及声音效果等。

(1)为对象设置动画效果

使用“动画”选项卡可对幻灯片上的对象应用、更改或删除动画。具体操作步骤如下:

① 在幻灯片中选定要设置动画效果的对象,选择“动画”选项卡,在“动画”组中列出了多种动画效果,单击▾按钮,在打开的列表中列出了更多的动画选项。其中,包括“进入”“强调”“退出”和“动作路径”4类,每类中又包含了不同的效果。

“进入”指使对象以某种效果进入幻灯片放映演示文稿;“强调”指为已出现在幻灯片上的对象添加某种效果进行强调;“退出”即为对象添加某种效果以使其在某一时刻以该种效果离开幻灯片;“动作路径”指为对象添加某种效果以使其按照指定的路径移动。

若单击“更多进入效果”“更多强调效果”等命令,则可以得到更多不同类型的效果。对同一个对象不仅可同时设置上述4类动画效果,而且还可对其设置多种不同的“强调”效果。

② 在幻灯片中选定一个对象,单击“动画”组中的“效果选项”命令,可设置动画进入的方向。“效果选项”下拉列表中的内容会随着添加的动画效果的不同而有变化,如添加的动画效果是“进入”中的“百叶窗”,

则“效果选项”中显示为“垂直”和“水平”。

③ 在“动画”选项卡下“计时”组的“开始”下拉列表中可以选择开始播放动画的方式。“开始”下拉列表框中有3种选择：

- 单击时：当鼠标单击时开始播放该动画效果。
- 与上一动画同时：在上一项动画开始的同时自动播放该动画效果。
- 上一动画之后：在上一项动画结束后自动开始播放该动画效果。

用户应根据幻灯片中的对象数量和放映方式选择动画效果开始的时间；在“持续时间”框中可指定动画的长度，在“延迟”框中指定经过几秒后播放动画。

(2)效果列表和效果标号

当对一张幻灯片中的多个对象设置了动画效果后，有时需要重新设置动画的出现顺序，此时可利用“动画窗格”实现。

在“动画窗格”中有该幻灯片中的所有对象的动画效果列表，各个对象按添加动画的顺序从上到下依次列出，并显示有标号。通常该标号从1开始，但当第一个添加动画效果的对象的开始效果设置为“与上一动画同时”或“上一动画之后”时，则该标号从0开始。设置了动画效果的对象也会在幻灯片上标注出非打印编号标记，该标记位于对象的左上方，对应于列表中的效果标号。注意，在幻灯片放映视图中并不显示该标记。

(3)设置效果选项

单击动画效果列表中任意一项，则在该效果的右端会出现一个下拉按钮，单击该按钮会出现一个下拉列表。该列表的前3项对应于“计时”组中“开始”下拉列表中的3项。可以选择鼠标单击时开始、从上一项开始或者从上一项之后开始。对于包含多个段落的占位符，该选项将作用于所有的子段落。在列表中选择“效果选项”命令，则会打开一个含有“效果”“计时”“正文文本动画”3个选项卡的对话框，在对话框中可以对效果的各项进行详细设置。由于不同的动画效果具体的设置是不同的，所以选择不同的效果出现的对话框也不一样。

幻灯片动画设置/实例

2. 设置切换效果

幻灯片间的切换效果是指演示文稿播放过程中，幻灯片进入和离开屏幕时产生的视觉效果，也就是让幻灯片以动画方式放映的特殊效果。PowerPoint提供了多种切换效果，在演示文稿制作过程中，可以为每一张幻灯片设计不同的切换效果，也可以为一组幻灯片设计相同的切换效果。

幻灯片切换/实例

进行切换效果设置，首先在演示文稿中选定要设置切换效果的幻灯片，然后打开列有各种不同类型切换效果的列表框，从中选取一种切换效果。

在切换效果的设置时，还要通过“计时”选项组设置换片方式，即一张幻灯片切换到下一张幻灯片的方式。有两种换片方式可供选择：一种是“单击鼠标时”，即在单击鼠标时出现下一张幻灯片；另一种是“设置自动换片时间”，通过设置一个时间，在一定时间后自动出现下一张幻灯片。

默认情况下，切换效果的设置只应用于当前选定的幻灯片，如果单击“全部应用”按钮，即可将设置的切换效果应用于演示文稿中的所有幻灯片。

3. 演示文稿中的超链接

PowerPoint提供了“超链接”功能，在制作演示文稿时为幻灯片对象创建超链接，并将链接目的地指向其他地方。PowerPoint超链接不仅支持在同一演示文稿中的各幻灯片间进行跳转，还可以跳转到其他演示文稿、Word文档、Excel电子表格、某个URL地址等。利用超链接功能，可以使幻灯片的放映更加灵活，内容更加丰富。

超链接/概念

(1)为幻灯片中的对象设置超链接

为幻灯片中的对象设置超链接的操作步骤如下：

① 在幻灯片视图下选择要设置超链接的对象，然后打开“插入超链接”对话框。

② 若要链接到某个文件或网页，可在“链接到”列表框下选择“现有文件或网页”，然后在“地址”文本框中输入超链接的目标地址；若要链接到本文件内的某一张幻灯片，可在“链接到”列表框下选择“本文档中的位置”，然后选择文档中的目标幻灯片；若要链接到某一电子邮件地址，可单击“链接到”列表框下的“电子邮件地址”命令，然后在出现的右侧窗格中的“电子邮件地址”文本框中输入邮件地址。

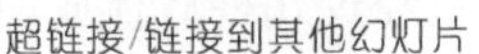
超链接/链接到其他幻灯片

超链接/网址与邮件地址

（2）编辑和删除超链接

对已有的超链接可进行编辑修改，如改变超链接的目标地址，也可以删除超链接。编辑修改或删除超链接的操作方式同上，如果需要修改超链接，只要重新选择超链接的目标地址即可；如果需要删除超链接，只要在“插入超链接”对话框中单击“删除链接”命令按钮即可。

（3）动作按钮的使用

PowerPoint 提供了一组代表一定含义的动作按钮，为使演示文稿的交互界面更加友好，用户可以在幻灯片上插入各式各样的交互按钮，并像其他对象一样为这些按钮设置超链接。这样，在幻灯片放映过程中，可以通过这些按钮在不同的幻灯片间跳转，也可以播放图像、声音等文件，还可以用它启动应用程序或链接到 Internet。

超链接/动作按钮

在幻灯片上插入动作按钮的具体步骤如下：

① 选择需要插入动作按钮的幻灯片。

② 单击“插入”选项卡下“插图”组中的“形状”按钮，在打开的下拉列表的“动作按钮”区中选择所需的按钮，将鼠标移到幻灯片中要放置该动作按钮的位置，按下鼠标左键并拖动鼠标，直到动作按钮的大小符合要求为止，此时系统自动打开“动作设置”对话框。

③ 在对话框中有“单击鼠标”选项卡和“鼠标移过”选项卡。“单击鼠标”选项卡设置的超链接是通过鼠标单击动作按钮时发生跳转；而“鼠标移过”选项卡设置的超链接则是通过鼠标移过动作按钮时跳转的，一般鼠标移过方式适用于提示、播放声音或影片。

④ 无论在哪个选项卡中，当选择“超链接到”单选按钮后，都可以在其下拉列表框中选择跳转目的地。选择的跳转目的地既可以是当前演示文稿中的其他幻灯片，也可以是其他演示文稿或其他文件，或是某一个 URL 地址。选中“播放声音”复选框，在其下拉列表中可选择对应的声音效果。

如果给文本对象设置了超链接，代表超链接的文本会自动添加下画线，并显示成所选主题颜色所指定的颜色。需要说明的是，超链接只在“幻灯片放映”时才会起作用，在其他视图中处理演示文稿时不会起作用。

（4）为对象设置动作

除了可以对动作按钮设置动作外，还可以对幻灯片上的其他对象进行动作设置。当为对象设置动作后，当鼠标单击或移过该对象时，可以像动作按钮一样执行指定的动作。设置方法为：首先选择幻灯片，然后在幻灯片中选定要设置动作的对象，打开“动作设置”对话框，从中可进行类似动作按钮的设置。

4. 在幻灯片中运用多媒体技术

在幻灯片中不仅可以插入图片、图像等，也可以插入音频或视频等媒体对象。在放映幻灯片时，可以将媒体对象设置为在显示幻灯片时自动开始播放、在单击鼠标时开始播放或播放演示文稿中的所有幻灯片，甚至可以循环连续播放媒体直至停止播放。

① 在幻灯片中插入视频：幻灯片中的视频可以来自剪辑库中，也可以来自网络或文件，单击“插入”选项卡下“媒体”组中的“视频”按钮，即可将剪辑文件或影片文件插入到当前幻灯片中。

② 在幻灯片中插入音频：在幻灯片中也可插入音频对象，音频可以来自剪辑库中，也可以来自其他文

件。选择“插入”选项卡下“媒体”组中的“音频”命令，即可将音频文件插入到当前幻灯片中。

选中插入的视频或音频对象，在功能区将显示“视频工具”中的“格式”和“播放”选项卡。单击“播放”选项卡，在“视频选项”组中可设置“音量”“开始”方式等，当放映幻灯片时，会按照已设置的方式来播放该视频或音频对象。

③ 设置幻灯片放映时播放音频或视频的效果：声音或动画插入幻灯片后，如果需要，可以更改幻灯片放映时音频或视频的播放效果、播放计时以及音频或视频的设置。选中幻灯片中要设置效果选项的音频或视频对象，打开相应的设置对话框，可以设置包括如何开始播放、如何结束播放及声音增强方式等；还可以设置“开始”“延迟”等时间，设置音量、幻灯片放映时是否隐藏图标等。

3.4.4 演示文稿的放映

随着计算机应用水平的日益发展，电子幻灯片已经逐渐取代了传统的35 mm幻灯片。电子幻灯片放映最大的特点在于为幻灯片设置了各种各样的切换方式、动画效果，根据演示文稿的性质不同，设置的放映方式也可以不同，并且由于在演示文稿中加入了视频、音频等效果使演示文稿更加美妙动人，更能吸引观众的注意力。

1. 设置放映方式

在幻灯片放映前可以根据使用者的不同，通过设置放映方式满足各自的需要。通过“设置放映方式”对话框，可以对放映方式进行设置。

(1)放映类型

在“设置放映方式”对话框的“放映类型”选项组中，有3种放映类型：

① 演讲者放映（全屏幕）：以全屏幕形式显示，可以通过快捷菜单或【PageDown】键、【PageUp】键显示不同的幻灯片；提供了绘图笔进行勾画。

② 观众自行浏览（窗口）：以窗口形式显示，可以利用状态栏上的“上一张”或“下一张”按钮进行浏览，或单击“菜单”按钮，在打开的菜单中浏览所需幻灯片；还可以利用该菜单中的“复制幻灯片”命令将当前幻灯片复制到Windows的剪贴板上。

③ 在展台浏览（全屏幕）：以全屏形式在展台上做演示，在放映过程中，除了保留鼠标指针用于选择屏幕对象外，其余功能全部失效（连终止也要按【Esc】键），因为此时不需要现场修改，也不需要提供额外功能，以免破坏演示画面。

(2)放映选项

在“设置放映方式”对话框的“放映选项”选项组中，也提供了3种放映选项：

① 循环放映，按Esc键终止：在放映过程中，当最后一张幻灯片放映结束后，会自动跳转到第一张幻灯片继续播放，按【Esc】键则终止放映。

② 放映时不加旁白：在放映幻灯片的过程中不播放任何旁白。

③ 放映时不加动画：在放映幻灯片的过程中，先前设定的动画效果将不起作用。

2. 设置放映时间

除了利用幻灯片切换设置时设置的幻灯片的放映时间外，还可以通过“排练计时”按钮来设置幻灯片的放映时间。首先选定要设置放映时间的幻灯片，然后单击“排练计时”按钮，此时系统自动切换到幻灯片放映视图，同时打开“录制”工具栏。用户按照自己总体的放映规划和需求，依次放映演示文稿中的幻灯片，在放映过程中，“录制”工具栏对每一个幻灯片的放映时间和总放映时间进行自动计时。当放映结束后，此时系统自动切换到浏览窗格视图，并在每个幻灯片图标的左下角给出幻灯片的放映时间。至此，演示文稿的放映时间设置完成，以后再放映该演示文稿时，将按照这次的设置自动放映。

3. 使用画笔

在演示文稿放映与讲解的过程中，对于文稿中的一些重点内容，有时需要勾画一下，以突出重点，引起观看者的注意。为此，PowerPoint提供了“画笔”的功能，可以在放映过程中随意在屏幕上勾画、标注重点内容。

在放映的幻灯片上右击，在弹出的快捷菜单中选择“指针选项”命令，弹出级联菜单，从中选择需要的笔形即可。

第4章　计算机网络

计算机网络是计算机技术和通信技术紧密结合的产物，计算机网络在社会和经济发展中起着非常重要的作用，网络已经渗透到人们生活的各个角落，影响着人们的日常生活。随着计算机和网络技术的迅猛发展和广泛普及，网络信息安全问题也暴露出来，如果不能很好地解决这个问题，必将阻碍信息化发展的进程。

本章首先介绍计算机网络的基本概念和基本知识，介绍因特网的基本应用，然后对信息安全的相关知识及计算机病毒的防范进行介绍，使读者了解信息安全的基本概念和知识，学习信息安全的主要技术，以及在当今信息化社会中使用计算机网络的道德规范。

学习目标

- 了解计算机网络的发展，了解计算机网络的组成与分类、功能与特点。
- 了解网络协议和计算机网络体系结构的基本知识，了解组成计算机网络的硬件设备。
- 了解因特网的概念，包括TCP/IP、IP地址与域名地址的概念，学习因特网的基本应用。
- 了解信息安全基本概念及计算机病毒的基本知识，了解常用的信息安全产品及主要的信息安全技术，学习网络安全防范的措施。
- 了解信息安全法规，学习并掌握使用计算机网络的道德规范。

4.1　计算机网络概述

4.1.1　计算机网络的发展

计算机网络属于多机系统的范畴，是计算机与通信这两大现代技术相结合的产物，它代表着当前计算机体系结构发展的重要方向。计算机网络的出现与发展不但极大地提高了工作效率，使人们从日常繁杂的事务性工作中解脱出来，而且已经成为现代生活中不可缺少的工具，可以说没有计算机网络，就没有现代化，就没有信息时代。

1. 计算机网络的定义

所谓计算机网络就是利用通信线路，用一定的连接方法，把分散的具有独立功能的多台计算机相互连接在一起，按照网络协议进行数据通信，实现资源共享的计算机的集合。具体地说，就是用通信线路将分散的计算机及通信设备连接起来，在功能完善的网络软件的管理与控制下，使网络中的所有计算机都可以访问网络中的文件、程序、打印机和其他各种服务（统称为资源），从而实现网络中资源的共享和信息的相互传递。

从上面的定义可以看出，计算机网络由3部分组成：网络设备（包括计算机）、通信线路和网络软件。网络可大可小，但都由这3部分组成，缺一不可。

在计算机网络中，提供信息和服务能力的计算机是网络的资源，索取信息和请求服务的计算机是网络的用户。由于网络资源与网络用户之间的连接方式、服务方式及连接范围的不同，而形成了不同的网络结构及网络系统。

2. 计算机网络的演变与发展

计算机网络的发展历史不长，但发展速度很快，其演变过程大致可概括为以下4个阶段：

(1)具有通信功能的单机系统阶段

该系统又称终端—通信线路—计算机网络，是早期计算机网络的主要形式。它是将一台主计算机(Host)经通信线路与若干个地理上分散的终端(Terminal)相连，主计算机一般称为主机，它具有独立处理数据的能力，而所有的终端设备均无独立处理数据的能力。在通信软件的控制下，每个用户在自己的终端分时轮流地使用主机系统的资源。

(2)具有通信功能的多机系统阶段

上述简单的“终端—通信线路—计算机”系统存在以下两个问题：

① 因为主机既要进行数据的处理工作，又要承担多终端系统的通信控制。随着所连远程终端数目的增加，主机的负荷加重，系统效率下降。

② 由于终端设备的速率低，操作时间长，尤其在远距离通信时，每个终端独占一条通信线路，线路利用率低，费用也较高。

为了解决这个问题，20世纪60年代出现了把数据处理和数据通信分开的工作方式，主机专门进行数据处理，而在主机和通信线路之间设置一台功能简单的计算机，专门负责处理网络中的数据通信、传输和控制。这种负责通信的计算机称为通信控制处理机(Communication Control Processor，CCP)或称为前端处理机(Front End Processor，FEP)。此外，在终端聚集处设置多路器或集中器。集中器与前端处理机功能类似，它的一端通过多条低速线路与各个终端相连，另一端通过高速线路与主机相连，这样也降低了通信线路的费用。由于前端机和集中器在当时一般选用小型机担任，因此这种结构称为具有通信功能的多计算机系统。

不论是单机系统还是多机系统，它们都是以单个计算机(主机)为中心的联机终端网络，它们都属于第一代计算机网络。

(3)以共享资源为主的计算机——计算机网络阶段

20世纪60年代中期，随着计算机技术和通信技术的进步，人们开始将若干个联机系统中的主机互连，以达到资源共享的目的，或者联合起来完成某项任务。此时的计算机网络呈现出多处理中心的特点，即利用通信线路将多台计算机(主机)连接起来，实现了计算机之间的通信，由此也开创了“计算机—计算机”通信的时代，计算机网络的发展进入到第二个时代。

第二代计算机网络与第一代网络的区别在于多个主机都具有自主处理能力，它们之间不存在主从关系。第二代计算机网络的典型代表是Internet的前身ARPA网。

ARPA网(ARPANet)是美国国防部高级研究计划署ARPA，现在称为DARPA(Defense Advanced Research Project Agency)提出设想，并与许多大学和公司共同研究发展起来的，它的主要目标是借助于通信系统，使网内各计算机系统间能够共享资源。ARPANet是一个具有两级结构的计算机网络，主机不是直接通过通信线路互连，而是通过接口信息处理机(Interface Message Processor，IMP)连接。当用户访问远地主机时，主机将信息送至本地IMP，经过通信线路沿着适当的路径传送至远地IMP，最后送入目标主机。计算机网络中IMP和通信线路组成通信子网，专门用于处理主机之间的通信业务和信息传递，以期减轻主机负担，使主机完全用于承担诸如数据计算和数据处理的任务。

ARPA网是一个成功的系统，它是第一个完善地实现分布式资源共享的网络，它标志着网络的结构日趋成熟，并在概念、结构和网络设计方面都为今后计算机网络的发展奠定了基础。ARPA网也是最早将计算机网络分为资源子网和通信子网两部分的网络。

(4)以局域网络及其互连为主要支撑环境的分布式计算机阶段

进入20世纪70年代，局域网技术得到了迅速的发展。特别是到了20世纪80年代，随着硬件价格的下降和微型计算机的广泛应用，一个单位或部门拥有微型计算机的数量越来越多，各机关、企业迫切要求将自己拥有的为数众多的微型计算机、工作站、小型机等连接起来，从而达到资源共享和互相传递信息的目的。

局域网联网费用低、传输速度快，因此局域网的发展对网络的普及起到了重要作用。

局域网的发展也导致计算模式的变革。早期的计算机网络是以主计算机为中心的，计算机网络控制和管理功能都是集中式的，也称为集中式计算机模式。随着个人计算机(PC)功能的增强，用户一个人就可以在微型计算机上完成所需要的作业，PC方式呈现出的计算机能力已发展成为独立的平台，这就导致了一种新的计算结构——分布式计算模式的诞生。

局域网的发展及其网络的互连还促成了网络体系结构标准的建立。由于各大计算机公司均制定有自己的网络技术标准，这些不同的标准在早期的以主计算机为中心的计算机网络中不会有大的影响。但是，随着网络互连需求的出现，这些不同的标准为网络互连设置了障碍，最终促成了国际标准的制定。20世纪70年代末，国际标准化组织(ISO)成立了专门的工作组来研究计算机网络的标准，制定了开放系统互连参考模型(OSI)，它旨在便于多种计算机互连，构成网络。进入20世纪90年代后，网络通信相关的协议、规范基本确立，网络开始走向大众化普及。随着网络用户的逐渐增多，对网络传输效率及网络传输质量的要求进一步增强，因而使最新的网络技术迅速得以普及应用。而技术的更新与普及、网络速度的提高以及大型网络及复杂拓扑的应用，也使得各种新的高速网络介质、高性能网络交互设备及大型网络协议开始得到越来越多的应用。此时，局域网成为计算机网络结构的基本单元，网络间互连的要求越来越强，真正达到了资源共享、数据通信和分布处理的目标。

可以看出，这一阶段计算机网络发展的特点是：互连、高速、智能与更为广泛的应用。当今覆盖全球的Internet就是这样一个互连的网络，可以利用Internet实现全球范围的电子邮件、电子传输、信息查询、语音与图像通信等服务功能。实际上Internet是一个用路由器(Router)实现多个远程网和局域网互连的网络。

现在网络已经成为人们生活中的一部分，它渗透到人们生活、娱乐、交流、沟通等各个方面，已经成为生产、管理、市场、金融等各个方面必不可少的部分。对于网络的研究、管理也逐渐地成为一类学科，并衍生出各种新的二级学科或相关学科，如网络安全、网络质量(QoS)等。而网络也开始向多元化发展，出现了很多新的应用，网络的发展已成为经济及社会生产力发展的重要支柱。

4.1.2 计算机网络的组成与分类

1. 计算机网络的组成

计算机网络是一个十分复杂的系统，一般可以从两方面对计算机网络的组成进行描述。

(1)从数据处理与数据通信的角度进行划分

在逻辑上可以将计算机网络分为进行数据处理的资源子网和完成数据通信的通信子网两部分。

① 通信子网提供网络通信功能，能完成网络主机之间的数据传输、交换、通信控制和信号变换等通信处理工作，由通信控制处理机(CCP)、通信线路和其他通信设备组成数据通信系统。广域网的通信子网通常租用电话线或铺设专线。为了避免不同部门对通信子网重复投资，一般都租用邮电部门的公用数字通信网作为各种网络的公用通信子网。

② 资源子网为用户提供了访问网络的能力，它由主机系统、终端控制器、请求服务的用户终端、通信子网的接口设备、提供共享的软件资源和数据资源(如数据库和应用程序)构成。它负责网络的数据处理业务，向网络用户提供各种网络资源和网络服务。

(2)从系统组成的角度进行划分

从系统组成的角度，一个计算机网络由3部分内容组成：计算机及智能性计算机外围设备(服务器、工作站等)；网络接口卡及通信介质(网卡、通信电缆等)；网络操作系统及网管系统。其中，前两部分构成了计算机网络的硬件部分，第三部分构成了计算机网络的软件部分。其中，网络操作系统对网络中的所有资源进行管理和控制。

2. 计算机网络的分类

计算机网络的分类方法有很多种，下面仅介绍几种常见的分类方法。

(1)按网络的连接范围分类

根据计算机网络所覆盖的地理范围、信息的传递速率及其应用目的，计算机网络通常分为局域网(Local

Area Network,LAN)、广域网(Wide Area Network,WAN)和城域网(Metropolitan Area Network,MAN)。

① 局域网:指在有限的地理区域内构成的计算机网络。它具有很高的传输速率(几十至上百兆比特/每秒),其覆盖范围一般不超过10 km,通常将一座大楼或一个校园内分散的计算机连接起来构成局域网。局域网具有组建方便、灵活等特点,其采用的通信线路一般为双绞线或同轴电缆。

② 城域网:城域网的范围比局域网的大,通常可覆盖一个城市或一个地区。城域网中可包含若干个彼此互连的局域网。城域网通常采用光纤或微波作为网络的主干通道。

③ 广域网:广域网可以将相处遥远的两个城域网连接在一起,也可以把世界各地的局域网连接在一起。广域网通过微波、光纤、卫星等介质传送信息,Internet就是最典型的广域网。

(2)按网络的拓扑结构分类

所谓网络拓扑结构是地理位置上分散的各个网络结点互连的几何逻辑布局。网络的拓扑结构决定了网络的工作原理及信息的传输方式,拓扑结构一旦选定必定要选择一种适合于这种拓扑结构的工作方式与信息传输方式。网络的拓扑结构不同,网络的工作原理及信息的传输方式也不同。按拓扑结构分类,计算机网络系统主要有:总线形、星形、环形、树形和网形拓扑结构,如图4-1所示。将其中的两种或几种网络拓扑结构混合起来,还可以构成混合型拓扑结构。

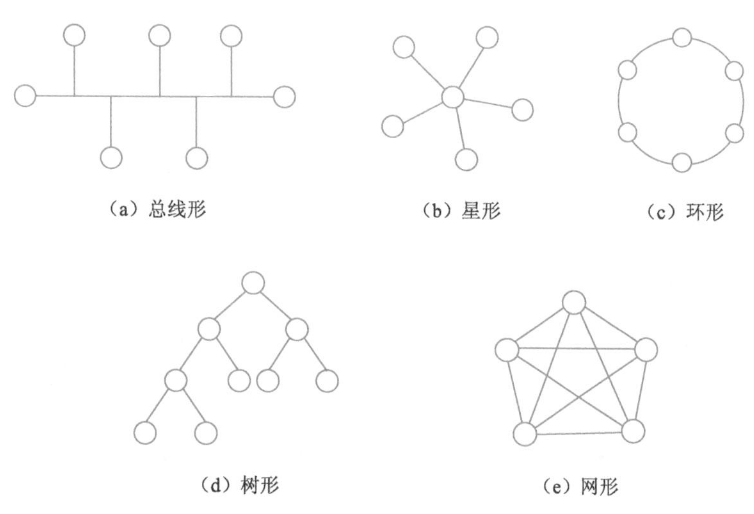

图4-1　网络拓扑结构

① 星形结构是一种辐射状结构,以中央结点为中心,将若干个外围结点连接起来。中央结点是整个网络的主控计算机,任何两个结点的通信都必须经过中央结点。其优点是结构简单,易于实现和管理。缺点是中央结点是网络可靠性的瓶颈,如果外围结点过多,会使得中央结点负担过重,而且一旦中央结点出现故障,将会导致整个网络崩溃。

② 树形结构的结点是按层次进行连接的,信息的交换主要是在上、下结点之间进行。其优点是结构简单,故障容易分离处理。缺点是整个网络对根结点的依赖性很强,一旦根结点出现故障,网络系统将不能正常工作。

③ 环形结构的结点通过点对点的通信线路连接成一个闭合环路,环中数据只能沿一个方向逐结点传送。优点是结构简单,传输时延确定,适合于长距离通信;由于各结点地位和作用相同,容易实现分布式控制,因此环形拓扑结构被广泛应用到分布式处理中。

④ 总线形结构的所有结点通过相应的网络接口卡直接连接到一条作为公共传输介质的总线上,总线通常采用同轴电缆或双绞线作为传输介质。总线形结构是目前局域网中使用最多的一种拓扑结构。其优点是连接简单,扩充或删除一个结点比较容易;由于结点都连接在一根总线上,共用一个数据通道,因此信道利用率高,资源共享能力强。

⑤ 网形拓扑结构主要指各结点通过传输线互联连接起来,并且每一个结点至少与其他两个结点相连。网形拓扑结构具有较高的可靠性,但其结构复杂,实现起来费用较高,不易管理和维护。

(3)按网络的传输介质分类

根据通信介质的不同,网络可划分为有线网和无线网两种。

① 有线网:采用诸如同轴电缆、双绞线、光纤等物理介质来传输数据的网络。

② 无线网:采用卫星、微波等无线形式来传输数据的网络。

(4)按照交换方式分类

根据交换方式,计算机网络包括线路交换网络、存储转发交换网络。存储转发交换又可分为报文交换和分组交换。

① 线路交换(Circuit Switching)最早出现在电话系统中,数字信号需要变换成模拟信号才可以在线路上传输,早期的计算机网络就是通过此种方式传输数据的。

② 报文交换(Message Switching)是一种数字化网络,当通信开始的时候,源主机发出的一个报文被存储在交换设备中,交换设备根据报文的目的地址选择合适的路径转发报文,这种方式也称作存储-转发方式。报文交换方式中报文的长度是不固定的。

③ 分组交换(Packet Switching)也采用报文传输,它将一个长的报文划分为许多定长的报文分组,以分组作为基本的传输单位。这不仅大大简化了对计算机存储器的管理,也加速了信息在网络中的传输速度。目前,分组交换方式是计算机网络的主流。

(5)按服务方式分类

按网络系统的服务方式,可以分为集中式系统和分布式系统。

① 集中式系统:由一台计算机管理所有网络用户并向每个用户提供服务,多用于局域网。

② 分布式系统:由多台计算机共同提供服务,每台计算机既可以向别人提供服务,也可以接受别人的服务,如 Internet 的服务器系统。

(6)按网络数据传输与交换系统的所有权分类

根据网络的数据传输与交换系统的所有权可以分为公用网与专用网。

① 公用网(Public Network):指由国家电信部门组建、控制和管理,为全社会提供服务的公共数据网络,用户需要交纳规定的费用才可以使用。

② 专用网(Private Network):指某一部门或企业因为特殊业务需要而组建、控制和管理的计算机网络,一般只能由特定用户使用。

(7)按传输方式和传输带宽方式分类

按照网络能够传输的信号带宽,可以分为基带网和宽带网。

① 基带网:由计算机或者终端产生的一连串的数字脉冲信号,未经调制所占用的频率范围称为基本频带,简称基带。在信道中直接传输这类基带信号是最简单的一种传输方式,这种网络称为基带网。基带网通常适用于近距离的网络。

② 宽带网:在远距离通信时,由发送端通过调制器(Modulator)将数字信号调制成模拟信号在信道中传输,然后在接收端通过解调器(Demodulator)还原成数字信号,所使用的信道是普通的电话通信信道,这种传输方式叫作频带传输。在频带传输中,经调制器调制而成的模拟信号比音频范围(200 ~ 3 400 Hz)要宽,因而通常被称为宽带传输。使用这种技术的网络称为宽带网。

4.1.3 计算机网络的功能与特点

1. 计算机网络的功能

计算机网络具有以下主要功能:

① 资源共享:这是计算机网络的重要功能,也被认为是最具吸引力的一点。所谓共享就是指网络中各种资源可以相互通用,这种共享可以突破地域范围的限制,而且可共享的资源包括硬件、软件和数据资源。

- 硬件资源有超大型存储器、外围设备以及大型、巨型机的 CPU 等。这些硬件资源通过网络向网络用户开放,可以大大提高资源的利用率,加强数据处理能力,还能节约开销。
- 软件资源有各种语言处理程序、服务程序和各种应用程序等。例如,把某一系统软件装在网内的某一台计算机中，就可以供其他用户调用，或者处理其他用户送来的数据，然后把处理结果送回给那个用户。

• 数据资源有各种数据文件、各种数据库等。由于数据产生源在地理上是分散的，用户无法用投资改变这种状况，因此共享数据资源是计算机网络最重要的目的。

② 数据通信：这是计算机网络最基本的功能，它用来快速传递计算机与终端、计算机与计算机之间的各种数据，包括文字信件、新闻消息、咨询信息、图片资料、报纸版面等。随着因特网在世界各地的风行，传统电话、电报、邮递等通信方式受到很大冲击，电子邮件已被人们广泛接受，网上电话、视频会议等各种通信方式正在大力发展。

③ 分布式处理：分布式处理是计算机网络研究的重点课题，对于一些复杂的、综合型的大任务，可以通过计算机网络采用适当的算法，将大任务分散到网络中的各计算机上进行分布式处理，由网络上各计算机分别承担其中一部分任务，同时运作，共同完成，从而使整个系统的效能大为加强；也可以通过计算机网络用各地的计算机资源共同协作，进行重大科研项目的联合开发和研究。

④ 提高计算机的可靠性和可用性：计算机网络中的各台计算机可以通过网络互为后备机，设置了后备机，一旦某计算机出现故障，网络中其他计算机可代为继续执行，这样可以避免整个系统瘫痪，从而提高计算机的可靠性；如果网络中某台计算机任务太重，网络可以将该机上的部分任务转交给其他较空闲的计算机，以达到均衡计算机负载，提高网络中计算机可用性的目的。

⑤ 综合信息服务：网络的一个主要发展趋势就是多维化，即在同一套系统上提供继承的信息服务，包括来自政治、经济、科技、军事等各方面的资源。同时，还要为用户提供图像、语音、动画等多媒体信息。在多维化发展的趋势下，许多网络应用的新形式也在不断涌现，如电子邮件、网上交易、视频点播、联机会议等。这些技术能够为用户提供更多、更好的服务。

2. 计算机网络的特点

计算机网络具有以下特点：

① 它是计算机及相关外围设备组成的一个群体，计算机是网络中信息处理的主体。

② 这些计算机及相关外围设备通过通信介质互连在一起，彼此之间交换信息。

③ 网络系统中的每一台计算机都是独立的，任意两台计算机之间不存在主从关系。

④ 在计算机网络系统中，有各种类型的计算机，不同类型的计算机之间进行通信必须有共同的约定，这些约定就是通信双方必须遵守的协议，因此，计算机之间的通信是通过通信协议实现的。

4.2 计算机网络的通信协议

4.2.1 网络协议

1. 网络协议

当网络中的两台设备需要通信时，双方必须有一些约定，并遵守共同的约定来进行通信。例如，数据的格式是怎样的，以什么样的控制信号联络，具体的传送方式是什么，发送方怎样保证数据的完整性、正确性，接收方如何应答等。为此，人们为网络上的两个结点之间如何进行通信制定了规则和过程，它规定了网络通信功能的层次构成以及各层次的通信协议规范和相邻层的接口协议规范，称这些规范的集合模型为网络协议。概括地说，网络协议就是计算机网络中任意两结点间的通信规则。网络协议是由一组程序模块组成的，又称协议堆栈，每一个程序模块在网络通信中有序地完成各自的功能。

在制定网络协议时，要对通信的内容、怎样通信以及何时通信等几方面进行约定，这些约定和规则的集合就构成了协议的内容。网络协议是由语法、语义和定时规则（变换规则）3个要素组成的。

① 语法部分：数据与控制信息的结构或格式，用于决定对话双方的格式。

② 语义部分：由通信过程的说明构成，用于决定对话双方的类型。

③ 定时（变换）规则：确定事件的顺序以及速度匹配，用于决定通信双方的应答关系。

由于结点之间的联系可能是很复杂的，因此，在制定协议时，一般是把复杂成分分解成一些简单的成分,再将它们复合起来。最常用的复合方式是层次方式,即上一层可以调用下一层,而与再下一层不发生关系。通信协议的分层是这样规定的:把用户应用程序作为最高层,把物理通信线路作为最底层,将其间的协议处理分为若干层,规定每层处理的任务,也规定各层之间的接口标准。

2. 国际标准化组织

一般来说,同一种体系结构的计算机网络之间的互连比较容易实现,但不同体系结构的计算机网络之间要实现互连就存在许多问题。为此,国际上的一些标准化组织制定了相关的标准,为生产厂商、供应商、政府机构和其他服务提供者提供实现互连的指导方针,使得产品或设备相互兼容。这些标准化组织制定的标准,为网络的发展做出了重要贡献。

① 国际标准化组织(International Standards Organization,ISO)。

② 联合国的国际电信联盟(International Telecommunication Union,ITU)。

③ 美国国家标准化协会(American National Standards Institute,ANSI)。

④ 电气电子工程师学会(Institute of Electrical Electronics Engineers,IEEE)。

⑤ 电子工业协会(Electronic Industries Association/Telecomm Industries Association,EIA/TIA)。

4.2.2 计算机网络体系结构

由于计算机网络涉及不同的计算机、软件、操作系统、传输介质等,要实现它们之间相互通信是非常复杂的。为了实现这样复杂的计算机网络,人们提出了网络层次的概念,即通过网络分层将庞大而复杂的问题转化为若干简单的局部问题,以便于处理和解决。

在这种分层的网络结构中,网络的每一层都具有其相应的层间协议。将计算机网络的各层定义和层间协议的集合称为计算机网络体系结构,它是关于计算机网络系统应设置多少层,每个层能提供哪些功能,以及层之间的关系和如何联系在一起的一个精确定义。

由于系统被分解为相对简单的若干层,因此易于实现和维护。各层功能明确,相对独立,下层为上层提供服务,上层通过接口调用下层功能,而不必关心下层所提供服务的具体实现细节,这就是层次间的无关性。因为有了这种无关性,当某一层的功能需要更新或被替代时,只要它和上、下层的接口服务关系不变,则相邻层都不受影响,因此灵活性好,这有利于技术进步和模型的改进。现代计算机网络都采用了层次化体系结构,最典型的代表就是 OSI 和 TCP/IP 网络体系结构。

1. OSI/RM 参考模型

计算机联网是随着用户的不同需要而发展起来的,不同的开发者可能会使用不同的方式满足使用者的需求,由此产生了不同的网络系统和网络协议。在同一网络系统中网络协议是一致的,结点间的通信是方便的。但在不同的网络系统中网络协议很可能是不一致的,这种不一致给网络连接和网络之间结点的通信造成了很大的不方便。

为了解决这个问题,国际标准化组织于 1981 年推出了“开放系统互连参考模型”,即 OSI/RM(Open System Interconnection Reference Model)标准。该标准的目的是希望所有的网络系统都向此标准靠拢,消除系统之间因协议不同而造成的通信障碍,使得在互联网范围内,不同的网络系统可以不需要专门的转换装置就能进行通信。

图 4-2 所示为 OSI 参考模型的体系结构。OSI 将通信系统分为 7 层,每一层均分别负责数据在网络中传输的某一特定步骤。其中,下面 4 层完成传送服务,上面 3 层则面向应用。与各层相对,每层都有自己的协议,网络用户在进行通信时,必须遵循 7 个层次的协议,经过 7 层协议所规定的处理后,才能在通信线路上进行传输。OSI 参考模型 7 层的具体含义如下:

① 物理层:其作用是通过物理介质进行比特数据流的传输。

② 数据链路层:提供网络相邻结点间的可靠通信,用来传输以帧为单位的数据包,向网络层提供正确无误的信息包的发送和接收服务。

③ 网络层:其功能包括提供分组传输服务,进行路由选择以及拥塞控制。

④ 传输层:其功能是在通信用户进程之间提供端到端的可靠的通信。

⑤ 会话层:其功能是在传输层服务的基础上增加控制、协调会话的机制,建立、组织和协调应用进程之间的交互。

⑥ 表示层:保证所传输的信息传输到目的计算机后其意义不发生改变。

⑦ 应用层:直接面向用户,为用户提供应用服务。

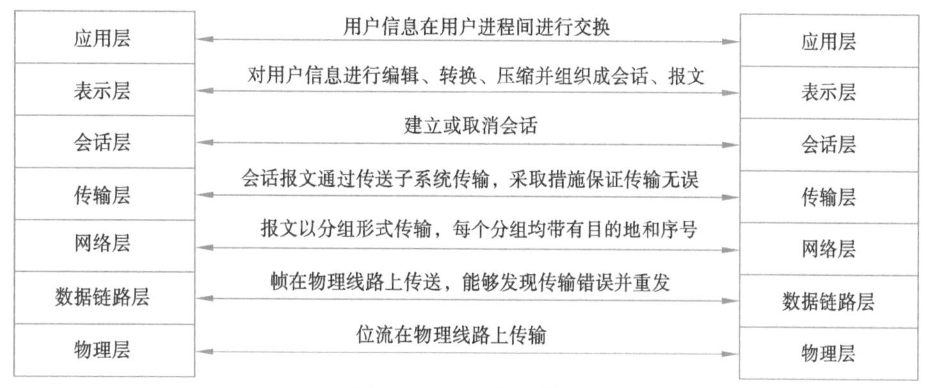

图 4-2 OSI 参考模型

在信息的实际传输过程中,发送端是从高层向低层传递,而在接收端则相反,是由低层向高层逆向传递。发送时,每经过一层,都会对上层的信息附加一个本层的信息头,信息头包含了控制信息,供接收方同层次分析及处理用,这个过程称为封装。在接收方去掉该层的附加信息头后,再向上层传递,即解封。可以看出,采用 OSI/RM 模型,用户在网络传递数据时,只需下达指令而不必考虑下层信号如何传递及通信协议等问题,即用户在上层作业时,可完全不必理会低层的运作,这样可以使用户更方便地使用网络。

需要说明的是,OSI/RM 不是一个实际的物理模型,而是一个将网络协议规范化了的逻辑参考模型。OSI/RM 虽然根据逻辑功能将网络系统分为 7 层,并对每一层规定了功能、要求、技术特性等,但并没有规定具体的实现方法,因此,OSI/RM 仅仅是一个标准,而不是特定的系统或协议。网络开发者可以根据这个标准开发网络系统,制定网络协议;网络用户可以用这个标准来考察网络系统、分析网络协议。

OSI/RM 模型所定义的网络体系结构虽然从理论上比较完整,是国际公认的标准,但是由于其实现起来过分复杂,运行效率很低,且标准制定周期太长,导致世界上几乎没有哪个厂家生产出符合 OSI 标准的商品化产品。20 世纪 90 年代初期,OSI 还在制定期间,Internet 已经逐渐流行开来,并得到了广泛的支持和应用。而 Internet 所采用的体系结构是 TCP/IP 模型,这使得 TCP/IP 已经成为事实上的工业标准。

2. TCP/IP 模型

TCP/IP 是一种网际互连通信协议,其目的在于通过它实现网际间各种异构网络和异种计算机的互连通信。TCP/IP 同样适用于在一个局域网内实现异种机的互连通信。在任何一台计算机或者其他类型的终端上,无论运行的是何种操作系统,只要安装了 TCP/IP,就能够相互连接、通信并接入 Internet。

TCP/IP 也采用层次结构,但与国际标准化组织公布的 OSI/RM 7 层参考模型不同,它分为 4 个层次,从上往下依次是应用层、传输层、网际层和网络接口层,如图 4-3 所示。TCP/IP 与 OSI/RM 的对应关系如表 4-1 所示。TCP/IP 模型各层的具体含义如下:

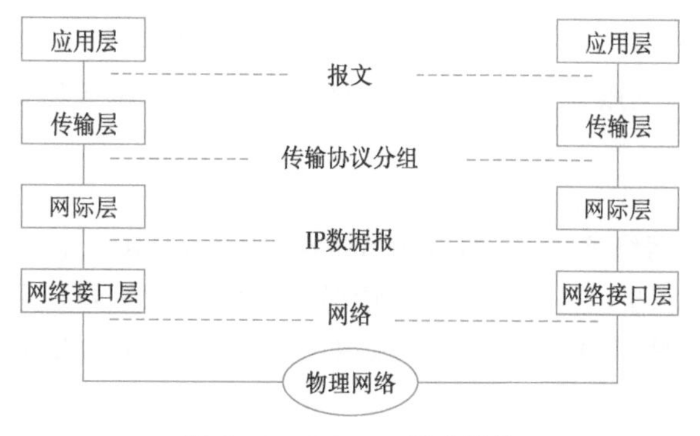

图 4-3 TCP/ IP 层次结构

① 网络接口层:对应于OSI的数据链路层和物理层,负责将网际层的IP数据报通过物理网络发送,或从物理网络接收数据帧,抽出IP数据报上交网际层。TCP/IP没有规定这两层的协议,在实际的应用中根据主机与网络拓扑结构的不同,局域网主要采用IEEE 802系列协议,如IEEE 802.3以太网协议、IEEE 802.5令牌环网协议。广域网常采用HDLC、帧中继、X.25等。

② 网际层:对应于OSI的网络层,提供无链接的数据报传输服务,该层最主要的协议就是无链接的网际协议(IP)。

③ 传输层:对应于OSI的传输层,提供一个应用程序到另一个应用程序的通信,由面向链接的传输控制协议(TCP)和无链接的用户数据报协议(UDP)实现。TCP提供了一种可靠的数据传输服务,具有流量控制、拥塞控制、按序递交等特点。而UDP是不可靠的,但其协议开销小,在流媒体系统中使用较多。

④ 应用层:对应于OSI的最高3层,包括了很多面向应用的协议,如文件传输协议(FTP)、远程登录协议(Telnet)、域名系统(DNS)、超文本传输协议(HTTP)和简单邮件传输协议(SMTP)等。

表4-1 TCP/IP与OSI/RM的对应关系

OSI模型	TCP/IP模型	TCP/IP簇
应用层	应用层	HTTP、FTP、TFTP、SMTP、SNMP、Telnet、RPC、DNS、Ping、…
表示层		
会话层		
传输层	传输层	TCP、UDP、…
网络层	网际层	IP、ARP、RARP、ICMP、IGMP、…
数据链路层	网络接口层	Ethernet、ATM、FDDI、X.25、PPP、Token-Ring、…
物理层		

4.3 计算机网络的硬件设备

计算机网络的硬件包括计算机设备、网络传输介质、网络互连设备等。

4.3.1 计算机设备

网络中的计算机设备包括服务器、工作站、网卡和网络共享设备等。

1. 服务器

服务器通常是一台速度快、存储量大的专用或多用途计算机,它是网络的核心设备,负责网络资源管理和用户服务。在局域网中,服务器对工作站进行管理并提供服务,是局域网系统的核心;在因特网中,服务器之间互通信息,相互提供服务,每台服务器的地位都是同等的。通常,服务器需要专门的技术人员对其进行管理和维护,以保证整个网络的正常运行。根据所承担的任务与服务的不同,服务器可分为文件服务器、远程访问服务器、数据库服务器和打印服务器等。

2. 工作站

工作站是一台具有独立处理能力的个人计算机,它是用户向服务器申请服务的终端设备,用户可以在工作站上处理日常工作,并随时向服务器索取各种信息及数据,请求服务器提供各种服务(如传输文件、打印文件等)。

3. 网卡

网卡也称为网络适配器或网络接口卡(Network Interface Card,NIC),它是安装在计算机主板上的电路板插卡,如图4-4所示。一般情况下,无论是服务器还是工作站都应安装网卡。网卡的作用是将计算机与通信设施相连接,将计算机的数字信号转换成通信线路能够传送的信号。

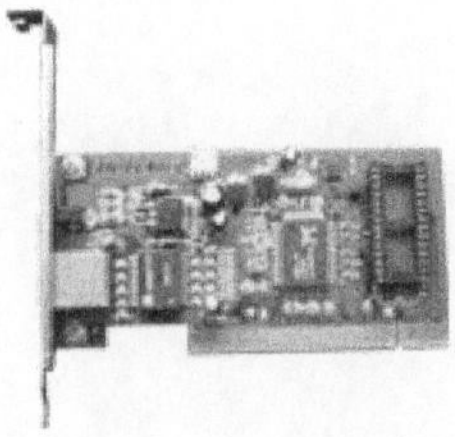

图4-4 网卡

网卡按照和传输介质接口形式的不同可以分为连接双绞线的 RJ-45 接口网卡和连接同轴电缆的 BNC 接口网卡等；按照连接速度的不同，网卡可以分为 10 Mbit/s 网卡、100 Mbit/s 网卡、10/100 Mbit/s 自适应网卡及 1 000 Mbit/s 网卡等；按照与计算机接口的不同可以分为 ISA 网卡、PCI 网卡、PCMCIA 网卡、PCI-E 网卡等。

4. 共享设备

共享设备是指为众多用户共享的高速打印机、大容量磁盘等公用设备。

4.3.2 网络传输介质

传输介质是数据传输系统中发送装置和接收装置的物理媒体，是决定网络传输速率、网络段最大长度、传输可靠性的重要因素。传输介质可以分为有线传输介质和无线传输介质。

1. 有线传输介质

(1)双绞线

双绞线(Twisted Pair Cable)价格便宜且易于安装使用，是使用最广泛的传输介质。双绞线可分为非屏蔽双绞线(Unshielded Twisted Pair, UTP)和屏蔽双绞线(Shielded Twisted Pair, STP)两大类。UTP 成本较低，但易受各种电信号的干扰；STP 外面环绕一圈保护层，可大大提高抗干扰能力，但增加了成本。电话系统使用的双绞线一般是一对双绞线，而计算机网络使用的双绞线一般是 4 对，如图 4-5 所示。

(a) 双绞线

(b) 非屏蔽双绞线

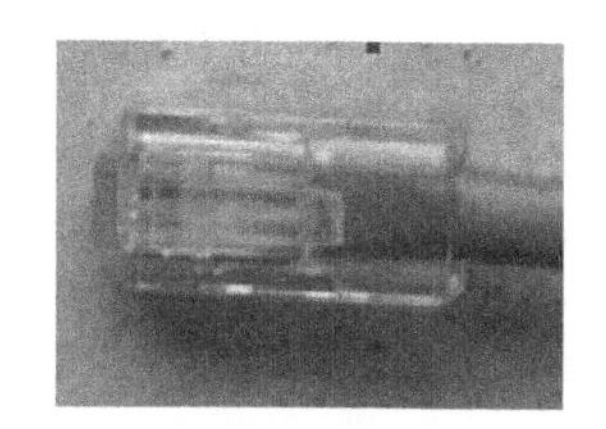

(c) RJ-45插头

图 4-5 双绞线

双绞线按传输质量分为 1~5 类(表示为 UTP-1~UTP-5)，局域网中常用的为 3 类(UTP-3)和 5 类(UTP-5)双绞线。由于工艺的进步和用户对传输带宽要求的提高，现在普遍使用的是高质量的 UTP，称为超 5 类线 UTP。它在 2000 年作为标准正式颁布，称为 Cat 5e，它能支持高达 200 Mbit/s 的传输速率，是常规 5 类线容量的 2 倍，也是目前使用最多的一种电缆。

UTP 连接到网络设备(Hub、Switch)的连接器，是类似电话插口的咬接式插头，称为 RJ-45，俗称水晶头。

双绞线电缆主要用于星形网络拓扑结构，即以集线器或网络交换机为中心，各计算机均用一根双绞线与之连接。这种拓扑结构非常适用于结构化综合布线系统，可靠性较高。任一连线发生故障时，均不会影响到网络中的其他计算机。

(2)同轴电缆

同轴电缆(Coaxial Cable)中心是实心或多芯铜线电缆，包上一根圆柱形的绝缘皮，外导体为硬金属或金属网，它既作为屏蔽层又作为导体的一部分来形成一个完整的回路，如图 4-6 所示。外导体外还有一层绝缘体，最外面是一层塑料皮包裹。由于外导体屏蔽层的作用，同轴电缆具有较高的抗干扰能力，能够传输比双绞线更宽频率范围的信号。

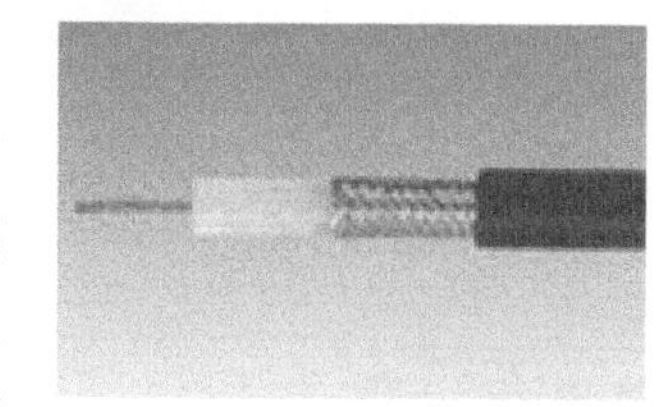

图 4-6 同轴电缆

计算机网络中使用的同轴电缆有两种规格：一种是粗缆；另一种是细缆。无论是粗缆还是细缆均用于总线拓扑结构，即一根线缆上连接多台计算机。

由同轴电缆构造的网络现在基本上已很少见，因为网络中很小的变化，都可能会要改动电缆。另外，这是一种单总线结构，只要有一处连接出现故障，将会造成整个网络瘫痪，在双绞线以太网出现以后这种传输介质基本上就被淘汰了。

(3)光纤

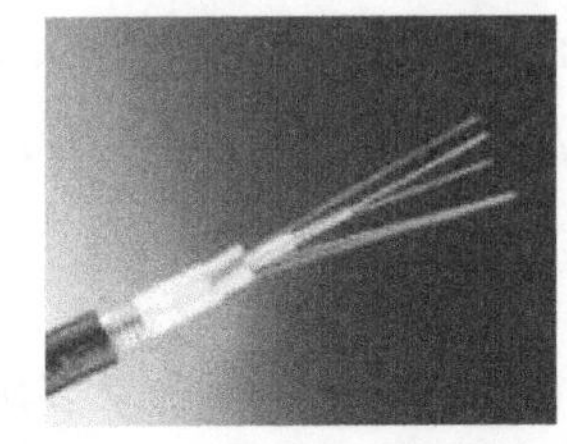

图 4-7　多根光纤组成的光缆

光导纤维简称为光纤(Optical Fiber),它是发展最为迅速的传输介质。光纤通信是利用光纤传递光脉冲信号实现的,由多条光纤组成的传输线就是光缆,如图 4-7 所示。光缆与普通电缆不同,它是用光信号而不是用电信号来传输信息的,它一般不受外界电场和磁场的干扰,不受带宽的限制,现代的生产工艺可以制造出超低损耗的光纤,光信号可以在纤芯中传输数千米而基本上没有什么损耗,在 6 ~ 8 km 的距离内不需要中继放大,这也是光纤通信得到飞速发展的关键因素。

与其他传输介质相比,低损耗、高带宽和高抗干扰性是光纤最主要的优点。目前,光纤的数据传输速率已达到 2.4 Gbit/s,更高速率的 5 Gbit/s、10 Gbit/s,甚至 20 Gbit/s 的光纤也正在研制过程中。光纤的传输距离可达上千米,目前在大型网络系统的主干或多媒体网络应用系统中,几乎都采用光纤作为网络传输介质。

2. 无线传输介质

(1)微波

微波通信(Microwave Communication)是使用波长在 0.1mm ~ 1m 的电磁波——微波进行的通信。微波通信不需要固体介质,当两点间直线距离内无障碍时就可以使用微波传送。利用微波进行通信具有容量大、质量好并可传至很远的距离,因此是国家通信网的一种重要通信手段,也普遍适用于各种专用通信网。微波沿直线传输,不能绕射,所以适用于海洋、空中或两个不同建筑物之间的通信。微波通信塔如图 4-8 所示。

(2)卫星

卫星通信是通过地球同步卫星作为中继系统来转发微波信号。一个同步地球卫星可以覆盖地球 1/3 以上的地区,3 个同步地球卫星就可以覆盖地球上全部通信区域,如图 4-9 所示。通过卫星地面站可以实现地球上任意两点间的通信。卫星通信的优点是信道容量大、传输距离远、覆盖面积大;缺点是成本高、传输时延长。

除了微波和卫星通信,红外线、无线电、激光也是常用的无线介质。带宽大、传输距离长、使用方便是无线介质最主要的优点,而容易受到障碍物、天气和外部环境的影响则是它的不足。无线介质和相关传输技术也是网络的重要发展方向之一。

图 4-8　微波通信塔

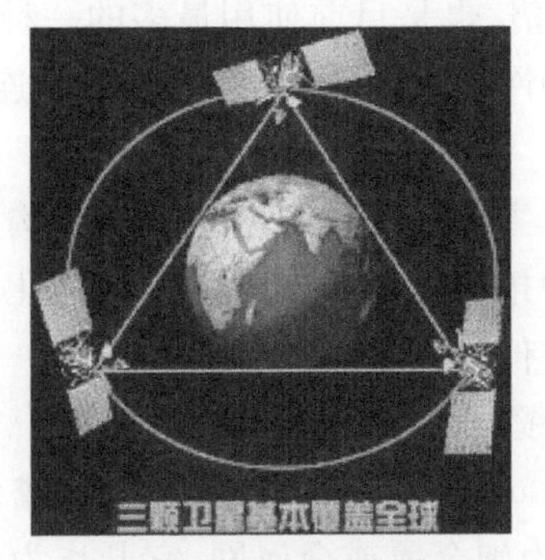

图 4-9　卫星通信

4.3.3　网络互连设备

网络互连是指通过采用合适的技术和设备,将不同地理位置的计算机网络连接起来,形成一个范围、规模更大的网络系统,实现更大范围内的资源共享和数据通信。

1. 中继器

中继器(Repeater)可以扩大局域网的传输距离,它可以连接两个以上的网络段,通常用于同一幢楼里的局域网之间的互连。在 IEEE 802.3 中,MAC 协议的属性允许电缆可以长达 2 500 m,但是传输线路仅能提供传输 500 m 的能量,因此在必要时使用中继器来延伸电缆的长度。用中继器连接起来的各个网段仍属于一个网络整体,各网段不单独配置文件服务器,它们可以共享一个文件服务器。中继器仅有信号放大和再生的功能，它不需要智能和算法的支持，只是将一端的信号转发到另一端，或者是将来自一个端口的信号转发到多个端口。

2. 集线器

集线器（Hub）可以说是一种特殊的中继器，它作为网络传输介质的中央结点，是信号再生、转发的设备。它使多个用户通过集线器端口用双绞线与网络设备连接，一个集线器通常具有8个以上的连接端口，这种连接也可以认为是带有集线器的总线结构。集线器上的每个端口互相独立，一个端口的故障不会影响其他端口的状态。集线器分为普通型和交换型，交换型集线器的传输效率比较高，目前用得较多。

集线器根据工作方式的不同可以分为无源集线器（Passive Hub）、有源集线器（Active Hub）和智能集线器。

3. 网桥

网桥（Network Bridge）是用来连接两个具有相同操作系统的局域网络的设备。网桥的作用是扩展网络的距离，减轻网络的负载。在局域网中每一条通信线路的长度和连接的设备数都是有最大限度的，如果超载就会降低网络的工作性能。对于较大的局域网可以采用网桥将负担过重的网络分成多个网络段，每个网段的冲突不会被传播到相邻网段，从而达到减轻网络负担的目的。由网桥隔开的网络段仍属于同一局域网。网桥的另外一个作用是自动过滤数据包，根据包的目的地址决定是否转发该包到其他网段。网桥有内桥和外桥两种，内桥由文件服务器兼任，外桥是用专门的一台服务器来做两个网络的连接设备。

4. 路由器

路由器（Router）实际上是一台用于网络互连的计算机。在用于网络互连的计算机上运行的网络软件需要知道每台计算机连在哪个网络上，才能决定向什么地方发送数据的分组。选择向哪个网络发送数据分组的过程叫作路由选择，完成网络互连、路由选择任务的专用计算机就是路由器。路由器不仅具有网桥的全部功能，而且还可以根据传输费用、网络拥塞情况，以及信息源与目的地的距离远近等不同情况自动选择最佳路径来传送数据。

5. 网关

当需要将采用不同网络操作系统的计算机网络互相连接时，就需要使用网关（Gateway）来完成不同网络之间的转换，因此网关也称为网间协议转换器，如图4－10所示。网关工作于OSI/RM的高3层（会话层、表示层和应用层），用来实现不同类型网络间协议的转换，从而对用户和高层协议提供一个统一的访问界面。网关的功能既可以由硬件实现，也可以由软件实现。网关可以设在服务器、微型计算机或大型机上。

6. 交换机

交换机（Switch）是20世纪90年代出现的网络互连设备，它主要用来组建局域网和局域网的互连。交换机的功能类似于集线器，它是一种低价位、高性能的多端口网络设备，除了具有集线器的全部特性外，还具有自动寻址、数据交换等功能。它将传统的共享带宽方式转变为独占方式，每个结点都可以拥有和上游结点相同的带宽。交换机如图4－11所示。

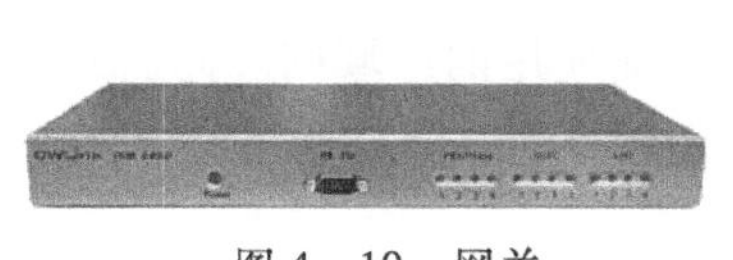

图4－10 网关

图4－11 交换机

4.4 因特网的基本技术

4.4.1 因特网的概念与特点

1. 因特网的概念

因特网（Internet）是全球性的最具有影响力的计算机互联网，也是世界范围内的信息资源库。因特网最初是一项由美国开发的互联网络工程，但是目前，因特网已经成为覆盖全球的基础信息设施之一。

因特网本身不是一种具体的物理网络技术，将其称为网络是网络专家为了便于理解而给它加上的一种“虚拟”的概念。实际上因特网是把全世界各个地方已有的各种网络，如计算机网络、数据通信网及公用电话交换网等互连起来，组成一个跨越国界范围的庞大的互联网络，因此它又称为网络的网络。从本质上讲，因特网是一个开放的、互连的、遍及全世界的计算机网络系统，它遵从 TCP/IP 协议，是一个使世界上不同类型的计算机能够交换各类数据的通信媒介，为人们打开了通往世界的信息大门。

2. Internet 的逻辑结构

从 Internet 结构的角度看，它是一个利用路由器将分布在世界各地数以万计的规模不一的计算机互连起来的网络。Internet 的逻辑结构如图 4－12 所示。

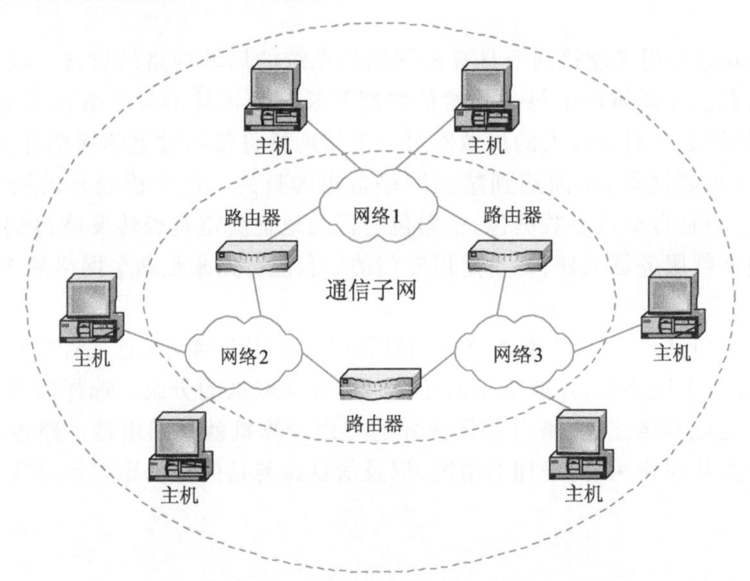

图 4－12　Internet 的逻辑结构

从 Internet 用户的角度看，Internet 是由大量计算机连接在一个巨大的通信系统平台上形成的一个全球范围的信息资源网。接入 Internet 的主机既可以是信息资源及服务的提供者，也可以是信息资源及服务的使用者。Internet 的用户不必关心 Internet 的内部结构，他们面对的只是 Internet 所提供的信息资源及服务。

3. Internet 的发展

Internet 的前身是美国国防部高级计划研究署在 1969 年作为军事实验网络而建立的 ARPNet，建立的最初只有 4 台主机，采用网络控制程序（Network Control Program，NCP）作为主机之间的通信协议。随着计算机数量的增多和应用逐步民用化。

20 世纪 80 年代初期，用于异构网络的 TCP/IP 协议研制成功并投入使用。1985 年，美国国家科学基金会（National Science Foundation，NSF）用高速通信线路把分布在全国的 6 个超级计算机中心连接起来构成 NSFNet 并与 ARPNet 相连，形成了一个支持科研、教育、金融等各方面应用的广域网。此后几年 NSFNet 逐步取代 APARNet 成为 Internet 的主干网，到了 1990 年 APARNet 被完全淘汰。随着网络技术的不断发展，网络速度不断提高，接入的结点不断增多，从而形成了现在的 Internet。

1992 年以前，NSFNet 主要用于教育和科研方面。以后，随着万维网的发展，计算机网络迅速扩展到了金融和商业部门，到 1992 年，Internet 的网络技术、网络产品、网络管理和网络应用都已趋于成熟，开始步入了实际应用阶段。这个阶段最主要的标志有两个：一是它的全面应用和商业化趋势的发展；二是它已迅速发展成全球性网络。此时，美国已无法提供巨资资助 Internet 主干网。1995 年 4 月，NSFNet 完成其历史使命，不再作为 Internet 主干网，替代它的是若干商业公司建立的主干网。

随着 Internet 技术和网络的成熟，Internet 的应用很快地从教育科研、政府军事等领域扩展到商业领域，并获得迅速发展。Internet 上的众多服务器提供大量的商业信息供用户查询，如企业介绍、产品价格、技术数据等。在 Internet 上不少网站知名度越来越高,查询极为频繁,再加上广告的交互式特点,吸引了越来越多的厂家在网上登载广告。

Internet 发展极为迅速,现在已经成为一个全球性的网络。从 1983 年开始,接入 Internet 的计算机数量每年大致增长一倍,呈指数增长。现在 Internet 已延伸到世界的各个角落,据国际电信联盟的统计,2010 年全球互联网人数超过 20 亿,将近占全球人口的 1/3。

随着全球信息高速公路的建设,我国政府也开始推进中国信息基础设施(China Information Infrastructure,CII)的建设。到目前为止,Internet 在我国已得到极大的发展。回顾我国 Internet 的发展,可以分为两个阶段。

第一个阶段是与 Internet 电子邮件的连通。1988 年 9 月,中国学术网络(China Academic Network,CANET)向世界发送了第一封电子邮件,标志着我国开始进入 Internet。CANET 是中国第一个与国外合作的网络,使用 X.25 技术,通过联邦德国 Karlruhe 大学的一个网络接口与 Internet 交换 E - mail。1990 年,CANET 在 InterNic 中注册了中国国家最高域名 CN。1990 年,中国研究网络(China Research Network,CRN)建成,该网络同样使用 X.25 技术通过 RARE 与国外交换信息,并连接了十多个研究机构。

第二个阶段是与 Internet 实现全功能的 TCP/IP 连接。1989 年,原中国国家计划委员会和世界银行开始支持一个称为国家计算设施(National Computing Facilities of China,NCFC)的项目,该项目包括 1 个超级计算机中心和 3 个院校网络,即中国科学院网络(CASnet)、清华大学校园网(Tunet)和北京大学校园网(Punet)。1993 年年底,这 3 个院校网络分别建成。1994 年 3 月,开通了一个 64 kbit/s 的国际线路,连到美国。1994 年 4 月,路由器开通,使 CASnet、Tunet 和 Punet 用户可对 Internet 进行全方位访问,这标志着我国正式接入了 Internet,并于同年开始建立运行自己的域名体系。此后,Internet 在我国如雨后春笋般迅速发展起来。

目前,在国内已经建成了具有相当规模和高水平的 Internet 主干网,其中中国公用计算机互联网(CHINANet)覆盖了全国 20 多个省市的 200 多个城市;中国教育与科研计算机网(CERNet)把全国的 240 多所大专院校互连,使全国的大学教师与学生通过校园网便可畅游 Internet;中国科学技术网(CSTNet)连接了中国大部分的科研机构;中国金桥信息网(CHINAGBN)把中国的经济信息以最快的速度展示给全世界;中国联通网(UNINet)与中国网通网(CNCNet)是近几年开始建设的 Internet 主干网,它们依托最新的通信技术对公众进行多样化的服务。

1997 年 6 月 3 日中国互联网信息中心(CNNIC)在北京成立,并开始管理我国的 Internet 主干网。CNNIC 的主要职责是为我国互联网用户提供域名注册、IP 地址分配、用户培训资料等信息服务;提供网络技术资料、政策与法规、入网方法、用户培训资料等信息服务及提供网络通信目录、主页目录与各种信息库等目录。

4. Internet 的特点

Internet 之所以能在很短的时间内风靡全世界,而且还在以越来越快的速度向前发展,这与它所具有的显著特点是分不开的。

① TCP/IP 是 Internet 的基础和核心。网络互连离不开通信协议,Internet 的核心就是 TCP/IP,正是依靠着 TCP/IP,Internet 实现了各种网络的互连。

② Internet 实现了与公用电话交换网的互连,从而使全世界众多的个人用户可以方便地入网。任何用户,只要有一条电话线、一台计算机和一个 Modem,就可以连入 Internet,这是 Internet 得以迅速普及的重要原因之一。

③ Internet 是用户自己的网络。由于 Internet 上的通信没有统一的管理机构,因此,网上的许多服务和功能都是由用户自己进行开发、经营和管理的,如著名的 WWW 软件就是由欧洲核子物理实验室开发出来交给公众使用的。因此,从经营管理的角度来说,Internet 是一个用户自己的网络。

4.4.2 TCP/IP 协议簇

1. TCP/IP

通信协议是计算机之间交换信息所使用的一种公共语言的规范和约定,Internet 的通信协议包含 100 多个相互关联的协议,由于 TCP 和 IP 是其中两个最核心的关键协议,故把 Internet 协议簇称为 TCP/IP。

(1)IP(Internet Protocol,网际协议)

IP非常详细地定义了计算机通信应该遵循规则的具体细节。它准确地定义了分组的组成和路由器如何将一个分组传递到目的地。

IP将数据分成一个个很小的数据包(IP数据包)来发送。源主机在发送数据之前,要将IP源地址、IP目的地址与数据封装在IP数据包中。IP地址保证了IP数据包的正确传送,其作用类似于日常生活中使用的信封上的地址。源主机在发送IP数据包时只需要指明第一个路由器,该路由器根据数据包中的目的IP地址决定它在Internet中的传输路径,在经过路由器的多次转发后将数据包交给目的主机。数据包沿哪一条路径从源主机发送到目的主机,用户不必参与,完全由通信子网独立完成。

(2)TCP(Transmission Control Protocol,传输控制协议)

TCP解决了Internet分组交换通道中数据流量超载和传输拥塞的问题,使得Internet上的数据传输和通信更加可靠。具体来说,TCP解决了在分组交换中可能出现的几个问题。

① 当经过路由器的数据包过多而超载时,可能会导致一些数据包丢失。这种情况下,TCP能自动地检测到丢失的数据包并加以恢复。

② 由于Internet的结构非常复杂,一个数据包可以经由多条路径传送到目的地。由于传输路径的多变性,一些数据包到达目的地的顺序会与数据包发送时的顺序不同。此时,TCP能自动检测数据包到来的顺序并将它们按原来的顺序调整过来。

③ 由于网络硬件的故障有时会导致数据重复传送,使得一个数据包的多个副本到达目的地。此时,TCP能自动检测出重复的数据包并接收最先到达的数据包。

虽然TCP和IP也可以单独使用,但事实上它们经常是协同工作相互补充的。IP提供了将数据分组从源主机传送到目的主机的方法,TCP提供了解决数据在Internet中传送丢失数据包、重复传送数据包和数据包失序的方法,从而保证了数据传输的可靠性。

TCP和IP的协同工作,实现了将信息分割成很小的IP数据包来发送,这些IP数据包并不需要按一定顺序到达目的地,甚至不需要按同一传输线路来传送。而这些信息无论怎样分割,无论走哪条路径,最终都在目的地完整无缺地组合起来。

2. TCP/IP包中主要协议介绍

TCP/IP实际上是一个协议包,它含有100多个相互关联的协议,表4-2列出TCP/IP各层中主要的协议。

表4-2 TCP/IP各层主要协议

TCP/IP模型	主要协议
应用层	DNS、SMTP、FTP、Telnet、Gopher、HTTP、WAIS、…
传输层	TCP、UDP、DVP、…
网际层	IP、ICMP、ARP、RARP、…
网络接口层	Ethernet、Arpanet、PDN、…

① DNS(Domain Name System,域名系统):实现域名到IP地址之间的解析。

② FTP(File Transfer Protocol,文件传输协议):实现主机之间相互交换文件的协议。

③ Telnet(Telecommunication Network,远程登录的虚拟终端协议):Telnet支持用户从本机主机通过远程登录程序向远程服务器登录和访问的协议。

④ HTTP(hyper-text transfer protocol,超文本传输协议):在浏览器上查看Web服务器上超文本信息的协议。

⑤ SMTP(Simple Mail Transfer Protocol,简单邮件传输协议):SMTP用于服务器端电子邮件服务程序与客户机端电子邮件客户程序共同遵守和使用的协议,用于在Internet上发送电子邮件。

4.4.3 IP地址与域名地址

为了实现Internet上不同计算机之间的通信,每台计算机都必须有一个不与其他计算机重复的地址,它相当于通信时每台计算机的名字。在使用 Internet 的过程中,遇到的地址有 IP 地址、域名地址和电子邮件地址等。

1. IP 地址

不论网络拓扑形式如何,也不论网络规模的大小,只要使用的是 TIC/IP,就必须为每台计算机配置 IP 地址。IP 地址是连入 Internet 的设备的唯一标识,这些设备可以是计算机、手机、家用电器、仪器等。Internet 上使用 IP 地址用来唯一确定通信的双方。

IP 地址体系目前有广泛应用的 IPv4 体系和目前正在建设的 IPv6 体系。

(1)IPv4 地址表示

IP 地址由网络地址和主机地址两部分组成,如图 4－13 所示。其中,网络地址用来表示一个逻辑网络,主机地址用来标识该网络中的一台主机。

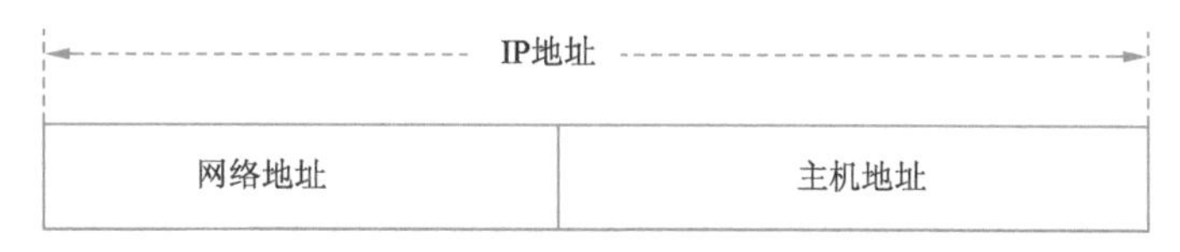

图 4－13　IP 地址的结构

在 IPv4 体系中,每个 IP 地址均由长度为 32 位的二进制数组成(即 4 个字节),每 8 位(1 个字节)之间用圆点分开,如 11001010. 01110001. 01111101. 00000011。

用二进制数表示的 IP 地址难于书写和记忆,通常将 32 位的二进制地址写成 4 个十进制数字字段,书写形式为 xxx. xxx. xxx. xxx,其中,每个字段 xxx 都在 0 ~ 255 之间取值。例如,上述二进制 IP 地址转换成相应的十进制表示形式为 202. 113. 125. 3。

在 IPv4 体系中,IP 地址通常可以分成 A、B、C 三大类。

① A 类地址(用于大型网络):第 1 个字节标识网络地址,后 3 个字节表示主机地址;A 类地址中第 1 个字节的首位总为 0,其余 7 位表示网络标识,所以 A 类地址是一个形如 0 ~ 127. XXX. XXX. XXX 的数。对于 A 类地址,它可以容纳的网络数量为 $2^7=128$;而对于每一个网络来说,能够容纳的主机数量为 2^{24}。A 类地址用于大型网络,如图 4－14 所示。

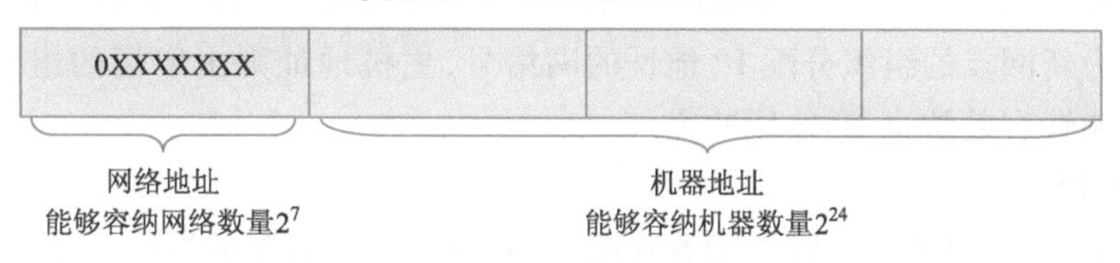

图 4－14　A 类地址

② B 类地址(用于中型网络):前 2 个字节标识网络地址,后 2 个字节表示主机地址;B 类地址中第 1 个字节的前 2 位为 10,余下 6 位和第 2 个字节的 8 位共 14 位表示网络标识,因此,B 类地址是一个形如 128 ~ 191. XXX. XXX. XXX 的数。对于 B 类地址,它可以容纳的网络数量为 2^{14};而对于每一个网络来说,能够容纳的主机数量为 2^{16}。B 类地址用于中型网络,如图 4－15 所示。

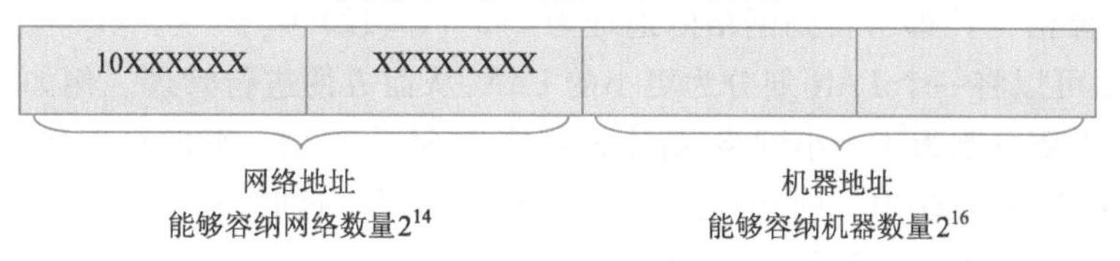

图 4－15　B 类地址

③ C 类地址(用于小型网络):前 3 个字节标识网络地址,后 1 个字节表示主机地址;C 类地址中第 1 个字节的前 3 位为 110,余下 5 位和第 2、3 个字节的共 21 位表示网络标识,因此,C 类地址是一个形如 192 ~ 223. XXX. XXX. XXX 的数。对于 C 类地址,它可以容纳的网络数量为 2^{21};而对于每一个网络来说,能够容纳的主机数量为 2^8。C 类地址用于小型网络,如图 4-16 所示。

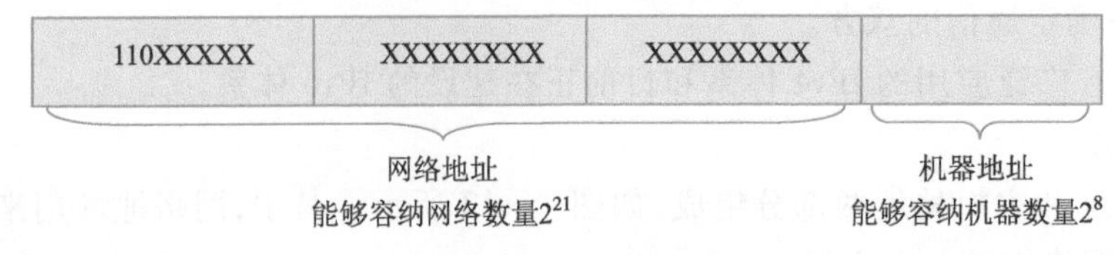

图 4-16　C 类地址

例如,IP 地址为 166. 111. 8. 248,表示一个 B 类地址;IP 地址为 202. 112. 0. 36,表示一个 C 类地址;而 IP 地址 18. 181. 0. 21,表示一个 A 类地址。

此外,IP 地址还有另外两个类别,即组广播地址和保留地址,分别分配给 Internet 体系结构委员会和实验性网络使用,称为 D 类和 E 类。

④ 当 IP 地址的机器部分全为 1 时,组合出的 IP 地址称为广播地址,向此 IP 发送数据报,此网络内所有机器都会接收到。

大量发送广播数据包会严重干扰网络的正常运行(广播风暴),因而目前的交换机和路由器都会禁止此类数据包进入 Internet,只在本网络内传播。

⑤ IP 地址保留了两个特殊的网段用于进行试验,这两个网段称为保留地址,或者叫作私有地址,路由器不会转发目的是保留地址的数据包,这些 IP 地址只在本 LAN 内有效。

- 10. X. X. X——适合大型试验网络。
- 192. 168. X. X——适合小型试验网络。

(2) IP 地址的分配

在互联网中,IP 地址的分配是有一定规则的,由 Internet 网络协会负责网络地址分配的委员会进行登记和管理。目前全世界有 3 个大的网络信息中心,其中 INTERNIC 主要负责美国,RIPE - NIC 主要负责欧洲地区,APNIC 负责亚太地区。它的下一级为 Internet 的网络管理信息中心,每个网点组成一个自治系统。网络信息中心只给申请成为新网点的组织分配 IP 地址的网络号,主机地址则由申请的组织自己来分配和管理。这种分层管理的方法能够有效防止 IP 地址冲突。

(3) 子网与子网掩码

使用子网是为了减少 IP 的浪费。因为随着互联网的发展,越来越多的网络产生,有的网络多则几百台,有的只有区区几台,这样就浪费了很多 IP 地址,所以要划分子网。

子网掩码是一个 32 位地址,是与 IP 地址结合使用的一种技术。它的主要作用有两个:一是用于屏蔽 IP 地址的一部分以区别网络标识和主机标识,并说明该 IP 地址是在局域网上,还是在远程网上;二是用于将一个大的 IP 网络划分为若干小的子网络。

通过 IP 地址的二进制与子网掩码的二进制进行"与"运算,确定某个设备的网络地址和主机号,也就是说通过子网掩码分辨一个网络的网络部分和主机部分。例如,一个机器的 IP 是 202. 113. 125. 125,子网掩码是 255. 255. 255. 0,两者相"与"即可得到网络的地址为 202. 113. 125. 0。

利用子网掩码,还可以将一个 LAN 划分为更小的 LAN,从而方便进行管理。例如,对于一个 C 类网络的网段 202. 113. 116. 0,需要分割为 4 个小网络,每个网络容纳 64 台机器。此时可以使用最后一个 8 位中前两位来表示网络号码,这样,可以有 2^2 个网络,后 6 位表示机器即可。这时,对应的子网掩码为:

① 255. 255. 255. 0:表示的 IP 范围是 202. 113. 116. 0 ~ 63。

② 255. 255. 255. 64:表示的 IP 范围是 202. 113. 116. 64 ~ 127。

③ 255. 255. 255. 128:表示的 IP 范围是 202. 113. 116. 128 ~ 191。

④ 255.255.255.192:表示的 IP 范围是 202.113.116.192~255。

(4)IP 地址匮乏问题

随着 Internet 接入设备的增多,IPv4 体系的 IP 地址已经所剩无几,加上美国占据了大部分的 IP 地址,严重阻碍了其他国家连入 Internet,所以解决 IP 地址匮乏成为了目前首要要解决的问题。目前的措施有两种:通过网络地址转换(NAT)及转换到 IPv6 体系。

① NAT 的方案:网络地址转换(Network Address Translation,NAT)属于接入广域网(WAN)技术,是一种将私有(保留)地址转化为合法 IP 地址的转换技术,它被广泛应用于各种类型的 Internet 接入方式和各种类型的网络中。NAT 不仅完美地解决了 IP 地址不足的问题,而且还能够有效地避免来自网络外部的攻击,隐藏并保护网络内部的计算机。

在本网络内使用保留地址来组建自己的 LAN,通过一个公共的公有有效 IP 来连入 Internet,这样,LAN 内所有的机器在 Internet 上呈现为一台机器,但不影响本网络内机器的服务和通信,前提是必须有进行转换的设备,此设备负责将内网数据包包装发送到 Internet,并将 Internet 上接收到的数据包转发给对应的内网机器。此设备可以使用软件模拟,也可以使用硬件设备。

② 转换到 IPv6 体系:IPv6 是能够无限制地增加 IP 网址数量、拥有巨大网址空间和卓越网络安全性能等特点的新一代互联网协议。IPv6 具有如下技术特点:

- 地址空间巨大:IPv6 地址空间由 IPv4 的 32 位扩大到 128 位,2 的 128 次幂形成了一个巨大的地址空间。采用 IPv6 地址后,未来的移动电话、冰箱等信息家电都可以拥有自己的 IP 地址。
- 灵活的 IP 报文头部格式:使用一系列固定格式的扩展头部取代了 IPv4 中可变长度的选项字段。IPv6 中选项部分的出现方式也有所变化,使路由器可以简单路过选项而不做任何处理,加快了报文处理速度。
- IPv6 简化了报文头部格式,字段只有 7 个,加快了报文转发,提高了吞吐量。
- 提高安全性。身份认证和隐私权是 IPv6 的关键特性。
- 支持更多的服务类型。
- 允许协议继续演变,增加新的功能,使之适应未来技术的发展。

IPv6 正处在不断发展和完善的过程中,它在不久的将来将取代目前被广泛使用的 IPv4。每个人将拥有更多的 IP 地址。

2. 域名地址

由于用数字描述的 IP 地址不形象、没有规律,因此难于记忆,使用不便。为此,人们又研制出用字符描述的地址,称为域名(domain name)地址。

Internet 的域名系统是为方便解释机器的 IP 地址而设立的,域名系统采用层次结构,按地理域或机构域进行分层。一个域名最多由 25 个子域名组成,每个子域名之间用圆点隔开,域名从右往左分别为最高域名、次高域名……逐级降低,最左边的一个字段为主机名。

通常一个主机域名地址由 4 部分组成:主机名、主机所属单位名、网络名和最高域名。例如,一台主机的域名为 www.hebut.edu.cn,就是一个由 4 部分组成的主机域名。

① 最高域名在 Internet 中是标准化的,代表主机所在的国家或地区,由两个字符构成。例如,CN 代表中国;JP 代表日本;US 代表美国(通常省略)等。

② 网络名是第二级域名,反映组织机构的性质,常见的代码有 EDU(教育机构)、COM(营利性商业实体)、GOV(政府部门)、MIL(军队)、NET(网络资源或组织)、INT(国际性机构)、Web(与 WWW 有关的实体)、ORG(非营利性组织机构)。

③ 主机所属单位名一般表示主机所属域或单位。例如,tsinghua 表示清华大学;hebut 表示河北工业大学等。主机名可以根据需要由网络管理员自行定义。

在最新的域名体系中,允许用户申请不包括网络名的域名,如 www.hebut.cn。

域名与 IP 地址都是用来表示网络中的计算机的。域名是为人们便于记忆而使用的,IP 地址是计算机实际的地址,计算机之间进行通信连接时是通过 IP 地址进行的。在 Internet 的每个子网上,有一个服务器称为域名服务器,它负责将域名地址转换(翻译)成 IP 地址。

3. 电子邮件地址

电子邮件地址是 Internet 上每个用户所拥有的、不与他人重复的唯一地址。对于同一台主机,可以有很多用户在其上注册,因此,电子邮件地址由用户名和主机名两部分构成,中间用@ 隔开,如 username@ hostname。

其中,username 是用户在注册时由接收机构确定的,如果是个人用户,用户名常用姓名,单位用户常用单位名称。hostname 是该主机的 IP 地址或域名,一般使用域名。

例如,user1@ mail. hebut. edu. cn 表示一个在河北工业大学的邮件服务器上注册的用户电子邮件地址。

4.5 因特网应用

4.5.1 因特网信息浏览

1. 因特网信息浏览的基本概念

在因特网中通过采用 WWW 方式浏览信息,WWW 是 World Wide Web 的缩写,它是因特网上最早出现的应用方式,也是因特网上应用最广泛的一种信息发布及查询服务。WWW 以超文本的形式组织信息,下面介绍有关 WWW 的基本概念。

(1)Web 网站与网页

WWW 实际上就是一个庞大的文件集合体,这些文件称为网页或 Web 页,存储在因特网上的成千上万台计算机上。提供网页的计算机称为 Web 服务器,或叫作网站、网点。

(2)超文本与超链接

一个网页会有许多带有下画线的文字、图形或图片等,称为超链接。当单击超链接,浏览器就会显示出与该超链接相关的网页。这样的链接不但可以链接网页,还可以链接声音、动画、影片等其他类型的网络资源。具有超链接的文本就称为超文本,除文本信息以外,还有语音、图像和视频(或称动态图像)等,在这些多媒体的信息浏览中引入超文本的概念,就是超媒体。

(3)超文本置标语言(HTML)

HTML(Hyper Text Markup Language)是为服务器制作信息资源(超文本文档)和客户浏览器显示这些信息而约定的格式化语言。可以说所有的网页都是基于超文本置标语言编写出来的,使用这种语言,可以对网页中的文字、图形等元素的各种属性进行设置,如大小、位置、颜色、背景等,还可以将它们设置成超链接,用于连向其他的相关网站。

(4)统一资源定位器

利用 WWW 获取信息时要标明资源所在地。在 WWW 中用 URL(Uniform Resource Locator)定义资源所在地。URL 的地址格式为:

应用协议类型://信息资源所在主机名(域名或 IP 地址)/路径名/…/文件名

例如,地址 http://www. edu. cn/,表示用 HTTP 协议访问主机名为 www. edu. cn 的 Web 服务器的主页;地址 http://www. hebut. edu. cn/services/china. htm,表示用 HTTP 协议访问主机名为 www. hebut . edu. cn 的一个 HTML 文件。

利用 WWW 浏览器,还可以包含其他服务功能,如可以采用文件传输协议(FTP),访问 FTP 服务器。例如,ftp://ftp. hebut. edu. cn 表示以协议 FTP 访问主机名为 ftp. hebut. edu. cn 的 FTP 服务器。在 URL 中,常用的应用协议有 HTTP(Web 资源)、FTP(FTP 资源)、Telnet(远程登录)及 FILE(用户机器上的文件)等。

(5)超文本传输协议(HTTP)

为了将网页的内容准确无误地传送到用户的计算机上,在 Web 服务器和用户计算机间必须使用一种特殊的语言进行交流,这就是超文本传输协议。

用户在阅读网页内容时使用一种称为浏览器的客户端软件,这类软件使用 HTTP 协议向 Web 服务器发出请求,将网站上的信息资源下载到本地计算机上,再按照一定的规则显示到屏幕上,成为图文并茂的网页。

2. 浏览器的使用

用户在因特网中进行网页浏览查询时，需要在本地计算机中运行浏览器应用程序。目前，使用比较广泛的浏览器有微软公司的Internet Explorer(简称IE)、360浏览器、傲游浏览器(Maxthon)、火狐浏览器(Firefox)、谷歌浏览器等。图4-17所示为IE浏览器窗口。

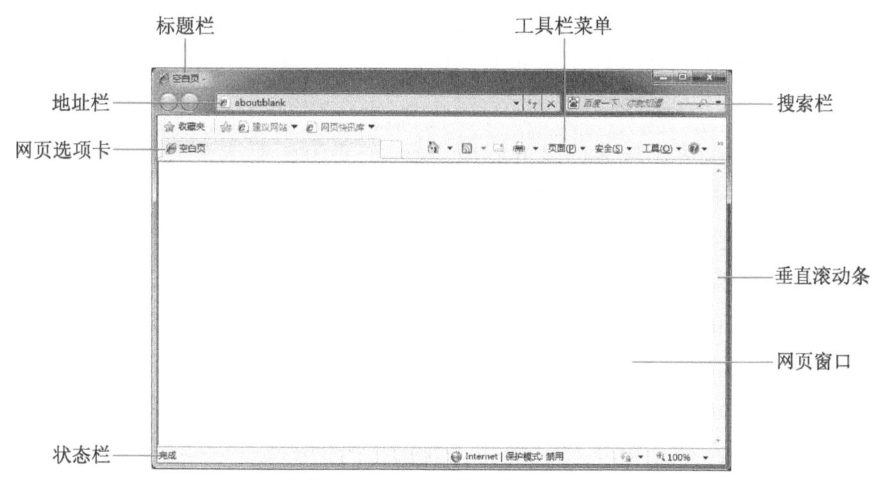

图4-17 IE浏览器窗口的组成

3. 浏览器的设置

浏览器的设置里能够设置浏览器的很多操作，如安全、隐私、连接等，也能解决很多实际的问题，如打开某一网页时一些视频或Flash文件打不开、打开一些网页发现部分控件无法使用等，这些都可能与浏览器的设置有关。在浏览器的"工具"菜单中选择"Internet选项"命令，可以打开"Internet选项"对话框。

在"常规"选项卡可以设置浏览器的起始页，删除临时文件、清理历史记录等，还可以管理搜索选项设置、选项卡设置，以及外观设置功能。其他的选项卡一般应用较少，其中"安全"选项卡可以针对浏览器浏览不同网页时设置不同的安全等级；"高级"选项卡中可以设置浏览器的常规选项，也可以针对浏览器的安全做相应的设置。

4. 保存或收藏网页

在浏览网页时，经常会发现有值得反复访问的页面，此时可以将该网页保存到收藏夹中，也可以将网页保存成文件，或将网页中的文字或图片复制保存下来。

① 收藏网页：单击"地址栏"下方的"收藏夹"图标，在打开的收藏夹中选择"添加到收藏夹"，可以将当前浏览的网页保存到"收藏夹"中。

② 将网页保存为文件：在"页面"中选择"另存为"命令，可以将当前浏览的网页保存为文件。在将网页保存为文件时，可以根据需要选择将文件保存为网页类型或文本类型。

③ 保存部分文本信息：如果只需保存网页的一部分文字信息，可以在浏览器窗口里的网页上用鼠标拖动选取一块文本，然后按【Ctrl+C】组合键将选取的文本块复制到的剪贴板中，然后在其他软件(如Word)中把剪贴板里的文字粘贴进来并进行保存处理。

④ 保存网页图片：在网页图片上右击，在弹出的快捷菜单中选择"图片另存为"命令，可以将指定图片保存到磁盘中。

4.5.2 网上信息的检索

1. 搜索引擎

为了充分利用网上资源，需要能迅速地找到所需的信息，为此出现了搜索引擎这种独特的网站。搜索引擎本身并不提供信息，而是致力于组织和整理网上的信息资源，建立信息的分类目录，用户连接上这些站点后通过一定的索引规则，可以方便地查找到所需信息的存放位置。常见的搜索引擎有百度Baidu、谷歌Google、360搜索、搜狗Sogou、腾讯Soso、网易Youdao等。

早期搜索引擎的查询功能不强，信息归类还需要手工维护，随着因特网技术的不断发展，现在著名的搜索引擎都提供了具有各种特色的查询功能,能自动检索和整理网上的信息资源。这些功能强大的搜索引擎成为访问因特网信息的最有效手段,用户访问频率极高,许多搜索引擎已经不是单纯地提供查询和导航服务,而是开始全方位地提供因特网信息服务。

2. 专用搜索引擎

目前常用的搜索引擎的查询功能都非常全面,几乎可以查询到全球各个角落的任何信息,常称它们为通用搜索引擎。另外,还有一些搜索引擎在功能上比较单一,且各具特色,这就是专用搜索引擎。

① 域名搜索引擎(Domain Name Search Engine):主要用于查找已注册域名的详细信息或确认设想的域名是否已经注册,它是获取相关可用域名信息的专用工具,主要为企业或个人设计和选择域名服务,一般用户也可以利用关键词搜索,查找相同或相关主题的网站。

② 网址搜索引擎:能够搜索以.COM、.NET和.EDU等结尾的超过100万个以上的域名地址。使用它可以帮助用户很快地在与所要查询的域名地址相似的范围中发现所要的内容,返回的信息中可以包括正在工作的域名地址,以及该公司的一些基本信息,其网址为http://www.websitez.de。

③ 主机名搜索引擎:通常情况下,域名比IP地址更便于记忆,但有时用户只记得IP地址,此时就要求助于主机名搜索引擎。网址为http://www.mit.edu:8001/所对应的网站就是一个主机名搜索引擎,该网站的界面比较简单,但是它的搜索功能却很强大。

④ FTP搜索引擎:在因特网的应用中,经常需要使用FTP从因特网上下载一些文件或软件。由于因特网上的信息浩瀚无边,如果想在因特网上寻找一个特定的软件就好比大海捞针,因此可以借助FTP搜索引擎来帮助查找所需的软件。网址为http://maze.tianwang.com/的“北大天网搜索引擎”就可以完成FTP的文件搜索功能。

⑤ 其他类型的搜索引擎:随着各种网络服务或者资源的不断涌现,搜索引擎的类型也在不断增加,一些大型网站也开设了专门的搜索类型服务,如专门用于搜索音乐、用于搜索图片、用于搜索地图、用于搜索视频和用于搜索新闻等。一些特殊的网络服务也在自己的服务器上提供简单的搜索引擎功能。

4.5.3 利用FTP进行文件传输

文件传输是指将一台计算机上的文件传送到另一台计算机上。在因特网上通过文件传输协议(File Transfer Protocol,FTP)实现文件传输,故通常用FTP来表示文件传输这种服务。

1. 文件传输概述

在实际应用中经常需要将文件、资料发布到因特网上,或从网上下载文件到本地,这种文件传输方式与浏览WWW网页的信息下载有很大区别,HTTP协议不能满足用户的这种双向信息传递要求,为此必须使用支持文件传输的协议,即FTP。使用FTP传送的文件称为FTP文件,提供文件传输服务的服务器称为FTP服务器。FTP文件可以是任意格式的文件,如压缩文件、可执行文件、Word文档等。

为了保证在FTP服务器和用户计算机之间准确无误地传输文件,必须在双方分别装有FTP服务器软件和FTP客户软件。进行文件传输的用户计算机要运行FTP客户软件,并且要拥有想要登录的FTP服务器的注册名和账户。用户启动FTP客户软件后,给出FTP服务器的地址,并根据提示输入注册名和密码,与FTP服务器建立连接,即登录到FTP服务器上。登录成功后,就可以开始文件的搜索,查找到需要的文件后就可以把它下载到计算机上,称为下载文件(Download);也可以把本地的文件发送到FTP服务器上,供所有的网上用户共享,称为上传文件(Upload)。

由于大量的上传文件会造成FTP服务器上文件的拥挤和混乱,所以一般情况下,Internet上的FTP服务器限制用户进行上传文件的操作。事实上,大多数操作还是从FTP服务器上获取文件备份,即下载文件。

因特网上的FTP服务器数不胜数,它们为用户提供了极为宝贵而又丰富的信息资源。在FTP服务器上通常提供共享软件、自由软件和试用软件3类软件。

2. 从FTP网站下载文件

目前,流行的浏览器软件中都内置了对FTP协议的支持,用户可以在浏览器窗口中方便地完成下载工作。通常的方法是在浏览器的地址栏中先输入“ftp://”,再接着填写FTP服务器的网址,这样就可以匿名访问一个 FTP 服务器。如果使用特定的用户名和密码登录服务器,则可以直接使用的格式为 ftp://username:password@ ftpservername,其中 username 和 password 为用户在此服务器上的用户名和密码。

进入 FTP 网页后,窗口中显示所有最高一层的文件夹列表。FTP 目录结构与硬盘上的文件夹类似,每一项均包含文件或目录的名称,以及文件大小、日期等信息。用户可以像操作本地文件夹一样,单击目录名称进入子目录。在 FTP 的某个文件目录中,选中要下载的文件,选择"复制"命令,然后在本地需要下载到的文件夹中,选择"粘贴"命令,此时,文件即可从 FTP 服务器上复制(下载)到指定的文件夹中。

3. 从 WWW 网站下载文件

为方便因特网用户下载软件,有许多 WWW 网站专门搜索最新的软件,并把这些软件分类整理,并附上软件的必要说明,如软件的大小、运行环境、功能简介、出品公司及其主页地址等,使用户能在许多功能相近的软件中寻找适合自己需求的软件并进行下载。

在提供下载软件的站点中,一般都包含了许多共享软件、自由软件和试用软件。在这些软件的下载站点中,软件通常都按照功能进行分类,用户只需要按部就班找到软件所在的位置,然后单击相应的下载链接,系统就会打开下载对话框。

4. 使用专用工具传输文件

除了浏览器提供的 FTP 文件传输功能外,还有许多使用灵活、功能独特的专用 FTP 工具,如 Thunder(迅雷)、FlashGet、emule(电驴)等,用户可以在不少网站免费下载这类 FTP 客户软件。通常这类专用 FTP 工具都有着非常友好的用户界面,它将本地计算机和 FTP 服务器的信息全部显示在同一个窗口中,通过鼠标快捷菜单就能完成 FTP 的全部功能,操作简单,使用方便。

专用 FTP 工具还有一个很重要的特点,支持断点续传。在软件的下载过程中,无论是由于外界因素(如断电、电话线断线),还是人为因素,都会打断软件的下载,使下载工作前功尽弃。而断点续传软件可以使用户在断点处继续下载,不必重新开始。这样,不必担心下载过程被打断,也可以轻松安排下载时间,把大软件的下载工作化整为零。

5. 文件的压缩与解压缩

在 Internet 上传输文件,如果文件比较大,则需要花费大量的时间来传输。为了节约通信资源,通常在传输之前应进行压缩操作,下载完后再进行解压缩操作。在要操作的文件比较多的时候,也可以利用压缩软件将其压缩成一个文件,以方便转移和复制等。从 Internet 上下载的软件大多数是经过压缩的,扩展名通常为 .zip、.rar、.tar、.gz、.img、.bz2 等。

目前,常用的压缩和解压缩软件有 WinZip 和 WinRAR,其中,WinZip 可以说是压缩软件的鼻祖,几乎在所有计算机中都可以看到它的影子,WinRAR 则后来居上,利用其强大的压缩、解压缩能力和对多种压缩格式的支持成为了目前压缩软件的首选。

4.5.4 电子邮件的使用

1. 电子邮件概述

电子邮件(E-mail)是基于计算机网络的通信功能而实现通信的技术,它是因特网上使用最多的一种服务,是网上交流信息的一种重要工具,它已逐渐成为现代生活交往中越来越重要的通信工具。

在因特网上提供电子邮件服务的服务器称为邮件服务器。当用户在邮件服务器上申请邮箱时,邮件服务器就会为这个用户分配一块存储区域,用于对该用户的信件进行处理,这块存储区域就称作信箱。一个邮件服务器上有很多这样一块一块的存储区域,即信箱,分别对应不同的用户,这些信箱都有自己的信箱地址,即 E - mail 地址,用户通过自己的 E-mail 地址访问邮件服务器自己的信箱并处理信件。

邮件服务器一般分为通用和专用两大类。通用邮件服务器允许世界各地的任何人进行申请,如果用户接受它的协议条款,就可以在该邮件服务器上申请到免费的电子邮箱,这类服务器中比较著名的有网易、新浪、Hotmail 等。如果需要更好的服务,也可以申请付费的电子邮箱。专用的服务器一般是一些学校、企业、集团内部所使用的专用于内部员工交流、办公使用的,它一般不对外提供任意的申请。

收发电子邮件主要有以下两种方式:

① Web 方式收发电子邮件(也称在线收发邮件)。它通过浏览器直接登录邮件服务器的网页,在网页上输入用户名和密码后,进入自己的邮箱进行邮件的处理。大部分用户采用这种方式进行邮件的操作。

② 利用电子邮件应用程序收发电子邮件(也称离线方式)。在本地运行电子邮件应用程序,通过该程序进行邮件收发的工作。收信时先通过电子邮件应用程序登录邮箱服务器,将服务器上的邮件转到本机上,在本地机上进行阅读;发信时先利用电子邮件应用程序来组织编辑邮件,然后通过电子邮件应用程序连接邮件服务器,并把写好的邮件发送出去。可以看出,采用这种方式,只在收信和发信时才连接上网,其他时间都不用连接上网。这种方式的优点很多,也是一种常用的工作方式。

2. 电子邮件的操作

对于大部分用户来说,一般都采用 Web 方式收发电子邮件,通常 Web 方式收发电子邮件的操作包括以下几项:

① 申请邮箱:用户可以根据自己的喜好,在合适的网站(邮件服务器)中申请邮箱。虽然各网站的申请页面各有不同,但申请的过程大同小异,基本上都是遵守如下流程:登录网站→单击"注册"按钮→阅读并同意服务条款→设置用户名和密码→完成注册→申请成功。

② 写邮件和发邮件的操作:单击"写信"按钮,打开写邮件界面,"收件人"处写上对方的 E-mail 地址、"主题"处写清信件的主题、在邮件内容编辑区输入、编辑邮件的内容。如果邮件想发给多人,可以在收件人处依次写上地址,或通过抄送,将邮件抄送给某人。

③ 对收到的邮件进行处理:在"收件箱"中选择需要阅读的邮件并单击邮件的主题,即可打开邮件,阅读邮件后可以将邮件回复、转发,也可以删除邮件。

3. 电子邮件附件操作

附件是电子邮件的重要特色。它可以把计算机中的文件(如文档、图片、文章、声音、动画、程序等)放在附件中进行发送,对方收到信也就收到了你发送的文件,这对于文件交流是很方便、快捷的。

① 在邮件中插入附件:在写邮件窗口中单击"添加附件",然后选定需要发送的文件,即可将文件作为附件插入到邮件中。如果需要插入的附件不止一个,可以继续单击"添加附件",然后依次将需要发送的文件插入到邮件中。实际上,如果需要传送多个文件,合理的操作是使用压缩文件,将多个文件压缩为一个压缩文件,这样就不必进行反复添加附件的操作。

② 从接收到的邮件中下载附件:如果收到的邮件带有附件,则在"收件箱"的邮件列表中,该邮件标题后面带有"回形针"标记,打开该邮件的阅读窗口,在邮件内容的最后有附件的图标。用鼠标指向附件的图标,会出现"下载""打开""预览"和"存网盘"的提示,单击"下载"按钮,即可将附件下载到本地计算机。

4.6 信息安全与网络安全

4.6.1 计算机病毒及防治

计算机病毒(Computer Virus)是指编制或者在计算机程序中插入的破坏计算机功能或破坏数据,影响计算机使用并且能够自我复制的一组计算机指令或者程序代码。

计算机病毒和生物医学上的"病毒"一样,具有一定的传染性、破坏性、再生性。在满足一定条件时,它开始干扰计算机的正常工作,搞乱或破坏已有存储信息,甚至引起整个计算机系统不能正常工作。通常计算机病毒都具有很强的隐蔽性,有时某种新的计算机病毒出现后,现有的杀毒软件很难发现并杀除病毒,只有等待病毒库的升级和更新后,才能将其杀除。

1. 计算机病毒的种类

计算机病毒的种类繁多,分类的方法也不尽相同,下面介绍常用的几种分类方法。

① 按照病毒的破坏性分类,病毒可分为良性病毒和恶性病毒。良性病毒虽然不包含对计算机系统产生直接破坏作用的代码,但也会给正常操作带来麻烦,因此不能轻视良性病毒对计算机系统造成的损害;恶性病毒则会对系统产生直接的破坏作用,这类恶性病毒是很危险的,应当注意防范。

② 按照病毒存在的媒体进行分类，病毒可分为网络病毒、文件病毒、引导型病毒和混合型病毒。

③ 按照病毒传染的方法进行分类，病毒可分为驻留型病毒和非驻留型病毒。驻留型病毒是指病毒会驻留在内存，在计算机开机后病毒就已经运行；非驻留型病毒指在得到机会激活时并不感染计算机内存或是一些病毒在内存中留有小部分，但是并不通过这一部分进行传染。

④ 按照计算机病毒特有的算法，病毒可分为伴随型病毒、“蠕虫”型病毒、寄生型病毒、诡秘型病毒、变型病毒（又称幽灵病毒）。

2. 常见的计算机病毒

网络的飞速发展一方面极大地丰富了普通网络用户的需求，另一方面也为计算机病毒制造者、传播者提供了更为先进的传播手段与渠道，使用户防不胜防。下面是网上常见的病毒。

① 系统病毒：这种病毒一般共有的特性是感染 Windows 操作系统的 *.exe 和 *.dll 文件，并通过这些文件进行传播。

② 蠕虫病毒：这种病毒的共有特性是通过网络或者系统漏洞进行传播，大部分蠕虫病毒都有向外发送带毒的邮件、阻塞网络的特性。

③ 木马/黑客病毒：木马病毒的共有特性是通过网络或者系统漏洞进入用户的系统并隐藏，然后向外界泄露用户的信息，而黑客病毒则有一个可视的界面，能对用户的计算机进行远程控制。木马、黑客病毒一般成对出现，木马病毒负责侵入用户的计算机，而黑客病毒通过木马病毒来进行控制。现在这两种类型都越来越趋向于整合。

④ 宏病毒。宏病毒的共有特性是能感染 Office 系列文档，然后通过 Office 通用模板进行传播。该类病毒具有传播极快、制作和变种方便、破坏性极大，以及兼容性不高等特点。

⑤ 破坏性程序病毒。这类病毒的共有特性是本身具有好看的图标来诱惑用户点击，当用户点击这类病毒时，病毒便会直接对用户计算机进行破坏。

3. 常见计算机病毒的解决方案

网络中计算机病毒越来越猖獗，不小心就有可能中招。系统感染了病毒应及时处理，下面介绍几种常用的解决方法。

① 给系统打补丁。很多计算机病毒都是利用操作系统的漏洞进行感染和传播的。用户可以在系统的正常状况下，登录微软的 Windows 网站进行有选择的更新。Windows 操作系统在连接网络的状态下，可以实现自动更新。

② 更新或升级杀毒软件及防火墙。正版的杀毒软件及防火墙都提供了在线升级的功能，将病毒库（包括程序）升级到最新，然后进行病毒查杀。

③ 访问杀毒软件网站。在各杀毒软件网站中都提供了许多病毒查杀工具，用户可免费下载。除此之外，还提供了完整的查杀病毒解决方案，用户可以参考这些方案进行查杀操作。

除了以上介绍的常用病毒解决方案外，建议用户不要访问来历不明的网站；不要随便安装来历不明的软件；在接收邮件时，不要随便打开或运行陌生人发送的邮件附件。

4. 计算机病毒的查杀

病毒种类繁多，并且在不断地改进自身的源代码，随之出现更多新的病毒或以前病毒的变种。因此，各种各样的杀毒软件应运而生。

杀毒软件是一种可以对病毒、木马等一切已知的对计算机有危害的程序代码进行清除的程序工具。“杀毒软件”是由国内的老一辈反病毒软件厂商起的名字，后来由于和世界反病毒业接轨统称为“反病毒软件”“安全防护软件”或“安全软件”。集成防火墙的“互联网安全套装”“全功能安全套装”等用于消除计算机病毒、特洛伊木马和恶意软件的一类软件，都属于杀毒软件范畴。杀毒软件通常集成监控识别、病毒扫描和清除和自动升级等功能，有的反病毒软件还带有数据恢复、防范黑客入侵、网络流量控制等功能。杀毒软件通常集成监控识别、病毒扫描和清除、自动升级病毒库、主动防御等功能，有的杀毒软件还带有数据恢复等功能，是计算机防御系统（包含杀毒软件、防火墙、特洛伊木马和其他恶意软件的查杀程序和入侵预防系统等)的重要组成部分。

目前,有很多病毒查杀与防治的专业软件,如360安全卫士、瑞星、金山毒霸、江民、赛门铁克、卡巴斯基、迈克菲等。

5. 保护计算机安全的常用措施

为了保护计算机安全,可采用以下安全措施:

① 安装病毒防护软件,以确保计算机的安全。

② 及时更新防病毒软件。每天都会有新病毒或变种病毒产生,及时更新病毒库以获得最新预防方法。

③ 定期扫描。通常防病毒程序都可以设置定期扫描,一些程序还可以在用户连接至因特网时进行后台扫描。

④ 不要轻易打开陌生人的文档、EXE及COM可执行程序。这些文件极有可能带有计算机病毒或者黑客程序,可先将其保存至本地硬盘,待查杀无毒后再打开,以保证计算机系统不受计算机病毒的侵害。

⑤ 拒绝恶意代码。恶意代码相当于一些小程序,如果网页中加入了恶意代码,只要打开网页就会被执行。运行IE浏览器,设置安全级别为"高",并禁用一些不必要的ActiveX控件和插件,这样就能拒绝恶意代码。

⑥ 删掉不必要的协议。对于服务器和主机来说,一般只安装TCP/IP就足够了,卸载不必要的协议,尤其是NetBIOS。

⑦ 关闭"文件和打印共享"。在不需要此功能时将其关闭,以免黑客利用该漏洞入侵。右击"网络邻居"图标,在弹出的快捷菜单中选择"属性"命令,然后单击"文件和打印共享"按钮,在弹出的"文件和打印共享"对话框中,取消选中复选框即可。

⑧ 关闭不必要的端口。黑客在入侵时常常会扫描用户的计算机端口,可用Norton Internet Security关闭一些不必要的提供网页服务的端口。

4.6.2 黑客及黑客的防范

随着Internet和Intranet/Extranet的快速增长,其应用已对商业、工业、银行、财政、教育、政府、娱乐及人们的工作和生活产生了深远的影响。网络环境的复杂性、多变性以及信息系统的脆弱性,决定了网络安全威胁的客观存在。如果能够了解一些关于黑客通过网络安全漏洞入侵的原理,可有利于防止黑客。下面介绍黑客常用的攻击手段和一些安全措施。

1. 黑客常用的漏洞攻击手段

① 非法获取口令。黑客通常利用爆破工具盗取合法用户的Session。黑客非法获取用户账号后,利用一些专门软件强行破解用户密码,从而实现对用户计算机的攻击。

② 利用系统默认的账号进行攻击。此类攻击主要是针对系统安全意识薄弱的管理员进行的。

③ SQL注入攻击。如果一个Web应用程序没有适当地进行有效性输入处理,黑客可以轻易地通过SQL攻击绕过认证机制获得未授权的访问,而且还对应用程序造成一定的损害。

④ 认证回放攻击。黑客利用认证设计和浏览器安全实现中的不足,在客户端浏览器中进行入侵。

⑤ 放置木马程序。木马程序是让用户计算机提供完全服务的一个服务器程序,利用该服务可以直接控制用户的计算机并进行破坏。

⑥ 钓鱼攻击。钓鱼攻击主要是利用欺骗性的E-mail邮件和伪造好的Web网站来进行诈骗活动,常用的钓鱼攻击技术主要有相似的域名、IP地址隐藏服务器身份、欺骗性的超链接等。

⑦ 电子邮件攻击。它指的是用伪造的IP地址和电子邮件地址向同一个信箱发送数以千计万计甚至无穷多次的内容相同的垃圾邮件,致使受害人邮箱被"炸",严重者可能会给电子邮件服务器操作系统带来危险,甚至瘫痪。

⑧ 通过一个结点来攻击其他结点。黑客在突破一台主机后,往往以此主机作为根据地,攻击其他主机。

⑨ 寻找系统漏洞。即使是公认的最安全、最稳定的操作系统,也存在漏洞(Bugs),其中一些是操作系统自身或系统安装的应用软件本身的漏洞,这些漏洞在补丁程序未被开发出来之前很难防御黑客的破坏,除

非将网线拔掉。所以,建议用户在新补丁程序发布后,一定要及时下载并安装。

2. 网络安全防范措施

网络安全漏洞给黑客们攻击网络提供了可乘之机,而产生漏洞的主要原因有:一是系统设计上的不足,如认证机制的方式选取、Session 机制的方案选择;二是没有对敏感数据进行合适处理,如敏感字符、特殊指令;三是程序员的大意,如表单提交方式不当、出错处理不当;四是用户的警觉性不高,如钓鱼攻击的伪链接。因此,网络安全应该从程序级和应用级进行防御。

程序级即从开发人员的角度,在 Session 管理机制、输入/输出有效性处理、POST 变量提交、页面缓存清除等技术上进行有效的处理,从根本上加强网络的安全性。

应用级通过安全认证技术增强 Web 应用程序的安全性,如身份认证、访问控制、一次性密码、双因子认证等技术。

4.6.3 信息安全技术

1. 信息安全产品

目前,在市场上比较流行,而又能够代表未来发展方向的安全产品大致有以下几类:

① 防火墙:防火墙在某种意义上可以说是一种访问控制产品。它在内部网络与不安全的外部网络之间设置障碍,阻止外界对内部资源的非法访问,防止内部对外部的不安全访问。主要技术包括:包过滤技术、应用网关技术、代理服务技术。防火墙能够较为有效地防止黑客利用不安全的服务对内部网络的攻击,并且能够实现数据流的监控、过滤、记录和报告功能,较好地隔断内部网络与外部网络的连接。

② 网络安全隔离:网络隔离有两种方式,一种是采用隔离卡来实现的,另一种是采用网络安全隔离网闸实现的。隔离卡主要用于对单台机器的隔离;网闸主要用于对于整个网络的隔离。

③ 安全路由器:由于 WAN 连接需要专用的路由器设备,因而可通过路由器来控制网络传输。通常采用访问控制列表技术来控制网络信息流。

④ 虚拟专用网(VPN):虚拟专用网(VPN)是在公共数据网络上,通过采用数据加密技术和访问控制技术,实现两个或多个可信内部网之间的互连。VPN 的构筑通常都要求采用具有加密功能的路由器或防火墙,以实现数据在公共信道上的可信传递。

⑤ 安全服务器:安全服务器主要针对一个局域网内部信息存储、传输的安全保密问题,其实现功能包括对局域网资源的管理和控制,对局域网内用户的管理,以及局域网中所有安全相关事件的审计和跟踪。

⑥ 电子签证机构——CA 和 PKI 产品:电子签证机构(CA)作为通信的第三方,为各种服务提供可信任的认证服务。CA 可向用户发行电子签证证书,为用户提供成员身份验证和密钥管理等功能。PKI 产品可以提供更多的功能和更好的服务,其将成为所有应用的计算基础结构的核心部件。

⑦ 用户认证产品:由于 IC 卡技术的日益成熟和完善,IC 卡被更为广泛地用于用户认证产品中,用来存储用户的个人私钥,并与其他技术如动态密码相结合,对用户身份进行有效的识别。同时,还可利用 IC 卡上的个人私钥与数字签名技术相结合,实现数字签名机制。随着模式识别技术的发展,诸如指纹、视网膜、脸部特征等高级的身份识别技术也将投入应用,并与数字签名等现有技术相结合,必将使得对于用户身份的认证和识别更趋完善。

⑧ 安全管理中心:由于网上的安全产品较多,且分布在不同的位置,这就需要建立一套集中管理的机制和设备,即安全管理中心。它用来给各网络安全设备分发密钥,监控网络安全设备的运行状态,负责收集网络安全设备的审计信息等。

⑨ 入侵检测系统(IDS):入侵检测系统作为传统保护机制(例如访问控制、身份识别等)的有效补充,形成了信息系统中不可或缺的反馈链。

⑩ 入侵防御系统(IPS):入侵防御系统作为 IDS 很好的补充,是信息安全发展过程中占据重要位置的计算机网络硬件。

⑪ 安全数据库:由于大量的信息存储在计算机数据库内,有些信息是有价值的,也是敏感的,需要保护。安全数据库可以确保数据库的完整性、可靠性、有效性、机密性、可审计性及存取控制与用户身份识别等。

⑫ 安全操作系统：给系统中的关键服务器提供安全运行平台，构成安全WWW服务、安全FTP服务、安全SMTP服务等，并作为各类网络安全产品的坚实底座，确保这些安全产品的自身安全。

2. 信息安全技术

网络信息安全是一个涉及计算机技术、网络通信技术、密码技术、信息安全技术等多种技术的边缘性综合学科。信息安全技术可以分为主动的和被动的信息安全技术。其中，主动意味着特定的信息安全技术采用主动的措施，试图在出现安全破坏之前保护数据或者资源；而被动则意味着一旦检测到安全破坏，特定的信息安全技术才会采取保护措施，试图保护数据或者资源。

① 被动的网络信息安全技术：

- 防火墙：因特网防火墙是安装在特殊配置计算机上的软件工具，作为机构内部或者信任网络和不信任网络或者因特网之间的安全屏障、过滤器或者瓶颈。个人防火墙是面向个人用户的防火墙软件，可以根据用户的要求隔断或连通用户计算机与因特网之间的连接。
- 接入控制：接入控制的目的是确保主体有足够的权利对系统执行特定的动作，主体对系统中的特定对象有不同的接入级别。对象可以是文件、目录、打印机或者进程。
- 密码：是某个人必须输入才能获得进入或者接入信息的保密字、短语或者字符序列。
- 生物特征识别：指通过计算机利用人类自身的生理或行为特征进行身份认定的一种技术，包括指纹、虹膜、掌纹、面相、声音、视网膜和DNA等人体的生理特征，以及签名的动作、行走的步态、击打键盘的力度等行为特征。
- 入侵检测系统：入侵检测是监控计算机系统或者网络中发生的事件，并且分析它们的入侵迹象的进程。入侵检测系统(IDS)是自动实现这个监控和分析进程的软件或者硬件技术。
- 登录日志：是试图搜集有关发生的特定事件信息的信息安全技术，其目的是提供检查追踪记录(在发生了安全事件之后，可以追踪它)。
- 远程接入：是允许某个人或者进程接入远程服务的信息安全技术。但是，接入远程服务并不总是受控的，有可能匿名接入远程服务，并造成威胁。

② 主动的网络信息安全技术：

- 密码术：是将明文变成密文和把密文变成明文的技术或科学，用于保护数据机密性和完整性。密码术包括两方面：加密是转换或者扰乱明文消息，使其变成密文消息的进程；解密是重新安排密文，将密文消息转换为明文消息的进程。
- 数字签名：数字签名是使用加密算法创建的，使用建立在公开密钥加密技术基础上的“数字签名”技术，可以在电子事务中证明用户的身份，就像兑付支票时要出示有效证件一样。用户也可以使用数字签名来加密邮件以保护个人隐私。
- 数字证书：数字证书是由信任的第三方(也称为认证机构，CA)颁发的。CA是担保Web上的人或者机构身份的商业组织。因此，在Web用户之间建立了信任网络。
- 虚拟专用网：虚拟专用网(VPN)能够利用因特网或其他公共互联网络的基础设施为用户创建隧道，并提供与专用网络一样的安全和功能保障。VPN支持企业通过因特网等公共互联网络与分支机构或其他公司建立连接，进行安全的通信。VPN技术采用了隧道技术：数据包不是公开在网上传输，而是首先进行加密以确保安全，然后由VPN封装成IP包的形式，通过隧道在网上传输，因此该技术与密码技术紧密相关。但是，普通加密与VPN之间在功能上是有区别的：只有在公共网络上传输数据时，才对数据加密，对发起主机和VPN主机之间传输的数据并不加密。
- 漏洞扫描：漏洞扫描(VS)具有使用它们可以标识的漏洞的特征。因此，VS其实是入侵检测的特例。因为漏洞扫描定期而不是连续扫描网络上的主机，所以也将其称为定期扫描。
- 病毒扫描：计算机病毒是具有自我复制能力的并具有破坏性的恶意计算机程序，它会影响和破坏正常程序的执行和数据的安全。它不仅侵入到所运行的计算机系统，而且还能不断地把自己的复制品传播到其他的程序中，以此达到破坏作用。病毒扫描试图在病毒引起严重的破坏之前扫描它们，因此，病毒软件也是主动的信息安全技术。

- 安全协议：属于信息安全技术的安全协议包括有 IPSec 和 Kerberos 等。这些协议使用了"规范计算机或者应用程序之间的数据传输，从而在入侵者能够截取这类信息之前保护敏感信息"的标准过程。
- 安全硬件：是用于执行安全任务的物理硬件设备，如硬件加密模块或者硬件路由器。安全硬件是由防止窜改的物理设备组成的，因此阻止了入侵者更换或者修改硬件设备。
- 安全 SDK：安全软件开发工具包（SDK）是用于创建安全程序的编程工具。使用安全 SDK 开发的各种软件安全应用程序，在潜在威胁可能出现之前保护数据。

3. 数据加密及数据加密技术

数据加密交换又称密码学，它是一门历史悠久的技术，目前仍是计算机系统对信息进行保护的一种最可靠的办法。它利用密码技术对信息进行交换，实现信息隐蔽，从而保护信息的安全。

数据加密（Data Encryption）技术是指将一个信息（或称明文）经过加密钥匙（Encryption Key）及加密函数转换，变成无意义的密文（Cipher Text），而接收方则将此密文经过解密函数、解密钥匙（Decryption Key）还原成明文。

数据加密技术要求只有在指定的用户或网络下，才能解除密码而获得原来的数据，这就需要给数据发送方和接收方以一些特殊的信息用于加密、解密，这就是所谓的密钥。其密钥的值是从大量的随机数中选取的。按加密算法分为专用密钥和公开密钥两种。

专用密钥又称对称密钥或单密钥，加密和解密时使用同一个密钥，即同一个算法。单密钥是最简单的方式，通信双方必须交换彼此的密钥，当需给对方发信息时，用自己的加密密钥进行加密，而在接收方收到数据后，用对方所给的密钥进行解密。在对称密钥中，密钥的管理极为重要，一旦密钥丢失，密文将无密可保。这种方式在与多方通信时因为需要保存很多密钥而变得很复杂，而且密钥本身的安全就是一个问题。

对称密钥是最古老的密钥算法，由于对称密钥运算量小、速度快、安全强度高，因而目前仍广泛被采用。

公开密钥又称非对称密钥，加密和解密时使用不同的密钥，即不同的算法，虽然两者之间存在一定的关系，但不可能轻易地从一个推导出另一个。公开密钥有一把公用的加密密钥，有多把解密密钥，如 RSA 算法。非对称密钥由于两个密钥（加密密钥和解密密钥）各不相同，因而可以将一个密钥公开，而将另一个密钥保密，同样可以起到加密的作用。

公开密钥的加密机制虽提供了良好的保密性，但难以鉴别发送者，即任何得到公开密钥的人都可以生成和发送报文。数字签名机制提供了一种鉴别方法，以解决伪造、抵赖、冒充和篡改等问题。

数字签名一般采用非对称加密技术（如 RSA），通过对整个明文进行某种变换，得到一个值作为核实签名。接收者使用发送者的公开密钥对签名进行解密运算，如其结果为明文，则签名有效，证明对方的身份是真实的。数字签名普遍用于银行、电子贸易等。

数字签名不同于手写签字：数字签名随文本的变化而变化，手写签字反映某个人个性特征，是不变的；数字签名与文本信息是不可分割的，而手写签字是附加在文本之后的，与文本信息是分离的。

值得注意的是，能否切实有效地发挥加密机制的作用，关键的问题在于密钥的管理，包括密钥的生存、分发、安装、保管、使用以及作废全过程。

密码技术是网络安全最有效的技术之一。一个加密网络，不但可以防止非授权用户的搭线窃听和入网，而且也是对付恶意软件的有效方法之一。

4. SSL

SSL（Secure Sockets Layer，安全套接层协议层）是网景（Netscape）公司开发的基于 Web 应用的安全协议，用以保障在因特网上数据传输的安全。

SSL 协议位于 TCP/IP 与各种应用层协议（如 HTTP、Telenet、FMTP 和 FTP 等）之间，它为 TCP/IP 连接提供数据加密、服务器认证、消息完整性以及可选的客户机认证，即为数据通信提供安全支持。SSL 协议可分为 SSL 记录协议和 SSL 握手协议两层。SSL 记录协议（SSL Record Protocol）建立在可靠的传输协议（如 TCP）之上，为高层协议提供数据封装、压缩、加密等基本功能的支持。SSL 握手协议（SSL Handshake Protocol)建立在SSL记录协议之上,用于在实际的数据传输开始前,通信双方进行身份认证、协商加密算法、交换加密密钥等。SSL协议提供的服务主要有认证用户和服务器,确保数据发送到正确的客户机和服务器;加密数据以防止数据中途被窃取;维护数据的完整性,确保数据在传输过程中不被改变。

4.6.4 信息安全法规与计算机道德

1. 国内外信息安全立法简介

20世纪90年代以来,针对计算机网络与利用计算机网络从事刑事犯罪的数量,在许多国家都以较快的速度增长。因此,在许多国家较早就开始实行以法律手段来打击网络犯罪。到了20世纪90年代末,这方面的国际合作也迅速发展起来。

为了保障网络安全,欧盟委员会于2000年颁布了《网络刑事公约》(草案),并于2001年通过该公约。公约对非法进入计算机系统、非法窃取计算机中未公开的数据等针对计算机网络的犯罪活动,以及利用网络造假、侵害他人财产、传播有害信息等使用计算机网络从事犯罪的活动均详细规定了罪名和相应的刑罚。作为世界上第一个打击网络犯罪的国际公约,其主要目标是在缔约方之间建立打击网络犯罪的共同刑事政策,获得对网络犯罪打击的一致法律体系和国际协助。

1996年12月,世界知识产权组织在两个版权条约中,作出了禁止擅自破解他人数字化技术保护措施的规定。至今,绝大多数国家都把它作为一种网络安全保护,规定在本国的法律中。

无论发达国家还是发展中国家在规范与管理网络行为方面,都很注重发挥民间组织的作用,尤其是行业的作用。德国、英国、澳大利亚等国家,在学校中使用网络的"行业规范"均十分严格。很多学校会要求师生填写一份保证书,申明不从网上下载违法内容;有些学校都定有《关于数据处理与信息技术设备使用管理办法》,要求师生严格遵守。

我国对网络信息安全立法工作一直十分重视,制定了一批相关法律、法规、规章等规范性文件,涉及网络与信息系统安全、信息内容安全、信息安全系统与产品、保密及密码管理、计算机病毒与危害性程序防治等特定领域的信息安全、信息安全犯罪制裁等多个领域。我国法院也已经受理并审结了一批涉及信息网络安全的民事与刑事案件。虽然网络安全问题至今仍然存在,但目前的技术手段、法律手段、行政手段已初步构成一个综合防范体系。

2. 使用计算机网络应遵循的道德规范

计算机与网络在信息社会中充当着越来越重要的角色,但是计算机网络与其他一切科学技术一样是一把双刃剑,它既可以为人类造福,也可能给人类带来危害。关键在于应用它的人采取什么道德态度,遵循什么行为规范。计算机这个"虚拟"世界是在真实世界的基础上建立起来的,是真实世界电子意义上的延续。"虚拟"世界还有可能成为人们活动和交往的一个主要场所。为了保证网上的各成员均能维护自己的利益,保证网络活动和交往的顺利进行,确立一些规范和规则是必不可少的。同时,在使用计算机的过程中,还要遵守一定的道德规范。

(1)有关知识产权

1990年9月,我国颁布了《中华人民共和国著作权法》,把计算机软件列为享有著作权保护的作品;1991年6月,颁布了《计算机软件保护条例》,规定计算机软件是个人或者团体的智力产品,同专利、著作一样受法律的保护。任何未经授权的使用、复制都是非法的,按规定要受到法律的制裁。人们在使用计算机软件或数据时,应遵照国家有关法律规定,尊重其作品的版权,这是使用计算机的基本道德规范。建议人们养成良好的道德规范,具体如下:

① 使用正版软件,坚决抵制盗版,尊重软件作者的知识产权。

② 不对软件进行非法复制。

③ 不要为了保护自己的软件资源而制造病毒保护程序。

④ 不要擅自篡改他人计算机内的系统信息资源。

(2)有关计算机信息系统的安全

计算机信息系统是由计算机及其相关的设备、设施(包括网络)构成的,为维护计算机系统的安全,防止

病毒的入侵,应该注意:

① 不要蓄意破坏和损伤他人的计算机系统设备及资源。

② 不要制造病毒程序,不要使用带病毒的软件,更不要有意传播病毒给其他计算机系统(传播带有病毒的软件)。

③ 要采取预防措施,在计算机内安装防病毒软件;要定期检查计算机系统内文件是否有病毒,若发现病毒,应及时用杀毒软件清除。

④ 维护计算机的正常运行,保护计算机系统数据的安全。

⑤ 被授权者对自己享用的资源负有保护责任,密码不得泄露给外人。

(3)有关网络行为规范

计算机网络正在改变着人们的行为方式、思维方式乃至社会结构,它对于信息资源的共享起到了巨大的作用,并且蕴藏着无尽的潜能。但是,网络的作用不是单一的,在它广泛的积极作用背后,也有使人堕落的陷阱,这些陷阱产生着巨大的反作用,主要表现在:网络文化的误导,传播暴力、色情内容;网络诱发的不道德和犯罪行为;网络的神秘性"培养"了计算机"黑客"等。

各个国家都制定了相应的法律法规,以约束人们使用计算机以及在计算机网络上的行为。我国公安部公布的《计算机信息网络国际联网安全保护管理办法》中规定任何单位和个人不得利用互联网制作、复制、查阅和传播下列信息:

① 煽动抗拒、破坏宪法和法律、行政法规实施的。

② 煽动颠覆国家政权,推翻社会主义制度的。

③ 煽动分裂国家、破坏国家统一的。

④ 煽动民族仇恨、破坏国家统一的。

⑤ 捏造或者歪曲事实,散布谣言,扰乱社会秩序的。

⑥ 宣言封建迷信、淫秽、色情、赌博、暴力、凶杀、恐怖,教唆犯罪的。

⑦ 公然侮辱他人或者捏造事实诽谤他人的。

⑧ 损害国家机关信誉的。

⑨ 其他违反宪法和法律、行政法规的。

使用计算机时应注意以下几点:

① 不能利用电子邮件进行广播型的宣传,这种强加与人的做法会造成别人的信箱充斥无用的信息而影响正常工作。

② 不应该使用他人的计算机资源,除非你得到了准许或者做出了补偿。

③ 不应该利用计算机去伤害别人。

④ 不能私自阅读他人的通信文件(如电子邮件),不得私自复制不属于自己的软件资源。

⑤ 不应该到他人的计算机里去窥探,不得蓄意破译别人的密码。

但是,仅仅靠制定一项法律来制约人们的所有行为是不可能的,也是不实用的。相反,社会依靠道德来规定人们普遍认可的行为规范。在使用计算机时应该抱着诚实的态度、无恶意的行为,并要求自身在智力和道德意识方面取得进步。

总之,我们必须明确认识到任何借助计算机或计算机网络进行破坏、偷窃、诈骗和人身攻击都是非道德的或违法的,必将承担相应的责任或受到相应的制裁。

第5章　多媒体技术与应用

多媒体是计算机将文字处理、图形图像技术、声音技术等与影视处理技术相结合的产物，多媒体技术伴随着计算机的发展和应用而迅速发展，给传统的计算机系统、音频设备和视频设备带来了巨大的变化，并极大地改变了人们的生活方式。本章首先介绍多媒体及多媒体计算机的基本知识，然后对多媒体图像、音频、视频、动画的基本知识、文件格式及常见处理软件进行介绍，最后对多媒体数据压缩知识、网络流媒体知识及常用多媒体应用系统进行介绍。

学习目标

- 了解多媒体及多媒体计算机的知识。
- 了解多媒体图像处理的知识、常见图像文件格式及常用的图像编辑软件。
- 了解多媒体音频处理的知识、常见音频文件格式。
- 了解多媒体视频的知识、常见视频文件格式与多媒体播放器。
- 了解多媒体动画的基本概念与术语、多媒体动画文件格式。
- 了解多媒体数据压缩的概念、编码技术标准及常用多媒体数据压缩软件。

5.1　多媒体及多媒体计算机概述

5.1.1　多媒体技术的基本概念

1. 媒体的概念

人们在信息交流中要用到各种媒体，媒体是信息的载体，它有几种含义：一是指用以存储信息的媒体（实体），如磁盘、磁带、光盘、半导体存储器等；二是指传输信息的媒体，如电缆、电波等；三是指信息的表示形式或载体，如数值、文字、声音、图形、图像等。多媒体技术中的媒体是指信息的表示形式或载体。

2. 多媒体

多媒体（Multimedia）的定义尚无统一的说法，但它是在计算机数字化技术和对信息的交互处理能力飞速发展的前提下，才孕育出多媒体及多媒体技术的。从这个角度看，多媒体是指用计算机中的数字技术和相关设备交互处理多种媒体信息的方法和手段，更抽象地讲，它是一个集成化的新的技术领域。目前存在的具有声、文、图像等一体化的电视机、收录机等不具备交互性和数字化，故不称其为多媒体。

3. 多媒体技术

多媒体技术是指具备综合处理文字、声音、图形和图像等能力的新技术。它是一种基于计算机技术的综合技术，包括数字化信息处理技术、音频和视频技术、人工智能和模式识别技术、通信技术、图形和图像技术、计算机软件和硬件技术，是一门跨学科的、综合集成的、正在发展的高新技术。

4. 多媒体系统的特性及其发展与应用的关键技术

开始人们喜欢从计算机的角度来看待多媒体技术，将其看成是计算机技术的一个分支。现在有些专家认为从信息系统工程的角度来看多媒体可能更加合理。因为，多媒体不仅采用了计算机的有关技术，而且还与通信、网络、电子、电器、出版，甚至与艺术、文学等都密切相关。现在已进入生活的有多媒体计算机、多媒体通信网络、多媒体信息服务、多媒体家电、多媒体娱乐设备以及以多媒体为基础的艺术创作等。它不是一种纵向的产品升级换代，它是横向的，涉及信息技术的所有领域。多媒体技术的发展代表着一个新的时代，一个飞跃，是一种技术上的综合运用，系统上的综合集成的飞跃。多媒体系统除具有交互性、集成性、媒体的多样性之外，还有系统性。

① 交互性：指人机之间的交互，交互性使多媒体系统和内容更多地靠拢了用户，使人能直接参与对信息的控制、使用。

② 集成性：指将各种媒体、设备、软件和数据组成了系统，发挥出了更大的作用。

③ 多样性：指信息媒体的多样性，使计算机告别了过去以字符、数值型为主的数据形式，进入到文、声、形、像等缤纷多彩的多媒体世界。

④ 系统性：除上述公认的3大特性外，近来有人提出了系统性，是在更高的层次上看待多媒体的组成、应用和技术的实现。

多媒体的关键技术按层次分为媒体处理与编码技术、多媒体系统技术、多媒体信息组织与管理技术、多媒体通信网络技术、多媒体人机接口与虚拟实现技术、多媒体应用技术六方面。当然，还可举出多媒体同步技术、多媒体操作系统技术等。

5. 多媒体应用系统中的媒体元素

多媒体中的媒体元素是由多媒体应用中可传达信息给用户的媒体组成，目前主要包含文本、图形、图像、声音、动画和视频图像等媒体元素，下面对各种媒体元素进行介绍。

(1)文本

文本(Text)就是指各种文字信息，包括文本的字体、字号、格式以及色彩等。文本是计算机文字处理程序的处理对象，也是多媒体应用程序的基础。通过对文本显示方式的组织，多媒体应用系统可以更好地把信息传递给用户。

文本数据可以在文本编辑软件中进行制作，如使用Word、WPS或记事本等应用程序所编辑的文本文件，基本上都可以被输入到多媒体应用系统中。但一般多媒体文本直接在制作图形或图像的软件或多媒体编辑软件中一起制作。

可建立文本文件的软件种类繁多，相对应的就会存在很多的文件格式，所以经常需要进行文本格式转换。文本的多样化主要是由文字格式的多样化造成的。文本格式包含文字的样式(Style)、定位(Align)、大小(Size)以及字体(Font)。多媒体Windows的目标格式直接使用ASCII码或RTF(Rich Text Format)格式，所以许多字处理软件需要提供将其文本转换为多媒体Windows兼容格式文本的应用程序。

(2)图形和图像

图形(Graphic)是指从点、线、面到三维空间的黑白或彩色的几何图。在几何学中，几何元素通常是用矢量表示的，所以也称矢量图。矢量图使用直线和曲线来描述图形，这些图形的元素是一些点、线、矩形、多边形、圆和弧线等，它们都是通过数学公式计算获得的。矢量图形最大的优点是无论放大、缩小或旋转等都不会失真；最大的缺点是难以表现色彩层次丰富的逼真图像效果。用来生成图形的软件通常称为绘图程序，一般图形文件也叫作元图。而静止的图像(Image)是一个矩阵，其元素代表空间中的一个点，称之为像素(Pixel)，这种图像也称为位图。位图中的位用来定义图中每个像素的颜色和亮度。位图图像适合于表现比较细致、层次和色彩比较丰富、包含大量细节的图像。

对图像文件可以进行改变图像分辨率、对图像进行编辑修改、调节色相等处理。必要时可以用软件技术减少图像灰度，以便用较少的颜色描绘图像，并力求达到较好的效果。

(3)音频

音频(Audio)除了包含音乐、语音外，还包括各种声音效果。将音频信号集成到多媒体中可以提供其他任何媒体不能取代的效果，不仅烘托气氛，而且增加活力。音频信息增强了对其他类型媒体所表达的信息的理解。

数码音频系统是通过将声波波形转换成一连串的二进制数据来保存原始声音的,实现这个步骤使用的设备是模/数(A/D)转换器。它以每秒上万次的速率对声波进行采样,每一次采样都记录下了原始模拟声波在某一时刻的状态,称之为样本。将一串的样本连接起来,就可以描述一段声波,把每一秒钟所采样的数目称为采样频率,单位为赫兹。采样频率越高所能描述的声波频率就越高。对于每个采样系统均会分配一定存储位来表达声波的振幅状态,称之为采样分辨率或采样精度,每增加一个位,表达声波振幅的状态数就翻一番。采样精度越高,声波的还原就越细腻。

音频文件有多种格式,常见的有波形音频文件、数字音频文件及光盘数字音频文件等。

(4)动画

动画(Animation)与运动着的图像有关,动画在实质上就是一幅幅静态图像的连续播放,因此特别适合描述与运动有关的过程,便于直接有效地理解。动画因此成为重要的媒体元素之一。

动画生成的实质是一幅幅动态页面的生成。动画的连续播放既指时间上的连续,也指图像内容上的连续,即播放的相邻两幅图像之间内容变化不大。动画压缩和快速播放也是动画技术要解决的重要问题。计算机动画是借助计算机生成一系列连续图像的技术。计算机设计动画的方法有两种;一种是造型动画;另一种是帧动画。造型动画是对每一个运动的角色分别进行设计,赋予每个角色一些特征,如大小、形状、颜色、纹理等,然后用这些角色构成完整的帧画面。造型动画的每一帧由图形、声音、文字等造型元素组成,而控制动画中每一帧中物体表演和行为的是由制作表组成的脚本。帧动画则是由一幅幅位图组成的连续的画面,就像电影胶片或视频画面一样,要分别设计每屏要显示的画面。

(5)视频

视频(Video)是图像数据的一种,若干有联系的图像数据连续播放就形成了视频。视频很容易令人想到电视,但是目前的电视视频是模拟信号,而计算机视频则是数字信号。计算机视频图像可以来自录像带、摄像机等视频信号源的影像,这些视频图像使多媒体应用系统功能更强、更精彩。但由于上述视频信号的输出大多是标准的彩色全电视信号,要将其输入到计算机中,不仅要有视频信号的捕捉,实现由模拟信号向数字信号的转换,还要有压缩、快速解压缩及播放的相应软、硬件处理设备配合。

5.1.2 多媒体计算机的基本组成

多媒体计算机系统一般由三部分组成:多媒体硬件平台、软件平台和多媒体制作工具。

1. 多媒体计算机系统层次结构

多媒体计算机由多媒体硬件和软件系统组成,多媒体系统层次结构共有6层。

① 多媒体外围设备:包括各种媒体、视听输入/输出设备及网络。

② 多媒体计算机硬件系统:主要配置各种外围设备的控制接口卡,其中包括多媒体实时压缩和解压缩专用的电路卡。

③ 多媒体核心系统软件:包括多媒体驱动程序和操作系统。该层软件是系统软件的核心,除与硬件设备打交道外,还要提供输入/输出控制界面程序,即I/O接口程序。而操作系统则提供对多媒体计算机的软件、硬件的控制和管理。

④ 媒体制作平台与媒体制作工具软件:支持应用开发人员创作多媒体应用软件。设计者利用该层提供的接口和工具加工媒体数据。常用的有图形图像设计系统,二维、三维动画制作系统,声音采集和编辑系统,视频采集和编辑系统等。

⑤ 多媒体创作和编辑软件:该层是多媒体应用系统编辑制作的环境,根据所使用工具的类型可分为:脚本语言及解释系统、基于图标导向的编辑系统、基于时间导向的编辑系统。除了编辑功能外,还具有控制外设播放多媒体的功能。设计者可以利用这层的开发工具和编辑系统来创作各种教育、娱乐、商业等应用的多媒体节目。

⑥ 多媒体应用系统运行平台:即多媒体播放系统。该层可以在计算机上播放多媒体文件,也可以单独播放多媒体产品。

以上6层中,前2层构成多媒体硬件系统,其余4层是软件系统。软件系统又包括系统软件和应用软件。

2. 多媒体计算机硬件系统

多媒体计算机硬件系统主要包括以下几部分:

① 多媒体主机,如个人机、工作站、超级微机等。

② 多媒体输入设备,如摄像机、电视机、麦克风、录像机、视盘、扫描仪、CD - ROM等。

③ 多媒体输出设备,如打印机、绘图仪、音响、电视机、喇叭、录音机、录像机、高分辨率屏幕等。

④ 多媒体存储设备,如硬盘、光盘、声像磁带等。

⑤ 多媒体功能卡,如视频卡、声音卡、压缩卡、家电控制卡、通信卡等。

⑥ 操纵控制设备,如鼠标器、操纵杆、键盘、触摸屏等。

3. 多媒体计算机软件系统

多媒体计算机软件系统包括多媒体操作系统、图形用户接口和支持多媒体数据开发的应用工作软件。多媒体计算机的软件系统是以操作系统为基础的。除此之外,还有多媒体数据库管理系统、多媒体压缩/解压缩软件、多媒体声像同步软件、多媒体通信软件等。特别需要指出的是,多媒体系统在不同领域中的应用需要有多种开发工具,而多媒体开发和创作工具为多媒体系统提供了方便直观的创作途径,一些多媒体开发软件包提供了图形、色彩板、声音、动画、画像及各种媒体文件的转换与编辑手段。

5.1.3 多媒体计算机的辅助媒体设备

对于多媒体计算机各种各样的辅助设备,可以分为3类:输入设备、输出设备和通信设备。

1. 输入设备

输入是指将数据输入计算机系统的过程。利用现代科学与技术已开发了各种输入设备,按照输入方式可分为5大类:键盘输入、指点输入(鼠标、触摸屏、手写板等)、扫描输入(扫描仪、条形码设备等)、传感输入(遥感卫星信号)、语音输入。下面介绍一些常见的输入设备。

(1)图像扫描仪

图像扫描仪是一种可将静态图像输入到计算机中的图像采集设备。它内部具有一套光电转换系统,可以把各种图片信息转换成计算机图像数据,并传送给计算机,再由计算机进行处理、编辑、存储、输出或传送给其他设备。扫描仪对于桌面排版系统、印刷制版系统都十分有用。

(2)条形码设备

条形码识别技术是集光电技术、通信技术、计算机技术和印刷技术于一体的自动识别技术。条形码识别设备广泛应用于商业、金融、医疗等行业。条形码是由一组宽度不同、平行相邻的黑条和白条,按照规定的编码规则组合起来的,用来表示某种数据的符号,这些数据可以是数字、字母或某些符号。条形码是人们为了自动识别和采集数据人为制造的中间符号,供机器识别,从而提高数据采集的速度和准确度。

(3)光学标记识别设备(OMR)

常见的英语标准考试试卷,用铅笔将答案标记涂黑,答案经由OMR扫描输入计算机处理。

(4)数码照相机

数码照相机是一种与计算机配套使用的照相机,在外观和使用方法上与普通的全自动照相机相似,两者之间最大的区别在于前者在存储器中存储图像数据,而后者通过胶片来保存图像。

(5)触摸屏

触摸屏是指点式输入设备,触摸屏在计算机显示器屏幕的基础上,附加坐标定位装置。通常有两种构成方法:接触式和非接触式。

接触式用手指接触其表面,分辨率高,但价格高。其技术多采用压敏器件,如塑料压敏定位法是在屏幕上贴一层内封有触感元件的塑料压敏膜,手指向某位置即可操作计算机。

非接触式是通过用户手指阻断交叉的红外光束来获得位置信息,价格便宜,使用寿命可达10万小时,但是分辨率不高。非接触式使用红外交叉定位法,即在屏幕四周设置交叉的两排红外光源和对应的红外检测器,红外线交叉的网格表示点的定位。

(6)游戏手柄

游戏手柄是用于控制游戏运行的一种输入设备,只有操作方向和简单的几个按钮。

(7)集成电路卡

集成电路卡(Integrated Circuit Card,IC),按功能可分为3类:存储卡、具有CPU的卡(智能卡)和超级智能卡。存储卡由一个或多个集成电路组成,具有记忆功能。智能卡由一个或多个集成电路芯片组成,具有微计算机和存储器,并封装成便于人们携带的卡片。超级智能卡除了具有智能卡的功能外,还具有自己的键盘、液晶显示器和电源,实际上是一台卡式微机。

2. 输出设备

输出是指将计算机处理的数据转换成用户需要的形式。与输入设备相比,输出设备的自动化程度更高。输出设备可分为5大类:显示输出、打印机、绘图仪、影像输出和语音输出。其中,显示器是计算机的基本配置。

(1)显示输出

显示系统包含图形显示适配器和显示器两大部分,只有将两者有机地结合起来,才能获得良好的显示效果。目前,大量使用的显示器是阴极射线管CRT,近年来液晶显示器发展很快。CRT显示器从前端表面上看可分为球面、柱面、平面直角和完全平面等多种类型;从扫描方式可分为隔行和逐行两种。常见的显示器屏幕尺寸有14 in、15 in、17 in、19 in、21 in等,点间距为0.39 mm、0.33 mm、0.28 mm、0.26 mm等。

(2)打印机

打印机经历了击打式到非击打式的发展时期,点阵打印机是目前常用的击打式打印机。击打式打印机是以机械撞击方式使打印头通过色带在纸上印出计算机的输出结果的设备。点阵打印机内装有汉字库可构成中文打印机。点阵打印机打印速度较慢,于是非击打式打印机应运而生。喷墨打印机和激光打印机是目前市场上微机配置中最主要的两种非击打式打印机。喷墨打印机是利用特殊技术的换能器将带电的墨水喷出,由偏转系统控制很细的喷嘴喷出微粒射线在纸上扫描,并绘出文字与图像。激光打印机是用激光扫描主机送来的信息,将要输出的信息在磁鼓上形成静电潜像,并转换成磁信号,使碳粉吸附在纸上,经过加温后印在纸上。

(3)绘图仪

绘图仪是一种用于图形硬复制的输出设备,也是计算机辅助设计的主要输出设备。绘图仪有平板式和滚筒式。平板式绘图仪幅面受平台尺寸限制,但对图纸没有特殊要求,而且绘图精度高。滚筒式绘图仪幅面较大,仅受筒长限制,占地面积小,速度快,但对纸张有一定要求,否则影响绘图的准确度。

(4)影像输出

这是将计算机的输出采用摄影、录像方式记录下来的输出方式。摄影方式分为计算机输出缩微胶卷和计算机输出缩微胶片两种。录像方式是计算机输出通过录像机记录到录像带上。

(5)语音输出

语音输出包括音响和音乐输出,为了取得较好的音响效果,音箱、功放设备也是不可少的。为了不影响计算机正常工作,应采用防磁音响。

3. 通信设备

(1)调制解调器

随着网络多媒体技术的发展,调制解调器已成为多媒体计算机必要的通信设备。按照接口形式,可分为外置式、内置式和机架式3种。

(2)网卡

要把计算机作为终端设备接入网络中,需要插入一块网络接口板,即网卡。网卡通过总线与计算机相连,再通过电缆接口与网络传输媒体相连。网卡上的电路要支持所对应的网络类型,网卡要与网络软件兼容。

(3)传真/通信卡

传真/通信卡是插在计算机扩展槽中的一块插卡,它集传真功能、通信技术和计算机技术于一体。带有传真/通信卡的PC可模拟传真,并与远方的传真机或安装有传真/通信卡的PC进行传真通信。

5.2　多媒体图像处理

5.2.1　图像的相关概念

1. 像素和分辨率

像素和分辨率是用来决定图像文件大小和图像质量的两个概念。

像素(Pixels)是构成图像的最小单位,多个像素组合在一起就构成了图像,但组合成图像的每一个像素只显示一种颜色。

分辨率(Resolution)是指用于描述图像文件信息量的术语,表示单位长度内点、像素或墨点的数量,通常用像素/英寸或像素/厘米表示。分辨率的高低直接影响到图像的效果。使用过低的分辨率会导致图像粗糙,在排版打印时图片变得模糊;使用较高分辨率的图像细腻且清楚,但会增加文件的大小,并降低图像的打印速度。

2. 位图和矢量图

位图和矢量图是图形图像存储的两种不同类型。

位图也叫作栅格图像,是由多个像素组成的,位图图像放大到一定倍数后,可以看到一个个方形的色块,整体图像也会变得模糊。位图的清晰度与像素的多少有关,单位面积内像素数目越多则图像越清晰,反之图像越模糊。对于高分辨率的彩色图像,用位图存储所需的存储空间较大。

矢量图又称向量图形,是由线条和图块组成的,当对矢量图进行放大后,图像仍能保持原来的清晰度,且色彩不失真。矢量图的文件大小与图像大小无关,只与图像的复杂程度有关,因此简单的图像所占的存储空间小。

3. 位深度

位深度主要是用来度量在图像中使用多少颜色信息来显示或打印像素。位深度越大图像中的颜色表示就越多,也越精确。

① 1位深度的像素有2种(2^1)颜色信息:黑和白。

② 8位深度的像素有256种(2^8)颜色信息。

③ 24位深度的图像有16 777 216种(2^{24})颜色信息。

4. 常用颜色模式

常用的颜色模式有RGB(光色模式)、CMYK(四色印刷模式)、Lab(标准色模式)、Grayscale(灰度模式)、Bitmap(位图模式)、Index(索引模式)、Duotone(双色调模式)和Multichannel(多通道模式)。

① RGB:该模式下的图像是由红(R)、绿(G)、蓝(B)3种颜色构成的,大多数显示器均采用此种颜色模式。

② CMYK:该模式下的图像是由青(C)、洋红(M)、黄(Y)、黑(K)4种颜色构成的,主要用于彩色印刷。

③ Lab:该模式是图像处理软件Photoshop的标准颜色模式,在色彩范围上远超过RGB模式和CMYK模式。它的特点是在使用不同的显示器或打印设备时,它所显示的颜色都是相同的。

④ Grayscale:该模式下图像由具有256级灰度的黑白颜色构成,一幅灰度图像在转变为CMYK模式后可增加颜色,如果将CMYK模式的彩色图像转变为灰度模式则颜色不能恢复。

⑤ Bitmap:该模式下图像由黑白两色组成,其深度为1。图形不能使用编辑工具,只有灰度模式才能转变为Bitmap模式。位图模式的图像也叫作黑白图像。

⑥ Index:该模式又叫图像映射色彩模式,这种模式的像素只有8位,即图像最多只有256种颜色。索引模式可以减少图像的文件大小,因此常用于多媒体动画的应用和网页制作。

⑦ Duotone：该模式是使用2～4种彩色油墨创建双色调（2种颜色）、三色调（3种颜色）和四色调（4种颜色）灰度图像。

⑧ Multichannel：该模式是在每个通道中使用256级灰度，常用于特殊打印。

5.2.2 常见的图像文件格式

多媒体计算机系统支持很多图像文件格式，下面主要介绍几种常用的图像文件格式。了解各种文件格式的功能和用途有利于对文件进行编辑、保存和转换。

1. BMP格式

BMP格式是Windows系统下的标准位图格式，使用很普遍，其结构简单，未经过压缩，一般图像文件会比较大。其最大的优点是支持多种Windows和OS/2应用程序软件，支持RGB、索引颜色、灰度和位图颜色模式的图像。

2. JPEG格式

JPEG格式是所有压缩格式中最卓越的。虽然它是一种有损失的压缩格式，但是在图像文件压缩时将不易被人眼察觉的图像颜色删除，这样有效地控制了JPEG在压缩时的损失数据量，从而达到较大的压缩比（可达到2:1甚至40:1）。JPEG格式支持CMYK、RGB和灰度颜色模式的图像。

3. PSD格式

这是Photoshop软件的专用格式，它能保存图像数据的每一个小细节，可以存储成RGB或CMYK色彩模式，也能自定义颜色数目进行存储。它可以保存图像中各图层中的效果和相互关系，各层之间相互独立，以便于对单独的层进行修改和制作各种特效。其唯一的缺点是存储时图像的文件特别大。

4. PCX格式

PCX格式是ZSOFT公司在开发图像处理软件Paintbrush时开发的一种格式，存储格式从1位到24位。它是经过压缩的格式，占用磁盘空间较少，并具有压缩及全彩色的优点。

5. CDR格式

CDR格式是图形设计软件CorelDRAW的专用格式，属于矢量图像，最大的优点是"体重"很轻，便于再处理。

6. DXF格式

DXF格式是三维模型设计软件AutoCAD的专用格式，文件小，所绘制的图形尺寸、角度等数据十分准确，是建筑设计的首选。

7. TIFF格式

TIFF格式是最常用的图像文件格式。它既能用于MAC也能用于PC。这种格式的文件是以RGB的全彩色模式存储的，并且支持通道。

8. EPS格式

EPS格式是由Adobe公司专门为存储矢量图形而设计的，用于在PostScript输出设备上打印。它可以在各软件之间使文件进行相互转换。

9. GIF格式

GIF格式的文件是8位图像文件，几乎所有的软件都支持该格式。它能存储成背景透明化的图像形式，所以这种格式的文件大多用于网络传输上，并且可以将多张图像存成一个档案，形成动画效果。它最大的缺点是只能处理256种色彩。

10. AI格式

AI格式是一种矢量图形格式，在Illustrator中经常用到。利用AI格式，可以将Photoshop软件中的画出的路径转化为AI格式，然后在Illustrator、CorelDRAW中打开对其进行颜色和形状的调整。

11. PNG格式

PNG格式可以使用无损压缩方式压缩文件。支持带一个Alpha通道的RGB颜色模式、灰度模式及不带Alpha通道的位图、索引颜色模式。它产生的透明背景没有锯齿边缘，但是一些较早版本的Web浏览器不支持 PNG 格式。

5.2.3 常见的图像编辑软件

1. Windows 画图程序

画图程序是 Windows 操作系统自带的一个图像编辑软件。可以用“画图”程序处理图片，如 . JPG、. GIF 或 . BMP 等格式的文件。可以将“画图”图片粘贴到其他已有的文档中，也可以将其用作桌面背景，甚至还可以用“画图”程序查看和编辑扫描好的照片。

2. ACDSee

ACDSee 是一款应用非常广泛的数字图像处理软件，它能广泛应用于图片的获取、管理、浏览、优化。使用 ACDSee 的图片浏览器，可以从数码照相机和扫描仪高效获取图片，并进行便捷的查找、组织和预览，支持超过 50 种常用多媒体格式。作为重量级的看图软件，它能快速、高质量显示图片，再配以内置的音频播放器，可以享用它播放出来的精彩幻灯片。ACDSee 还能处理如 MPEG 之类常用的视频文件。此外，ACDSee 是图片编辑工具，能够轻松处理数码影像，拥有去除红眼、剪切图像、锐化、浮雕特效、曝光调整、旋转、镜像等功能，还能进行批量处理。

3. Illustrator

Illustrator 是一款制作矢量图形的软件。它是创建和优化 Web 图形的强大、集成的工具，具有像动态变形这样的创造性选项，用于扩展视觉空间，且效率更高，流水化作业令文件发布更加容易。另外，Illustrator 和 Adobe 专业的用于打印、Web、动态媒体等的图形软件密切整合。作为 Adobe 家族软件中的拳头产品之一，Illustrator 无疑为奠定 Adobe 公司在出版界和媒体设计界的地位起到了举足轻重的作用。

4. CorelDRAW

CorelDRAW 是 Corel 公司出品的矢量图形制作工具软件，这个图形工具给设计师提供了矢量动画、页面设计、网站制作、位图编辑和网页动画等多种功能，极大地提高了专业设计人员的生产力。无论是创作印刷、网站还是跨媒体的作品，CorelDRAW 卓越的功能都将鼓舞艺术家的创造力。它性能稳定，可以与现有的工作流程完美结合。

5. 光影魔术手

光影魔术手是国内很受欢迎的图像处理软件，它是一个对数码照片画质进行改善及效果处理的软件。光影魔术手能够满足绝大部分照片后期处理的需要，批量处理功能非常强大，它无须改写注册表，如果用户对它不满意，可以随时恢复以往的使用习惯。

光影魔术手于 2006 年推出第一个版本，此前是一款收费软件，2008 年被迅雷公司收购之后实行了完全免费。目前光影魔术手采用全新迅雷 BOLT 界面引擎重新开发，在老版光影图像算法的基础上进行改良及优化，带来了更简便易用的图像处理体验。

6. Photoshop

Photoshop 是 Adobe 公司推出的世界顶尖级的图像设计与制作工具软件，它功能强大，操作界面友好，得到了广大第三方开发厂家的支持，从而也赢得了众多用户的青睐。

Photoshop 支持众多的图像格式，对图像的常见操作和变换做到了非常精细的程度，它拥有异常丰富的滤镜（也被称为增效工具），这些滤镜简单易用、功能强大、内容丰富且样式繁多，借助于滤镜的帮助，用户可以设计出许多超乎想象的图像效果。而这一切，Photoshop 都为用户提供了相当简捷和自由的操作环境，从而使用户的工作更加方便和游刃有余。

5.3 多媒体音频、视频和动画

5.3.1 音频的相关概念

音频波形描述了空气的振动，波形最高点（或最低点）与基线的距离为振幅，振幅表示声音的质量。波形中两个连续波峰间的距离称为周期，波形频率由 1 s 内出现的周期数决定，若每秒 1 000 个周期，则频率为

1 kHz。通过采样可将声音的模拟信号数字化,即在捕捉声音时,要以固定的时间间隔对波形进行离散采样。这个过程将产生波形的振幅值,以后这些值可还原成原始波形。影响数字声音波形质量的主要因素有以下3个:

1. 采样频率

采样频率等于波形被等分的份数,份数越多(频率越高),质量越好。

2. 采样精度

采样精度即每次采样的信息量。采样通过模/数转换器将每个波形垂直等分,若用8位模/数转换器,可把采样信号分为256等份;用16位模/数转换器则可将其分为65 536等份。

3. 通道数

声音通道的个数表明声音产生的波形数,一般分为单声道和立体声道。单声道产生一个波形,立体声道则产生两个波形。采用立体声道声音丰富,但存储空间要占用很多。

5.3.2 常见的音频文件格式

1. WAV 格式

WAV是Microsoft Windows本身提供的音频格式,由于Windows本身的影响力,这种格式已经成为了事实上的通用音频格式。通常使用WAV格式都是用来保存一些没有压缩的音频,但实际上WAV格式的设计是非常灵活的,该格式本身与任何媒体数据都不冲突,换句话说,只要有软件支持,甚至可以在WAV格式的文件中存放图像。之所以能这样,是因为WAV文件中存放的每一块数据都有自己独立的标识,通过这些标识可以告诉用户究竟这是什么数据。在Windows平台上通过ACM结构及相应的驱动程序,可以在WAV文件中存放超过20种的压缩格式,如ADPCM、GSM等,当然也包括MP3格式。

虽然WAV文件可以存放压缩音频甚至MP3,但由于它本身的结构注定了它的用途是存放音频数据并用作进一步的处理,而不是像MP3那样用于聆听。目前所有的音频播放软件和编辑软件都支持这一格式,并将该格式作为默认文件保存格式之一。

2. MP3 格式

MP3是Fraunhofer-IIS研究所的研究成果。MP3是第一个实用的有损音频压缩编码。在MP3出现之前,一般的音频编码,即使以有损方式进行压缩,能达到4:1的压缩比例已经很不错了。但是,MP3可以实现12:1的压缩比例,这使得MP3迅速地流行起来。MP3之所以能够达到如此高的压缩比例同时又能保持相当不错的音质,是因为利用了知觉音频编码技术,也就是利用了人耳的特性,削减了音乐中人耳听不到的成分,同时尝试尽可能地维持原来的声音质量。

衡量MP3文件的压缩比例通常使用比特率来表示。比特率表示每秒的音频可以用多少个二进制比特来表示。通常比特率越高,压缩文件就越大,但音乐中获得保留的成分就越多,音质就越好。由于比特率与文件大小、音质的关系,后来又出现了可变比特率方式编码的MP3,这种编码方式的特点是可以根据编码的内容动态地选择合适的比特率,因此编码的结果是在保证音质的同时又照顾了文件的大小。

由于MP3是世界上第一个有损压缩的编码方案,所以几乎所有的播放软件都支持它。在制作方面,也曾经产生了许多第三方的编码工具。不过随着后来Fraunhofer-IIS宣布对编码器征收版税之后很多都消失了。目前属于开放源代码并且免费的编码器是LAME。这个工具是公认的压缩音质最好的MP3压缩工具。另外,几乎所有的音频编辑工具都支持打开和保存MP3文件。

3. MP3PRO 格式

为了使MP3能在未来仍然保持生命力,Fraunhofer-IIS研究所连同Coding Technologies公司,还有法国的Thomson multimedia公司共同推出了MP3PRO。这种格式与之前的MP3相比,最大的特点是能在低达64 kbit/s的比特率下仍然能提供近似CD的音质(MP3是128 KB)。该技术称为SBR(Spectral Band Replication),它在原来MP3技术的基础上专门针对原来MP3技术中损失了的音频细节,进行独立编码处理并捆绑在原来的MP3数据上,在播放的时候通过再合成而达到良好的音质效果。

MP3PRO格式与MP3格式是兼容的,所以它的文件类型也是MP3。MP3PRO播放器可以支持播放

MP3PRO或者MP3编码的文件。普通的MP3播放器也可以支持播放MP3PRO编码的文件,但只能播放出MP3的音质。虽然MP3PRO是一种优秀的技术,但是由于技术专利费的问题以及其他技术提供商(如Microsoft)的竞争,MP3PRO并没有得到流行。

4. Real Media

Real Media是随着因特网的发展而出现的,这种文件格式几乎成了网络流媒体的代名词,其特点是可以在非常低的带宽下提供足够好的音质让用户能在线聆听。也就是在出现了Real Media之后,相关的应用如网络广播、网上教学、在线点播等才逐渐出现,形成了一个新的行业。

网络流媒体的原理其实非常简单,简单地说就是将原来连续不断的音频,分割成一个个带有顺序标记的小数据包,将这些小数据包通过网络进行传递,在接收的时候再将这些数据包重新按顺序组织起来播放。如果网络质量太差,有些数据包收不到或者延缓到达,它就跳过这些数据包不播放,以保证用户在聆听的内容是基本连续的。

由于Real Media是从极差的网络环境下发展过来的,所以Real Media的音质较差,包括在高比特率的时候,甚至比MP3差。后来通过利用SONY的ATRAC技术(也就是MD的压缩技术)实现了高比特率的高保真压缩。由于Real Media的用途是在线聆听,并不能编辑,所以相应的处理软件并不多。

5. Windows Media

Windows Media是微软公司推出的一种网络流媒体技术,本质上跟Real Media是相同的,但Real Media是有限开放的技术,而Windows Media则没有公开任何技术细节,还创造出一种名为多媒体流(Multi-Media Stream,MMS)的传输协议。

最初版本的Windows Media并没有得到什么好评,主要是因为音质较差,在更新了几个版本之后,Windows Media 9技术携带着大量的新特性并在Windows Media Player的配合下有了巨大的进步。特别在音频方面,Microsoft是唯一一个能提供全部种类音频压缩技术(无失真、有失真、语音)的解决方案。由于微软公司的影响力,支持Windows Media的软件非常多。虽然Windows Media也是用于聆听,不能编辑,但几乎所有的Windows平台的音频编辑工具都对它提供了读/写支持。通过Microsoft推出的Windows Media File Editor可以实现简单的直接剪辑。

6. MIDI格式

MIDI技术最初并不是为了计算机发明的,该技术最初应用在电子乐器上,用来记录乐手的弹奏,以便以后重播。不过随着在计算机中引入了支持MIDI合成的声音卡之后,MIDI正式地成为了一种音频格式。有很多人都误以为MIDI是用来记谱的,其实不然,MIDI的内容除了乐谱之外还记录了每个音符的弹奏方法。MIDI本身也有两个版本:General MIDI和General MIDI 2。在MIDI上还衍生了许多第三方的非标准技术,如非常著名的X-MIDI。它是由日本YAMAHA公司发明的,在原有的MIDI具有128种乐器的基础上扩充到了512种,并增加了更多的演奏控制,配合YAMAHA自己的波表播放软件或支持X-MIDI的硬件可以还原出非常动听和接近真实乐器效果的音乐。另外,就是为了弥补MIDI中通过声音合成得到的乐器声音始终比不上真实乐器声音这一缺点,General MIDI Association(MIDI规范的国际组织)推出了DLS(Downloadable Sound)技术,该技术通过给MIDI文件附带上真实乐器的录音采样,而使MIDI文件能营造出接近真实乐器效果的声音。不过该技术的主要问题是带上乐器采样之后的MIDI文件过大,影响了该技术的普及。

7. AAC格式

AAC就是高级音频编码的缩写,目前有苹果的iPod和NOKIA的手机音乐播放器支持这种格式。AAC是由Fraunhofer IIS-A、杜比和AT&T共同开发的一种音频格式,它是MPEG-2规范的一部分。AAC所采用的运算法则与MP3的运算法则有所不同,AAC通过结合其他的功能来提高编码效率。AAC的音频算法在压缩能力上远远超过了以前的一些压缩算法(如MP3等)。它还同时支持多达48个音轨、15个低频音轨、更多种采样率和比特率、多种语言的兼容能力、更高的解码效率。总之,AAC可以在比MP3文件缩小30%的前提下提供更好的音质。

8. AIFF格式

AIFF格式是Apple计算机上的标准音频格式,属于QuickTime技术的一部分。该格式的特点就是格式本身与数据的意义无关,因此受到了微软公司的青睐,并以此开发了WAV格式。AIFF虽然是一种很优秀的文件格式,但由于它是Apple计算机上的格式,因此在PC平台上并没有得到很大的流行。由于Apple计算机多用于多媒体制作和出版行业,因此几乎所有的音频编辑软件和播放软件都或多或少地支持AIFF格式。

9. AU格式

AU是UNIX下的一种常用音频格式,起源于Sun公司(已于2009被Oracle公司收购)的Solaris操作系统。这种格式本身也支持多种压缩方式,但文件结构的灵活性比不上AIFF和WAV。这种音频文件格式由于所依附的平台不是面向普通用户的,所以普及性不高,但是这种格式已经出现了很多年,所以许多播放器和音频编辑软件都提供了读/写支持。

10. VOC格式

创新公司的声卡成为PC平台上的多媒体声卡事实标准的时候,VOC格式也成为了DOS系统下的音频文件格式标准,该格式是创新公司发明的音频文件格式。由于该格式属于硬件公司的产品,因此不可避免地带有浓厚的硬件相关色彩。这一点随着Windows平台本身提供了标准的文件格式WAV之后就变成了明显的缺点。加上Windows平台不提供对VOC格式的直接支持,所以VOC格式很快便消失在人们的视线中。不过现在很多播放器和音频编辑器都还是支持该格式的。

5.3.3 视频的基本概念

视频信息实际上是由许多幅单个画面所构成的,电影、电视通过快速播放每帧画面,再加上人眼的视觉滞留效应便产生了连续运动的效果。如果再把音频信号加进去,就可以实现视频、音频信号的同时播放。视频信号的数字化是指在一定时间内以一定的速度对单帧视频信号进行捕获、处理以生成数字信息的过程。与模拟视频相比,数字视频可以无失真地进行无限次复制,可以用许多新的方法对其进行创造性的编辑,并且可以用较少的时间和创作费用创作出用于培训教育的交互节目。但是,数字视频存在数据量大的问题,为存储和传递数字视频带来了一些困难,所以在存储与传输的过程中必须进行压缩编码。

多媒体计算机中常用的压缩编码方法有两类。一类是无损压缩法,也称冗余压缩法、熵编码。无损压缩法不会产生失真,因此常用于文本、数据的压缩,它能保证完全地恢复原始数据,但是这种方法的压缩比较低。另一类是有损压缩法,也称熵压缩法。有损压缩法允许一定程度的失真,可用于对图像、声音、动态视频图像等数据的压缩。

衡量数据压缩技术有3项重要指标:一是压缩比要大,即压缩前后所需的信息存储量之比要大;二是实现压缩的算法要简单,压缩/解压缩速度要快,尽可能地做到实时压缩/解压缩;三是恢复效果要好,要尽可能地恢复原始数据。

各种编码算法可用软件来实现,也可以用硬件来实现,还可以用软、硬件相结合的方法来实现。在实际系统中,往往可根据具体要求灵活选择和控制图像压缩方法的有关参数,以求获得最佳的效果。

5.3.4 常见的视频文件格式

1. AVI格式

AVI(Audio Video Interleave)的专业名字叫作音/视频交错格式,是由微软公司于1992年开发的一种数字音频和视频文件格式。AVI格式一般用于保存电影、电视等各种影像信息,有时也应用于因特网中,主要用于播放新影片的精彩片段。

AVI格式允许视频和音频交错在一起同步播放,但由于AVI文件没有限定压缩标准,由此就造成了AVI文件格式不具有兼容性。不同压缩标准生成的AVI文件,必须使用相应的解压缩“算法”才能将其播放出来。

2. MOV格式

MOV格式是苹果公司创立的一种视频格式,用来保存音频和视频信息。MOV格式支持25位彩色,支持领先的集成压缩技术,提供150多种视频效果,并配有提供了200多种MIDI兼容音响和设备的声音装置。在很长的一段时期里,它都是只在苹果公司的MAC上存在,后来才发展到支持Windows平台的计算机上。

MOV格式因具有跨平台、存储空间要求小等技术特点,得到业界的广泛认可,事实上它已成为目前数字媒体软件技术领域的工业标准。

3. RM格式

RM(Real Media)格式是由Real Networks公司开发的一种能够在低速率的网上,实时传输音频和视频信息的流式文件格式,可以根据网络数据传输速率的不同制定不同的压缩比,从而实现在低速率的广域网上,进行影像数据的实时传送和实时播放,是目前因特网上最流行的跨平台的客户/服务器结构流媒体应用格式。RM格式共有Real Audio、Real Video和Real Flash 3类文件。Real Audio用来传输接近CD音质的音频数据的文件。Real Video用来传输连续视频数据的文件。Real Flash则是Real Networks公司与Macromedia公司合作推出的一种高压缩比的动画格式。

Real Video文件除了可以以普通的视频文件形式播放外,还可以与Real Server服务器相配合,首先由Real Encoder负责将已有的视频文件实时转换成Real Media格式,Real Server负责广播Real Media视频文件。在数据传输过程中,可以一边下载一边用RealPlayer播放视频影像,而不必像大多数视频文件那样,必须先下载然后才能播放。

4. ASF格式

高级流格式(Advanced Streaming Format,ASF)是微软公司推出的,也是一个在因特网上实时传播多媒体的技术标准。微软公司为了与现在的Real Media竞争,开发了这种可以直接在网上观看视频节目的视频文件压缩格式。它的视频部分采用了MPEG-4压缩算法,音频部分采用了微软新发表的压缩格式WMA。ASF的主要优点包括:本地或网络回放、可扩充的媒体类型、部件下载以及扩展性等。

ASF应用的主要部件是NetShow服务器和NetShow播放器,使用独立的编码器将媒体信息编译成ASF流,然后发送到NetShow服务器,再由NetShow服务器将ASF流发送给网络上的所有NetShow播放器。这和Real系统实时转播的原理基本相同。

5. DivX格式

DivX是目前MPEG最新的视频压缩、解压技术。DivX是一种对DVD造成很大威胁的新生的视频压缩格式。这是因为,DivX是为了打破ASF的种种协定而开发出来的,是由Microsoft MPEG-4V3改进而来,同样使用了MPEG-4的压缩算法。播放这种编码,对计算机的要求不高。

6. NAVI格式

NAVI是NewAVI的缩写,是一个名为ShadowRealm的地下组织开发出来的一种新的视频格式。它是由Microsoft ASF压缩算法修改而来的,视频格式追求的是压缩率和图像质量,所以NAVI为了追求这个目标,改善了原始的ASF格式中的一些不足,以牺牲ASF的视频流特性作为代价,让NAVI可以拥有更高的帧率。简单地说,NAVI就是一种去掉视频流特性的改良型ASF格式。

5.3.5 常见的多媒体播放器

多媒体播放器通常是指能播放以数字信号形式存储的视频或音频文件的软件,也指具有播放视频或音频文件功能的电子器件产品。除了少数波形文件外,大多数播放器携带解码器以还原经过压缩媒体文件,播放器还要内置一整套转换频率以及缓冲的算法。

衡量一款播放器软件的好坏可以从内核、交互界面和播放模式三方面入手。内核主要指解码、缓冲、频率转换等诸多涉及音质的算法;交互界面主要指用户与软件交互的外部接口;播放模式主要指播放器以何种方式播放哪些歌曲以满足用户对播放习惯和播放心理的要求。内核、交互界面、播放模式三方面在播放器设计中受重视的程度依次递减,通常每种播放器都会设计自己的个性化界面,但大多数播放器的播放模式都很类似。为了完善播放器的扩展功能,大多数播放器还支持第三方插件。

播放器类别繁多,常用的播放器大致有如下分类:

① 音频播放器:常见的有千千静听、Foobar 2000、WinMP3Exp、Winamp、QQ音乐播放器、酷狗音乐等。

② 视频播放器:Kmplayer、MPlayer、QQ影音、射手影音、暴风影音、RealPlaye、迅雷看看、QuickTime、百度影音以及Windows自带的Windows Media Player等。

③ 网络播放器:PPS、PPTV、VLC、PPlive、沸点网络电视、QQlive、CBox 等。

作为一般用户,一般是安装一个通用型的播放器,这样就基本能满足音频、视频播放。

5.3.6 多媒体动画的基本概念

多媒体动画是在传统动画的基础上,使用计算机图形、图像技术而迅速发展起来的一门高新技术。动画使得多媒体信息更加生动,富于表现。广义上看,数字图形、图像的运动显示效果都可以称为动画。在多媒体计算机上可以很容易地实现简单动画。

传统动画片的生产过程主要包括编剧、设计关键帧、绘制中间帧、拍摄合成等方面。关键帧就是定义动画的起始点和终结点的一幅图像,它是一个独立的状态,它记录动画的变化。在起始和终结关键帧之内的帧被称为过渡帧。传统动画片的生产中,通常由熟练的动画师设计动画片中的关键画面,即所谓的关键帧,而由一般的动画师设计中间帧。由此可以看出,动画片的制作过程相当复杂。因此,当计算机技术发展起来以后,人们开始尝试用计算机进行动画创作。

多媒体动画是采用连续播放静止图像的方法产生景物运动的效果,即使用计算机产生图形、图像运动的技术。多媒体动画的原理与传统动画基本相同,只是在传统动画的基础上把计算机技术用于动画的处理和应用,并可以达到传统动画所达不到的效果。例如,在三维多媒体动画中,中间帧的生成可以由计算机来完成,用插值算法计算生成中间帧代替了设计中间帧的动画师,所有影响画面图像的参数都可成为关键帧的参数,如位置、旋转角、纹理的参数等。由于采用数字处理方式,动画的运动效果、画面色调、纹理、光影效果等可以不断改变,输出方式也多种多样。计算机动画制作是一种高技术、高智力和高艺术的创造性工作。

5.3.7 常见的多媒体动画文件格式

1. GIF 动画格式

GIF 图像由于采用了无损数据压缩方法中压缩率较高的 LZW 算法,文件尺寸较小,因此被广泛采用。GIF 动画格式可以同时存储若干幅静止图像并进而形成连续的动画。目前,因特网上大量采用的彩色动画文件多为这种格式的 GIF 文件,很多图像浏览器都可以直接观看此类动画文件。

2. FLIC 格式

FLIC(FLI/FLC)是 Autodesk 公司在其出品的 Autodesk Animator/Animator Pro/3D Studio 等 2D/3D 动画制作软件中采用的彩色动画文件格式,FLIC 是 FLC 和 FLI 的统称。其中,FLI 是最初的基于 320 像素 ×200 像素的动画文件格式,而 FLC 则是 FLI 的扩展格式,采用了更高效的数据压缩技术,其分辨率也不再局限于 320 像素 ×200 像素。FLIC 文件采用行程编码(RLE)算法和 Delta 算法进行无损数据压缩,首先压缩并保存整个动画序列中的第一幅图像,然后逐帧计算前后两幅相邻图像的差异及改变部分,并对这部分数据进行 RLE 压缩,由于动画序列中前后相邻图像的差别通常不大,因此可以得到相当高的数据压缩率。它被广泛用于动画图形中的动画序列、计算机辅助设计和计算机游戏应用程序。

3. SWF 格式

SWF 是 Adobe 公司的产品 Flash 的矢量动画格式,它采用曲线方程描述其内容,不是由点阵组成内容,因此这种格式的动画在缩放时不会失真,非常适合描述由几何图形组成的动画,如教学演示等。由于这种格式的动画可以与 HTML 文件充分结合,并能添加 MP3 音乐,因此被广泛地应用于网页上,成为一种“准”流式媒体文件。

此外,AVI、MOV 等格式也可以作为动画文件的格式,这些格式在前面已经做了介绍。

5.3.8 常用的动画制作软件

动画制作软件有很多种类,如平面动画制作软件 Flash;三维动画制作软件 3ds Max、Maya 等,此外还有动画处理类软件,如 Animator Studio(动画处理加工软件)、Premiere(电影影像与动画处理软件)、GIF Construction Set(网页动画处理软件)、After Effects(电影影像与动画后期合成软件)。

1. Flash

Flash 是一款二维动画制作软件,是一种集动画创作与应用程序开发于一身的创作软件。Flash 广泛用于创建包含有丰富视频、声音、图形和动画的应用程序,在 Flash 中可以创建原始内容,也可以从其他 Adobe

的应用程序中(如 Photoshop 或 Illustrator)导入其他素材,从而快速设计和制作动画。设计人员和开发人员可使用 Flash 来创建演示文稿、应用程序和其他允许用户交互的内容。Flash 可以包含简单的动画、视频内容、复杂演示文稿和应用程序,以及介于它们之间的任何内容。用户也可通过添加图片、声音、视频和特殊效果,构建包含丰富媒体的 Flash 应用程序。

2. 3D Studio Max

3D Studio Max 简称为 3ds Max 或 MAX,是 Discreet 公司开发的(后被 Autodesk 公司合并)基于 PC 系统的三维动画渲染和制作软件。3ds Max 软件所制作的模型和场景都是三维立体的,它提供了大量的相关功能,如空间扭曲、粒子系统、反动力学等各种不同类型的制作方法,通过关键帧的控制,相关时间控制器的应用,以及丰富多彩的场景渲染效果,可以制作各种类型的复杂动画。3ds Max 功能非常强大,广泛应用于广告、影视、工业设计、建筑设计、三维动画、多媒体制作、游戏、辅助教学,以及工程可视化等领域。

3. Autodesk Maya

Autodesk Maya 也称 Maya(玛雅),是 Autodesk 公司出品的世界顶级的三维动画软件,应用对象是专业的影视广告、角色动画、电影特技等。Maya 功能完善,应用灵活,制作效率高,渲染真实感极强,是电影级别的高端制作软件。其售价高昂,声名显赫,是制作者梦寐以求的制作工具。Maya 可以提高制作效率和品质,调节出仿真的角色动画,渲染出电影般的真实效果。它不仅包括一般三维和视觉效果制作的功能,而且还与最先进的建模、数字化布料模拟、毛发渲染、运动匹配技术相结合,是进行数字和三维制作的首选解决方案。

5.4 多媒体数据压缩

5.4.1 多媒体数据压缩的概念

1. 数据压缩的必要性

多媒体信息经过数字化处理后其数据量是非常大的。例如,通常情况下,一幅 A4 幅面的 RGB 彩色图像的数据量约为 25 MB;如果以 CD 音质记录一首 5 min 的歌曲,其数据量约为 50 MB。又如,PAL 制式电视信号,分辨率为 768 像素 ×576 像素,每秒 25 帧的真彩色图像,每秒需要产生约 30 MB 的数据量,对于 650 MB 容量的光盘来说,只能存储大约 20 s 的数据。如此庞大的数据量,如果不进行数据压缩处理,则会给多媒体信息的传输、存储以及处理造成巨大的困难,计算机系统也无法对其进行存储和交换。同时,在多媒体数据中,存在着空间冗余、时间冗余、结构冗余、知识冗余、视觉冗余、图像区域的相同性冗余、纹理的统计冗余等,数据压缩就可以去掉信号数据的冗余性。因此,在多媒体系统中必须采用数据压缩技术,这是多媒体技术中一项十分关键的技术。

2. 无损压缩和有损压缩

数据压缩是按照某种方法从给定的信源中推出已简化的数据表述,是以一定的质量损失为前提的。这里所说的质量损失一般都是在人眼允许的误差范围之内,压缩前后的图像如果不做非常细致的对比,很难觉察出两者的差别。处理一般是由两个过程组成:一是编码过程,即将原始数据经过编码进行压缩,以便存储与传输;二是解码过程,此过程对编码数据进行解码,还原为可以使用的数据。

一般根据解码后数据是否能够完全无丢失地恢复原始数据,将压缩方法分为无损压缩和有损压缩两大类。

(1)无损压缩

无损压缩也称为冗余压缩、可逆压缩、无失真编码等。无损压缩方法利用数据的编码冗余进行压缩,它去掉了数据中的冗余,但这些冗余值是可以重新插入到数据中的。因此,无损压缩是可逆的,它能保证在数据压缩中不引入任何误差,在还原过程中可以百分之百地完全恢复原始数据,多媒体信息没有任何损耗或失真。

由于无损压缩不会产生失真,在多媒体技术中一般用于文本、数据的压缩。典型算法有哈夫曼编码、香农-费诺编码、算术编码、LZW 编码等。无损压缩的压缩比较低,一般为 2 : 1 ~5 : 1。

(2)有损压缩

有损压缩也称熵压缩法、不可逆压缩。有损压缩方法利用了人类视觉对图像中的某些频率十分不敏感的特性,采用一些高效的有限失真数据压缩算法,允许压缩过程中损失一定的信息,大幅度减少多媒体中的冗余信息,虽然不能完全恢复原始数据,但是所损失的部分对理解原始图像的影响较小,却换来了大得多的压缩比,如变换编码、预测编码等。

有损压缩方法可用于对图像、声音、动态视频等数据压缩,如采用混合编码的 JPEG 标准,它对自然景物的灰度图像,一般可压缩几倍到几十倍,而对于彩色图像,压缩比将达到几十倍到上百倍。采用 ADPCM 编码的声音数据,压缩比通常也能达到 4∶1~8∶1,压缩比最高的是动态视频数据,采用混合编码的 DVI 多媒体系统,压缩比通常可达 100∶1~200∶1。通常情况下,数据压缩比越高,信息的损耗或失真也越大,这就需要根据应用找出一个较佳平衡点。

5.4.2 多媒体数据压缩和编码技术标准

目前,被国际社会广泛认可和应用的通用压缩编码标准大致有如下 4 种:JPEG、H.261、MPEG 和 DVI。

1. JPEG

联合照片专家组(Joint Photograph Coding Experts Group,JPEG),是一种基于 DCT 的静止图像压缩和解压缩算法,它由 ISO(国际标准化组织)和 CCITT(国际电报电话咨询委员会)共同制定,并在 1992 年后被广泛采纳后成为国际标准。它是把冗长的图像信号和其他类型的静止图像去掉,甚至可以减小到原图像的百分之一(压缩比 100∶1)。JPEG 压缩是有损压缩,它利用了人的视觉系统的特性,去掉了视觉冗余信息和数据本身的冗余信息。在压缩比为 25∶1 的情况下,压缩后的图像与原始图像相比较,从视觉上看不出太大的变化,但是随着压缩比逐渐增大,一般来说图像质量开始变坏。

2. H.261

H.261 是由 CCITT 通过的用于音频、视频服务的视频编码解码器标准(也称 Px64 标准)。它主要使用两种类型的压缩:帧中的有损压缩(基于 DCT)和帧间的无损压缩编码,并在此基础上使编码器采用带有运动估计的 DCT 和 DPCM(差分脉冲编码调制)的混合方式。这种标准与 JPEG 及 MPEG 标准间有明显的相似性,但关键区别是,它是为动态使用设计的,并提供完全包含的组织和高水平的交互控制。

3. MPEG

MPEG 是 Moving Pictures Experts Group(动态图像专家组)的英文缩写,是由 ISO(国际标准化组织)和 IEC(国际电工委员会)制定发布的关于视频、音频、数据的压缩标准,现已几乎被所有的 PC 平台共同支持。MPEG 采用有损压缩算法,它在保证影像质量的基础上减少运动图像中的冗余信息,从而达到高压缩比的目的。它提供的压缩比可以高达 200∶1,同时图像和音响的质量也非常高。现在通常有 3 个版本:MPEG-1、MPEG-2、MPEG-4 以适用于不同带宽和数字影像质量的要求。它的 3 个最显著优点就是兼容性好、压缩比高、数据失真小。

MPEG-1 制定于 1992 年,为工业级标准而设计,可适用于不同带宽的设备,如 CD-ROM、Video-CD、CD-i。它可针对 SIF 标准分辨率的图像进行压缩,传输速率为 1.5 Mbit/s,每秒播放 30 帧,具有 CD 音质。MPEG 的编码速率最高可达 4~5 Mbit/s,但随着速率的提高,解码后的图像质量有所降低。MPEG-1 也被用于数字电话网络上的视频传输,如非对称数字用户线路(ADSL)、视频点播(VOD),以及教育网络等。同时,MPEG-1 也可被用作记录媒体或是在因特网上传输音频。

MPEG-2 标准制定于 1994 年,是针对 3~10 Mbit/s 的数据传输速率制定的运动图像及其伴音编码的国际标准。MPEG-2 所能提供的传输速率为 3~10 Mbit/s,其在 NTSC 制式下的分辨率可达 720 像素 ×486 像素,MPEG-2 也可提供广播级的视频和 CD 级的音质。MPEG-2 的音频编码可提供左、右、中及两个环绕声道,以及一个加重低音声道和多达 7 个伴音声道。由于 MPEG-2 在设计时的巧妙处理,使得大多数 MPEG-2 解码器也可播放 MPEG-1 格式的数据。MPEG-2 的另一个特点是,它可提供一个较广的范围改变压缩比,以适应不同的画面质量、存储容量以及带宽的要求。由于 MPEG-2 的出色性能表现,已能适用于 HDTV(高清晰度电视),使得准备为 HDTV 设计的 MPEG-3 还没出世就被抛弃了。除了作为 DVD 的指定标准外,MPEG -2 还广泛用于数字电视及数字声音广播、数字图像与声音信号的传输、多媒体等领域。

MPEG -4 于 1998 年 11 月公布,它不仅是针对一定比特率下的视频、音频编码,更加注重多媒体系统的交互性和灵活性。MPEG -4 标准主要应用于视像电话(Video Phone),视像电子邮件(Video Email)和电子新闻(Electronic News)等,其传输速率要求较低,为 4 800 ~ 64 000 bit/s,分辨率为 176 像素 × 144 像素。MPEG -4 利用很窄的带宽,通过帧重建技术,压缩和传输数据,以求以最少的数据获得最佳的图像质量。与 MPEG -1 和 MPEG -2 相比,MPEG -4 的特点是其更适合交互 AV 服务以及远程监控,它的另一个特点是其综合性。从根源上说,MPEG -4 试图将自然物体与人造物体相溶合(视觉效果意义上的)。MPEG -4 的设计目标还有更广的适应性和更灵活的可扩展性。

4. DVI

DVI 视频图像的压缩算法的性能与 MPEG-1 相当,即图像质量可达到 VHS 的水平,压缩后的图像数据率约为 1.5 Mbit/s。为了扩大 DVI 技术的应用,Intel 公司又推出了 DVI 算法的软件解码算法,称为 Indeo 技术,它能将压缩的数字视频文件压缩为 1/5 ~ 1/10。

5.4.3 常用的多媒体数据压缩软件

1. LAME

MP3 最受争议的就是音质问题,其高频损失很大,很多 MP3 编码器粗糙的编码算法不但导致高频丢失,还丢失了许多细节,例如,类似吉他擦弦的感觉在 MP3 中是找不到的。LAME 是一个非常著名的 HiFi 级 MP3 制作工具,也是目前公认的最先进的 MP3 压缩分析引擎,它通过强大专业的音频分析算法对源文件进行透彻的分析并制定出最佳的压缩方式,最大限度地保证了压缩后的音质。

2. ProCoder

ProCoder 是 Canopus 公司开发的数字多媒体格式转换工具。ProCoder 集成了 Canopus 公司的 DV 编解码器、MPEG -1 和 MPEG -2 的编码技术,以及 Ligos 公司的 MPEG -1 和 MPEG -2 的解码技术,还应用了微软公司的 Windows Media 技术和 RealNetwork 公司的 RealSystem 技术。由于将 4 家公司的编解码技术集于一身,因此可以在主流的媒体格式之间转换。不论是为制作 DVD 进行 MPEG 编码,还是为流媒体应用进行 Windows Media 编码,ProCoder 都能快速而简单地从一种视频格式转换为另一种视频格式。

ProCoder 不仅支持媒体格式之间转换,使用者可以简单地进行媒体制作,而且还提供很多视频和音频的“滤波器”算法功能,给专业的多媒体制作、编辑者用来提高编码效率或者对媒体内容进行优化和计算机特技化处理。另外,ProCoder 还可以无缝地剪接多个不同格式或者相同的多媒体片,实现 NTSC/PAL 的转换等功能。

3. Image Optimizer

Image Optimizer 是一款非常优秀的图像优化软件(简称 IO)。它采用了独创的 MagiCompression 技术,可以在保证图片画面质量的前提下,最大限度地减小图片文件的体积,可以同时提供对 JPEG、GIF 和 PNG 等多文件的压缩和优化操作,同时其附带的一些图片优化工具,还可以为用户提供一个不错的图片优化解决方案。

下 篇
计算思维基础

第6章　计算思维的基本概念

随着信息化的全面深入，计算思维已经成为人们认识和解决问题的重要基本能力之一。在当今信息化社会，一个人若不具备计算思维的能力，在激烈竞争的环境中将处于劣势，因此计算思维已经不仅仅是计算机专业人员应该具备的能力，它也是所有受教育者应该具备的能力，它蕴含着一整套解决一般问题的方法与技术。

本章首先介绍有关计算机文化的知识，包括计算机文化的形成、发展与影响，然后介绍计算思维的基本内容，讲解计算思维的由来、定义、方法与特征等，使读者对计算思维的概念有一个初步的认识。

学习目标

- 了解计算机文化的形成与发展、了解计算机文化的影响。
- 了解计算思维的由来，理解科学方法与科学思维的相关知识。
- 了解计算思维的内容，理解计算思维定义、方法与特征的相关知识。
- 理解计算思维能力培养的意义。

6.1　计算机文化

由于计算机的普及与发展，人类社会的生存方式已发生了根本性的变化，并由此形成了一种崭新的文化形态，即计算机文化。过去对教育对象的要求是“能写会算”，即3个R的读、写、算；现在针对信息化社会的要求又提出要培养在计算机上“能写会算”的人，即计算机素养，并归纳出新的3个R：读计算机的书、写计算机程序、取得计算机实际经验，这概括了对计算机学习的基本要求。随着计算机教育的普及，计算机文化正成为人们关注的热点。

1. 计算机文化的形成

当今世界正在经历由原子(Atom)时代向比特(bit)时代的变革，计算机科学与技术的进步在其中无疑起着关键性的作用。经过几十年的发展，计算机技术的应用领域几乎无所不在，成为人们工作、生活、学习不可或缺的重要组成部分，并由此形成了独特的计算机文化。这种崭新的文化形态可以体现为：

① 计算机理论及其技术对自然科学、社会科学的广泛渗透所表现的丰富文化内涵。

② 计算机的软、硬件设备，作为人类所创造的物质设备丰富了人类文化的物质设备品种。

③ 计算机应用介入人类社会的方方面面，从而创造和形成的科学思想、科学方法、科学精神、价值标准等成为一种崭新的文化观念。

计算机文化为我们带来了崭新的学习观念，面对浩瀚的知识海洋，人脑所能接受的知识是有限的，但计算机这种工具可以解放繁重的记忆性劳动，使人脑可以更多地用来完成“创造”性的劳动。计算机文化还代表了一个新的时代文化，它已经将一个人经过文化教育后所具有的能力由传统的读、写、算上升到一个新高度，即除了能读、写、算以外还要具有计算机运用能力(信息处理能力)，而这种能力可通过计算机文化的普及来实现。

2. 计算机文化的发展

计算机文化来源于计算机技术，正是后者的发展，孕育并推动了计算机文化的产生和成长；而计算机文化的普及，又反过来促进了计算机技术的进步与计算机应用的扩展。

当人类跨入21世纪时，又迎来了以网络为中心的信息时代。网络可以把时间和空间上的距离大大缩小，借助于网络人们能够方便地彼此交谈、交流思想、交换信息。网络最重要的特点就是人人可以处在网络的中心位置，彼此完全平等地对话。作为计算机文化的一个重要组成部分，网络文化已成为人们生活的一部分，深刻地影响着人们的生活，网络文明对人类社会进步和生活改善将起到不可估量的影响。

当然，计算机文化除了知识精华在传播，也有污秽糟粕在泛滥，如网络上传播的不健康的东西就应该坚决取缔。

3. 计算机文化的影响

计算机的普及和计算机文化的形成及发展，对社会产生了深远的影响。网络技术的飞速发展，使互联网渗透到了人们工作、生活的各个领域，成为人们获取信息、享受网络服务的重要来源。

计算机文化的形成及发展，对语言也产生了深远的影响。网络语言的出现与发展就是一个很好的例子。网络语言包括拼音或者英文字母的缩写，含有某种特定意义的数字以及形象生动的网络动画和图片，起初主要是网虫们为了提高网上聊天的效率或某种特定的需要而采取的方式，久而久之就形成了特定的语言。

今天，计算机文化已成为人类现代文化的一个重要的组成部分，完整准确地理解计算科学与工程及其社会影响，已成为新时代青年人的一项重要任务。

6.2 计算思维

6.2.1 计算思维的提出

计算思维不是今天才有的，从我国古代的算筹、算盘，到近代的加法器、计算器以及现代的电子计算机，直至目前风靡全球的互联网和云计算，无不体现着计算思维的思想。可以说计算思维是一种早已存在的思维活动，是每一个人都具有的一种能力，它推动着人类科技的进步。然而，在相当长的时期，计算思维并没有得到系统的整理和总结，也没有得到应有的重视。

计算思维一词作为概念被提出最早见于20世纪80年代美国的一些相关的杂志上，我国学者在20世纪末也开始了对计算思维的关注，当时主要的计算机科学专业领域的专家学者对此进行了讨论，认为计算思维是思维过程或功能的计算模拟方法论，对计算思维的研究能够帮助达到人工智能的较高目标。

可见，“计算思维”这个概念在20世纪90年代和21世纪初就出现在领域专家、教育学者等的讨论中了，但是当时并没有对这个概念进行充分的界定。直到2006年周以真教授发表在*Communications of the ACM*期刊上的*Computational Thinking*一文，对计算思维进行了详细的阐述和分析，这一概念才获得国内外学者、教育机构、业界公司甚至政府层面的广泛关注，成为进入新世纪以来计算机及相关领域的讨论热点和重要研究课题之一。2010年10月，中国科学技术大学陈国良院士在“第六届大学计算机课程报告论坛”倡议将计算思维引入了大学计算机基础教学，计算思维也得到了国内计算机基础教育界的广泛重视。

学者、教育者和实践者们关于计算思维本质、定义和应用的大量讨论推动了计算思维在社会的普及和发展，但到目前为止，都没有一个统一的、获得广泛认可的关于计算思维的定义。所有的讨论和研究大致可分为两个方向：其一，将“计算思维”作为计算机及其相关领域中的一个专业概念，对其原理内涵等方面进行探究，称为理论研究；其二，将“计算思维”作为教育培训中的一个概念，研究其在大众教育中的意义、地位、培养方式等，称为应用研究。理论研究对应用研究起到指导和支撑的作用，应用研究是理论研究的成果转化，并丰富其体系，两者相辅相成，形成对计算思维的完整阐述。

6.2.2 科学方法与科学思维

科学界一般认为，科学方法分为理论科学、实验科学和计算科学三大类，它们是当今社会支持科学探索的3种重要途径。与三大科学方法相对的是3种思维形式,即理论思维(Theoretical Thinking)、实验思维(Experimental Thinking)和计算思维(Computational Thinking),其中理论思维以数学为基础,实验思维以物理等学科为基础,计算思维以计算机科学为基础。三大科学思维构成了科技创新的三大支柱(见图6-1)。作为三大科学思维支柱之一,计算思维又称构造思维,它是指从具体的算法设计规范入手,通过算法过程的构造与实施来解决给定问题的一种思维方法。它以设计和构造为特征,以计算机学科为代表。计算思维就是思维过程或功能的计算模拟方法,其研究的目的是提供适当的方法,使人们能借助现代和将来的计算机,逐步实现人工智能的较高目标。计算思维具有鲜明的时代特征,正在引起我们国家的高度重视。

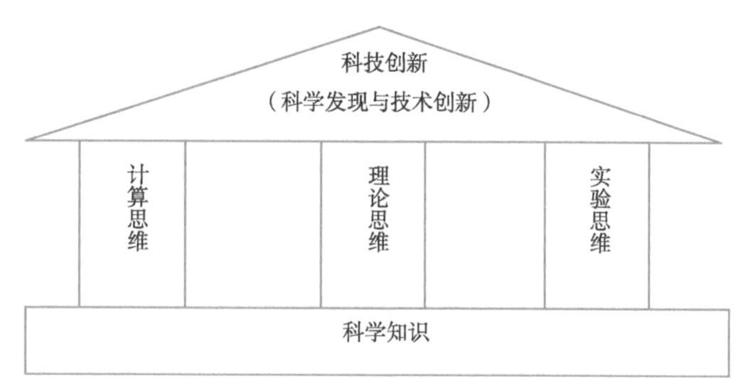

图6-1 科技创新三大支柱

6.2.3 计算思维的内容

1. 计算思维的概念性定义

计算思维的概念性定义主要来源于计算科学这样的专业领域,从计算科学出发,与思维或哲学学科交叉形成思维科学的新内容。计算思维的概念性定义主要包含以下两方面:

(1)计算思维的内涵

按照周以真教授的观点,计算思维是指运用计算机科学的基础概念进行问题求解、系统设计以及人类行为理解等涵盖计算机科学之广度的一系列思维活动。计算思维建立在计算过程的能力和限制之上,由人或机器执行。计算思维的本质是抽象(Abstraction)和自动化(Automation)。

计算思维中的抽象完全超越物理的时空观,并完全用符号来表示,与数学和物理科学相比,计算思维中的抽象显得更为丰富,也更为复杂。在计算思维中,所谓抽象就是要求能够对问题进行抽象表示、形式化表达(这些是计算机的本质),设计问题求解过程达到精确、可行,并通过程序(软件)作为方法和手段对求解过程予以"精确"地实现。也就是说,抽象最终结果是能够机械地一步步自动执行。

(2)计算思维的要素

周以真认为计算思维补充并结合了数学思维和工程思维,在其研究中提出体现计算思维的重点是抽象的过程,而计算抽象包括(并不限于):算法、数法结构、状态机、语言、逻辑和语义、启发式、控制结构、通信、结构。教指委提出的计算思维表达体系包括计算、抽象、自动化、设计、通信、协作、记忆和评估8个核心概念。国际教育技术协会(International Society for Technology in Education,ISTE)和美国计算机科学教师协会(Computer Science Teachers Association,CSTA)研究中提出的思维要素则包括数据收集、数据分析、数据展示、问题分解、抽象、算法与程序、自动化、仿真、并行。CSTA的报告中提出了模拟和建模的概念。美国离散数学与理论计算研究中心(DIMACS)计算思维中包含了计算效率提高、选择适当的方法来表示数据、做估值、使用抽象、分解、测量和建模等因素。

以上各方从不同的角度进行的分析归纳,有利于对计算思维要素的后续研究。提炼计算思维要素进一步展现了计算思维的内涵,其意义在于:

① 计算思维要素相较于内涵而言更易于理解,能够使人将其与自己的生活、学习经验产生有效连接。

② 计算思维要素的提出是计算思维的理论研究向应用研究转化的桥梁,使计算思维的显性教学培养成为可能。

2. 计算思维的操作性定义

计算思维的操作性定义来源于应用研究，主要讨论计算思维在跨学科领域中的具体表现、如何应用以及如何培养等问题。与概念性定义的学科专业特点不同，操作性定义注重的是如何将理论研究的成果进行实践推广、跨学科迁移，以产生实际的作用，使之更容易被大众理解、接受和掌握。当前国内广大师生对计算思维研究最为关注的方面，不是计算思维的系统理论，而是如何将计算思维培养落地、在各个领域中如何产生作用。通过总结分析各家之言，计算思维的操作性定义主要包括以下几方面：

(1)计算思维是问题解决的过程

“计算思维是问题解决的过程”这一认识是对计算思维被人所掌握之后，在行动或思维过程中表现出来的形式化的描述，这一过程不仅能够体现在编程过程中，还能体现在更广泛的情境中。周以真认为计算思维是制定一个问题及其解决方案，并使之能够通过计算机(人或机器)有效地执行的思考过程。国际教育技术协会(ISTE)和美国国家计算机科学技术教师协会(CSTA)通过分析700多名计算科学教育工作者、研究人员和计算机领域的实践者的调研结果，于2011年联合发布了计算思维的操作性定义，认为计算思维作为问题解决的过程，该过程包括(不限于)以下步骤：

① 界定问题，该问题应能运用计算机及其他工具帮助解决。

② 要符合逻辑地组织和分析数据。

③ 通过抽象(例如，模型、仿真等方式)再现数据。

④ 通过算法思想(一系列有序的步骤)形成自动化解决方案。

⑤ 识别、分析和实施可能的解决方案，从而找到能有效结合过程和资源的最优方案。

⑥ 将该问题的求解过程进行推广并移植到广泛的问题中。

由此可见，作为问题解决的过程，计算思维先于任何计算技术早已被人们所掌握。在新的信息时代，计算思维能力的展示遵循最基本的问题解决过程，而这一过程需要能被人类的新工具(即计算机)所理解并能有效执行。因此，计算思维决定了人类能否更加有效地利用计算机拓展能力，是信息时代最重要的思维形式之一。

(2)计算思维要素的具体体现

计算思维作为问题解决的过程不仅需要利用数据和大量计算科学的概念，还需要调度和整合各种有效思维要素。思维要素作为理论研究和应用研究的桥梁，提炼于理论研究，服务于应用研究，抽象的计算思维概念只有分解成具体的思维要素才能有效地指导应用研究与实践。

(3)计算思维体现出的素质

素质是指人与生俱来的以及通过后天培养、塑造、锻炼而获得的身体上和人格上的性质特点，是对人的品质、态度、习惯等方面的综合概括。具备计算思维的人在面对问题的时候，除了使用计算思维能力加以解决之外，在解决的过程中还表现出一定的素质。例如：

① 处理复杂情况的自信。

② 处理难题的毅力。

③ 对模糊/不确定的容忍。

④ 处理开放性问题的能力。

⑤ 与其他人一起努力达成共同目标的能力。

具备计算思维能力，能够改变或者使学习者养成某些特定的素质，从而从另一层面影响学习者在实际生活中的表现。这些素质实际上描绘了一个高度发达的信息社会中合格公民的形象，使普通人对计算思维有了更加深入和形象的理解。

以上三方面共同构成了计算思维的操作性定义。操作性定义明确了计算思维这个抽象概念在实际活动中现实而具体的体现(包括能力和品质)，使这一概念可观测、可评价，从而直接为教育培养过程提供有效的参考。

3. 计算思维的完整定义

计算思维的理论研究与应用研究密切相关、相辅相成，共同构成了对计算思维的完整研究。理论研究的成果转化为应用研究中的理论背景给予实践支撑，应用研究的成果转化为理论研究中的研究对象和材料。计算思维的概念性定义植根于计算科学学科领域，同时与思维科学、哲学交叉，从计算科学出发形成对计算思维的理解和认识，适用于指导对计算思维本身进行的理论研究。计算思维的操作性定义适用于对计算思维能力的培养以及计算思维的应用研究，计算思维的应用和培养是以实际问题为前提的，在实际理解和解决问题的过程中体会、发展和养成计算思维能力。因此，计算思维的概念性定义和操作性定义彼此支撑和互补，共同构成计算思维的完整定义。计算思维的完整定义指导了计算思维在计算科学学科领域及跨学科领域中的研究、发展和实践。

(1)狭义计算思维和广义计算思维

随着信息技术的发展，人类从农业社会、工业社会步入了信息社会，这不仅意味着经济、文化的发展，同时人类思维形式也发生了巨大的变化。除“计算思维”概念外，人们还提出了“网络思维”“互联网思维”“移动互联网思维”“数据思维”“大数据思维”等新的思维形式概念。如果将概念性定义和操作性定义组成的计算思维称为狭义计算思维，则由信息技术带来的更广泛的新的思维形式可被称为广义计算思维或信息思维。作为当代的大学生，除了需要具备计算机基础知识和基本操作能力以外，还应该以这些知识能力为载体，在广义和狭义的计算思维能力上得到发展。

(2)计算思维的两种表现形式

计算思维作为抽象的思维能力，不能被直接观察到，计算思维能力融合在解决问题的过程中，其具体的表现形式有如下两种：

① 运用或模拟计算机科学与技术(信息科学与技术)的基本概念、设计原理，模仿计算机专家(科学家、工程师)处理问题的思维方式，将实际问题转化(抽象)为计算机能够处理的形式(模型)进行问题求解的思维活动。

② 运用或模拟计算机科学与技术(信息科学与技术)的基本概念、设计原理，模仿计算机(系统、网络)的运行模式或工作方式，进行问题求解、创新创意的思维活动。

4. 计算思维的方法与特征

计算思维方法是在吸取了问题解决所采用的一般数学思维方法，现实世界中巨大复杂系统的设计与评估的一般工程思维方法，以及复杂性、智能、心理、人类行为的理解等的一般科学思维方法的基础上所形成的。周以真教授将其归纳为如下7类方法：

① 计算思维是通过约简、嵌入、转化和仿真等方法，把一个看来困难的问题重新阐释成一个我们知道问题怎样解决的思维方法。

② 计算思维是一种递归思维，是一种并行处理，是一种把代码译成数据又能把数据译成代码，是一种多维分析推广的类型检查方法。

③ 计算思维是一种采用抽象和分解来控制庞杂的任务或进行巨大复杂系统设计的方法，是基于关注点分离的方法(SoC方法)。

④ 计算思维是一种选择合适的方式去陈述一个问题，或对一个问题的相关方面建模使其易于处理的思维方法。

⑤ 计算思维是按照预防、保护及通过冗余、容错、纠错的方式，并从最坏情况进行系统恢复的一种思维方法。

⑥ 计算思维是利用启发式推理寻求解答，也即在不确定情况下的规划、学习和调度的思维方法。

⑦ 计算思维是利用海量数据来加快计算，在时间和空间之间，在处理能力和存储容量之间进行折中的思维方法。

周以真教授以计算思维是什么和不是什么的描述形式对计算思维的特征进行了总结，如表6-1所示。

表 6-1 计算思维的特征

计算思维是什么	计算思维不是什么
是概念化	不是程序化
是根本的	不是刻板的技能
是人的思维	不是计算机的思维
是思想	不是人造物
是数学与工程思维的互补与融合	不是空穴来风
面向所有的人,所有的地方	不局限于计算学科

6.2.4 计算思维能力的培养

1. 社会的发展要求培养计算思维能力

随着信息化的全面深入,计算机在生活中的应用已经无所不在并无可替代,而计算思维的提出和发展帮助人们正视人类社会这一深刻的变化,并引导人们通过借助计算机的力量来进一步提高解决问题的能力。在当今社会,计算思维成为人们认识和解决问题的重要基本能力之一,一个人若不具备计算思维的能力,将在就业竞争中处于劣势;一个国家若不使广大受教育者得到计算思维能力的培养,在激烈竞争的国际环境中将处于落后地位。计算思维,不仅是计算机专业人员应该具备的能力,而且也是所有受教育者应该具备的能力,它蕴含着一整套解决一般问题的方法与技术。为此需要大力推动计算思维观念的普及,在教育中应该提倡并注重计算思维的培养,促进在教育过程中对学生计算思维能力的培养,使学习者具备较好的计算思维能力,以此来提高在未来国际环境中的竞争力。

2. 大学要重视运用计算思维解决问题的能力

当前大学开设的计算机基础课的教学目标是让学习者具备基本的计算机应用技能,因此,大学计算机基础教育的本质仍然是计算机应用的教育。为此,需要在目前的基础上强调计算思维的培养,通过计算机基础教育与计算思维相融合,在进行计算机应用教育的同时,可以培养学生的计算思维意识,帮助学习者获得更有效的应用计算机的思维方式。其目的是通过提升计算思维能力更好地解决日常问题,更好地解决本专业问题。计算思维培养的目的应该满足这一要求。

从计算思维的概念性定义和操作性定义的属性可知,计算思维在大学阶段应该正确处理计算机基础教育面向应用与计算思维的关系。对于所有接受计算机基础教育的学习者,应以计算机应用为目标,通过计算思维能力的培养更好地服务于其专业领域的研究;对于以研究计算思维为目标的学习者(如计算机专业、哲学类专业研究人员),需要更深入地进行计算思维相关理论和实践的研究。

第 7 章　问题求解与计算机程序

现实生活中会遇到各种问题，人们解决问题会有相应的步骤与过程。计算机解决问题有其自身的方法与过程，学习计算机解决问题的思想，就要了解计算机求解问题的过程，理解计算机程序的组成并利用计算机程序解决问题，这是学习计算机编程的基本方法与途径。

本章首先介绍一般问题的求解过程，然后介绍计算机可以处理问题的类型，讲解计算机处理问题的一般过程，最后介绍计算机程序组成，使读者对计算机求解问题的过程及计算机程序的组成有一个初步的认识。

学习目标

- 了解一般问题的求解过程。
- 了解计算机可以处理问题的类型，理解计算机处理问题的一般过程。
- 了解计算机程序的组成，理解程序与算法、数据结构的关系。

7.1　一般问题求解过程

在日常生活的中，人们会遇到许多不同的问题，当遇到问题时，就要思考如何来解决这些问题。解决问题可能有许多种方案，虽然最终都能达到解决问题的目的，但采用不同的方案其效果可能会有很大的不同。有些方案效率高、效果好，反之另外的方案就可能效率低、效果差，这时人们就会面临方案的选择与取舍。最终人们会选择一种方案并执行。

例如，如果需要筹划一个聚会，面对这样的一个问题，该如果解决呢？首先要确定这个聚会的目的是什么，是几个同学的小聚，还是大型活动的 Party？接着要根据聚会的规模与主题，分析需要些什么资源，这些资源如何获取？然后我们会想出不同的点子，即提出各种方案。之后根据具体的情况，看看选择哪个方案更好。最后才是执行并完成所有的任务。

上面这个筹划聚会并最终实施的过程就体现了解决问题的一般过程，如图 7－1 所示。

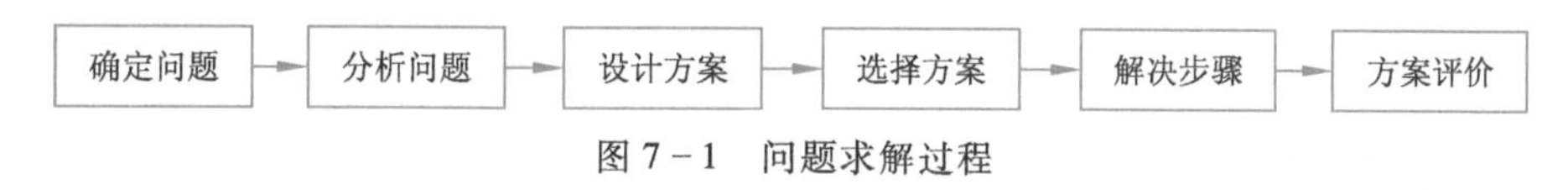

图 7－1　问题求解过程

1. 确定问题

遇到问题，首先要确定和明确问题。很多问题解决不好，很大程度上都是因为开始没有明确问题。生活中的问题与我们所学的数学问题不太一样，如果不明确问题，就不会知道该用什么方法去解决，从而更加限制了我们的创造性。

2. 分析问题

分析并解决问题，要了解问题背后的相关知识。例如，聚会一般会碰到什么问题？参加人数是多少？

饮食、装饰有什么要求？对聚会的地点有没有要求？邀请的客人有什么特别的需要？邀请卡要不要特别的设计？……总之要了解面对的客户，根据不同的需求，设计相应的解决方案。

3. 设计方案

根据分析设计出不同的方案。在解决问题时常常需要查阅各种资料，开动脑筋，集思广益，尽可能全面地列出多种备选方案。

4. 选择方案

在诸多备选方案中进行选择，就需要指定一个评定的标准，明确并评价每种方案的利弊，根据这些标准对所有的方案进行评价，选出最佳的方案。

5. 解决步骤

选定方案后，要列出方案的解决问题步骤，运用知识范围内有限、分步的指令来描述已选定的方案。问题的解决步骤是一系列的指令，按照这些指令才能达到最后的结果。

例如，上述的聚会问题，在确定了一个方案后，就要列出解决的步骤：

① 订聚会的地点；② 填邀请卡；③ 发邀请卡；④ 布置聚会会场；⑤ 购买酒水；⑥ 购买食品……

对于上面诸如聚会这样一般日常生活中的问题的解决步骤，其要求并不是很严格的，有些步骤还可以前后交换次序，甚至同时进行。

6. 方案评价

方案执行完毕后，要对方案执行的情况进行评估。通过执行方案，检测它的结果是否正确，是否令用户满意。如果结果错误或不令人满意，就必须重新设计一个解决方案。

7.2 计算机求解问题的过程

7.2.1 计算机处理问题的类型

计算机并不能处理所有问题，有些问题不可以通过特定的步骤得到解决，这样的问题必须有相应的知识和经验，还需要经过不断的尝试和失败才达到最终目的。这种不能通过一些直观的步骤来解决的问题称为启发式问题。

计算机解决启发式问题会显得非常困难，处理这类启发式问题所涉及的计算机技术领域称为人工智能。人工智能可以让计算机建立自己的知识库并学会人类的语言，最终，计算机解决问题的能力将会和人相差无几，但这并不是这里要讨论的问题。

通常用计算机处理的问题称之为算法式问题，这样的算法式问题可以分为三类：

① 计算型：指包括数学计算过程的问题。

② 逻辑型，指包含关系或逻辑处理的问题。

③ 反复型，指需要反复执行一组计算型或逻辑型指令的问题。

例如，用计算机语言编制一个机器人行走的程序。其中，机器人只能根据设定的指令进行活动，执行完一条指令后，紧接着执行下一条。机器人可以执行的指令如下：

```
起立
坐下
向前走一步(必须在站立时执行)
向右转90°(必须在站立时执行)
举起手臂(向前抬到与身体成直角)
放下手臂
```

如果要求编写出一个具体的指令步骤，让机器人向前一直走到墙，然后再走回来；当机器人抬起手时，它可以摸到墙和椅子的靠背；机器人和墙的距离只有三步长。具体的指令步骤如下：

```
1:起立
2:举起手臂
```

```
3:向前走一步
4:向前走一步
5:向前走一步
6:向右转 90°
7:向右转 90°
8:向前走一步
9:向前走一步
10:向前走一步
11:向右转 90°
12:向右转 90°
13:放下手臂
14:坐下
15:停止
```

从上面的例子可以看出，用计算机解决问题的核心，就是将问题分解成一个个具体的步骤，然后用计算机可以识别的语言或指令描述这些步骤，并按照自上到下的顺序依次执行。

7.2.2 计算机处理问题的一般过程

利用计算机求解一个问题时，与一般问题的求解有着相似的过程，图 7－2 即表示了通过计算机编写程序解决问题的一般过程。

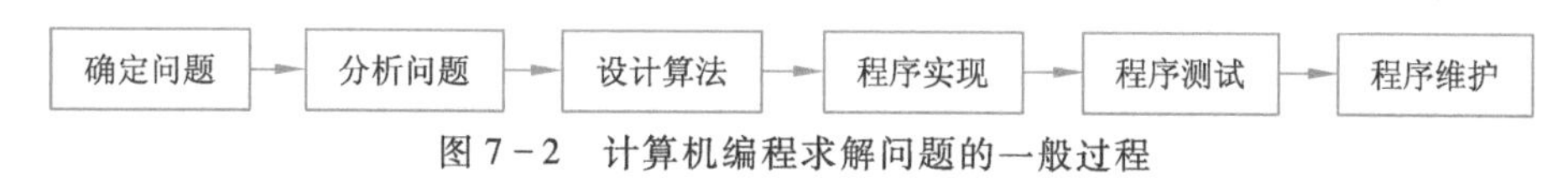

图 7－2 计算机编程求解问题的一般过程

1. 确定问题

在拿到一个具体问题后，首先要充分理解用户的需求，并对目标系统领域背景知识有一定的了解，以确定解决目标和问题的可行性。其中，可行性包括计算机科学求解问题的局限性、现有的技术局限和经济风险等。其目标就是在了解问题所有特征的基础上，对问题进行抽象，从而建立系统模型。在确定问题的抽象过程中，碰到的困难有可能很多，例如问题涉及的因素繁多，需求分析时交流不通畅，问题需求不明确等。这时就要借助于将目标转化的方法，即将大的问题“降维”，从而缩小目标。可将高维降为低维，将一般降为特殊，将抽象降为具体，将整体降为局部，从而简化数据关系。总之，在此阶段主要完成问题的识别，确定用户的需求，去除不重要的方面，找到最根本的问题所在。

2. 分析问题

在确定问题后，先要仔细地分析问题的细节，通过对问题的分析和方案的综合，逐步细化和明确目标系统的各个功能，建立问题的求解模型，从而清晰地获得问题的概念；其次，要确定输入和输出。在这一阶段中，应该列出问题的变量及其相互关系，这些关系可以用公式的形式来表达。另外，还应该确定计算结果显示的格式。

3. 设计算法

在确定问题并分析问题之后，就要寻找解决问题的途径和方法，此时进入设计阶段。在设计阶段要进行模块划分，然后再实现各模块的算法的表示。

(1) 自顶向下，逐步细化

设计算法是问题解决过程中最难的部分。在一开始的时候，不要试图解决问题的每个细节，而应该使用“自顶向下、逐步细化”的设计方法。在这种设计中，对于复杂的问题，需要分而治之，首先要将一个复杂的问题分解为若干规模较小的子问题，即将系统模块化，细分每个模块，明确模块之间的关系、模块与模块的接口、每个模块的实现方法和步骤，即通过“逐步细化”的方法逐一解决每个子问题，最终解决整个复杂的问题。

可见，模块的设计是解决问题的关键。设计模块应遵循下列规则：

① 模块是相互独立的，每个模块有一个入口和一个出口。也就是说，执行过程从模块的顶部开始，到底部结束。不能从一个模块直接跳到另一个模块执行，也不能跳到另一个模块的中间执行。

② 每个模块完成一项单独的功能。

③ 模块应尽量简单，便于阅读和修改。

对于比较复杂的问题，以上过程的结果使用所谓的“功能模块图”和算法表示方法中的一种来描述。对于较简单的问题，以上过程的结果只使用算法表示方法中的一种来描述。图 7－3 所示为一个功能模块图的例子。

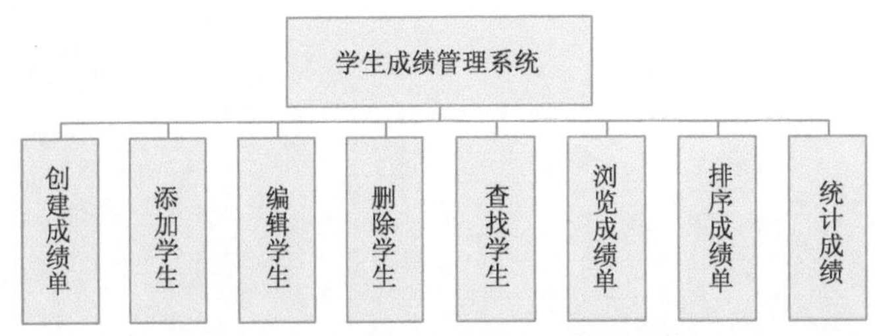

图 7－3　学生成绩管理系统功能模块图

(2)算法的表示

在计算机中，对于解决问题步骤的描述，称之为算法。通过对上面逐一细分的每个模块的实现方法和步骤进行算法描述，实现最终的算法设计。

在算法设计完成后，要使用某种算法的表示方法来描述算法，如流程图、N－S 图等，以做存档、交流和维护之用。

4. 程序实现

算法设计完成后，需要采取一种程序设计语言编写程序实现所设计算法的功能，从而达到使用计算机解决实际问题的目的。

程序就是按照算法，用指定的计算机语言编写的一组用于解决问题的指令的集合。程序编写过程也就是我们通常所说的“编程”，它是将之前设计好的算法翻译成计算机程序设计语言，即指按需求分析和模块设计，用真正的计算机语言去实现其功能。

程序的组织可以采用自顶向下、逐步求精的方法设计，也就是将大程序分解为许多的小程序实现，这可使程序结构清晰、分工明确，易于后期的阅读与修改。

在程序编写过程中，程序设计语言的选择，可根据具体的问题和需求而定，要考虑语言的适用性、现实的可行性、问题求解的效率等。

5. 程序测试

测试是程序开发的一个重要阶段。程序的测试与检查就是测试所完成的程序是否按照预期方式工作。测试部分可分为程序调试和系统测试两个阶段。

第一阶段在程序编写完毕后进行，需通过计算机的调试来确定其正确性。调试的目的是找出程序的错误并予以修正。错误的类型可分为语法性错误和逻辑性错误。语法性错误是指所编写的语句不符合计算机语言的规则，这类错误可以借助不同的调试环境(编译器)找到；而逻辑性错误则需要程序员检查其算法的正确性。

在程序测试完毕后，还要进行整个系统的整体测试，以便检测所有的需求功能是否都正确实现，可靠性如何。系统的测试可分为两种：一种称为白盒测试；另一种称为黑盒测试。黑盒测试是对功能的测试，只关心输入和输出的正确，而不关心内部的实现。白盒测试则是测试程序的内部逻辑结构。

6. 程序维护

程序的维护是指在完成程序并经过一段时间使用后，因修正错误、提升性能或其他属性而进行的程序修改与更新。程序维护包括改正性维护、适应性维护、完善性维护等。

① 改正性维护：指改正在系统开发阶段已发生而系统测试阶段尚未发现的错误。这类错误有的可能不太重要，并不影响系统的正常运行，其维护工作可随时进行；但如果错误非常重要，甚至影响整个系统的正常运行，其维护工作就必须制订计划，尽快进行修改，并且要进行必要的复查和控制。

② 适应性维护：指为使程序适应信息技术变化和管理需求变化而进行的修改。由于计算机软硬件环境

的变化，对程序会产生更新换代的需求；用户实际需求的变化也会对程序提出不断更新的需求。这些因素都将导致适应性维护工作的产生。进行这方面的维护工作也要像开发程序一样，有计划、有步骤地进行。

③ 完善性维护：是为扩充功能和改善性能而进行的修改，主要是指对已有的程序系统增加一些在系统分析和设计阶段中没有规定的功能与性能特征。这些功能对完善程序系统功能是非常必要的。

7.3　计算机程序

通过上面的介绍可以发现，人们在使用计算机来解决实际问题时，除了需要计算机硬件系统外，计算机软件系统也是必不可少的。而在计算机软件系统中，除了如操作系统、数据库管理系统等支撑环境外，完成工作的核心就是程序。

程序是计算机指令的某种组合，控制计算机的工作流程，完成一定的逻辑功能，以实现某种任务。通俗地说，程序就是根据设计的解题步骤要求，按照所采用计算机语言的规则，编写的一条一条的语句，然后依次执行。

那么程序是如何设计的？程序是由什么组成的？程序又是如何被计算机硬件识别的呢？

图灵奖获得者、结构化程序设计的先驱、被誉为 Pascal 之父的著名计算机科学家 Niklaus Wirth 在其所著的非常著名的《算法 + 数据结构 = 程序》一书中，就提出了一个经典的公式：

程序 = 数据结构 + 算法

在这个公式中，算法是程序的逻辑抽象，是解决某类客观问题的数学过程；而数据结构则具有两个层面上的含义，即逻辑结构和物理结构，逻辑结构是指客观事物自身所具有的结构特点，如家族谱系是一个天然的树形逻辑结构；而逻辑结构在计算机中的具体实现则称之为物理结构，如树形逻形辑结构是用指针表示还是使用数组来实现。

算法与数据结构有着非常紧密的联系，用一个比较实际的例子来形容，若把数据结构比喻为建筑工程中的建筑设计图，算法就是工程中的施工流程图。数据结构与算法呈相互依托的关系，恰当地确立了问题的结构，问题的解决才能根据确立的层次结构选择合适的解决方法。因此，提到数据结构不可能撇开算法，反之也是如此。

实际上，一个程序除了以上两个要素外，还应当采用某种程序设计方法进行设计，并且使用一种程序设计语言来表示。因此，算法、数据结构、程序设计方法、语言工具和环境是一名程序设计人员所应具备的知识。因此，也有人将 Niklaus Wirth 的公式扩展为

程序 = 数据结构 + 算法 + 程序设计方法 + 语言工具和环境

依据以上公式，后续各章将依次介绍算法的表示与设计、程序设计语言及算法的编程实现、程序设计方法等内容。

第8章 算法设计

算法是计算机科学的最基本的概念，是计算机科学研究的核心之一。因此，了解算法及其表示和设计方法是程序设计的基础和精髓，也是学习程序设计过程中最重要的一环。

本章首先介绍算法的基本概念，然后介绍算法的表示方法，讲解用自然语言、流程图表示和伪代码表示算法，最后介绍算法设计的基本方法，讲解了常用算法的设计方法。通过本章学习，使读者对程序设计的算法有一个初步的认识。

学习目标

- 了解算法的基本概念，理解算法的基本要素和设计原则。
- 了解算法的表示方法，掌握用流程图描述算法的方法。
- 理解算法设计的基本方法，掌握常用算法的表示。

8.1 算法的基本概念

算法(Algorithm)就是一组有穷的规则，它规定了解决某一特定问题的一系列运算。通俗地说，为解决问题而采用的方法和步骤就是算法。本书中讨论的算法主要是指计算机算法。

8.1.1 算法的基本特征

1. 确定性(Definiteness)

在算法的设计中，算法的每个步骤必须要有确切的含义，不允许有模糊的解释，也不能有多义性。即每个操作都应当是清晰的、无二义性的。例如，算法中不允许出现诸如“将3或5与y相加”等含混不清、具有歧义的描述。

2. 有穷性(Finiteness)

算法的有穷性是指在一定的时间内能够完成，即一个算法应包含有限的操作步骤且在有限的时间内能够执行完毕。例如，计算下列近似圆周率的公式：

$$\frac{\pi}{4}\approx 1-\frac{1}{3}+\frac{1}{5}-\frac{1}{7}+\frac{1}{9}-\frac{1}{11}+\cdots$$

从数学的角度，这是一个无穷级数，但在计算机中只能求有限项，此时可以设定当某项的绝对值小于10^{-6}时算法执行完毕，即计算的过程是有穷的。

算法的有穷性还应包括合理的执行时间的含义。一个实用的算法，不仅要求步骤有限，同时要求运行这些步骤所花费的时间是人们可以接受的，如果一个算法需要执行千万年，显然就失去了实用价值。例如，使用穷举法破解密码的算法可能要耗费成百上千年，显而易见，这个算法是可以在有限的时间内完成，但是对于人类来说是无法接受的。

3. 有效性(Effectiveness)

算法中的每个步骤都应当能有效地执行,并得到确定的结果。例如,算法中包含一个 m 除以 n 的操作,若除数 n 为0,则操作无法有效地执行。因此,算法中应该增加判断 n 是否为0的步骤。

算法的有效性要求算法中执行的任何计算步骤都可以被分解为基本的可执行的操作步骤,且每个计算步骤都可以在有限时间内完成。由于算法通常都是在某一个特定的计算工具或环境上为解决某一个实际问题而设计的,它总是会受到计算工具或环境的限制,因此,在设计算法时,必须考虑算法是否有效可行,要根据具体的系统环境调整算法,否则就不会得到满意的结果。例如,计算机的数值有效位是有限的,如果要求计算结果的有效位数超过了计算机能表示的范围,就要调整算法,用多个变量分别保存不同的有效位数部分。

4. 有零个或多个输入(Input)

在算法执行的过程中需要从外界取得必要的信息,即输入必要的数据,并以此为基础解决某个特定问题。例如,在求两个整数 m 和 n 的最大公约数的算法中,需要输入 m 和 n 的值。所谓零个输入是指算法也可以没有输入,此时就需要算法本身给出必要的初始条件(初值)。例如,上面计算 π 的近似值的是式子,不需要输入任何信息,就能够计算出近似的 π 值。

5. 有一个或多个输出(Output)

设计算法的目的就是要解决问题,算法的计算结果就是输出。没有输出的算法是毫无意义的。一个算法有一个或多个输出,以反映对输入数据加工后的结果,通常,输入不同,会产生不同的输出结果。输出结果的形式可以多种多样,例如打印的数值、字符、字符串,显示的图片,播放的歌曲或音乐,播放的电影等。

8.1.2 算法的基本要素

算法由操作和控制结构两个要素组成。

1. 对数据对象的运算和操作

通常,计算机可以执行的基本操作是以指令的形式描述的。一个计算机系统能执行的所有指令的集合称为该计算机系统的指令系统。计算机程序就是按解题要求从计算机指令系统中选择合适的指令所组成的指令序列。在一般的计算机系统中,对数据对象基本的运算和操作有以下4类:

① 算术运算:主要包括“加”“减”“乘”“除”“求余”等。

② 关系运算:主要包括“大于”“大于等于”“小于”“小于等于”“等于”“不等于”等。

③ 逻辑运算:主要包括“与”“或”“非”等。

④ 数据传输:主要包括输入、输出、赋值等数据传送操作。

在设计算法的一开始,通常并不直接用计算机程序来描述算法,而是用别的描述工具(如流程图、专门的算法描述语言,甚至用自然语言)来描述算法。但不管用哪种工具来描述算法,算法的设计一般都应从上述4种基本运算和操作考虑,按解题要求从中选择合适的操作组成解题的操作序列。算法的主要特征着重于算法的动态执行,它区别于传统的着重于静态描述或按演绎方式求解问题的过程。传统的演绎数学是以公理系统为基础的,问题的求解过程是通过有限次推演来完成的,每次推演都将对问题做进一步的描述,如此不断推演,直到直接将解描述出来为止。而计算机算法则是使用一些最基本的操作,通过对已知条件一步一步地加工和变换,从而实现解题目标。这两种方法的解题思路是不同的。

2. 控制结构

算法的功能不仅取决于所选用的操作,还与各操作之间的顺序有关。在算法中,各操作之间的执行顺序又称算法的控制结构。算法的控制结构给出了算法的基本框架,它不仅决定了算法中各操作的执行顺序,也直接反映了算法的设计是否符合结构化原则。

一般的算法控制结构有3种:顺序结构、选择结构和循环结构。描述算法的工具通常有传统流程图、N-S结构图和算法描述语言等。

8.1.3 算法的复杂度

算法的复杂度包括时间复杂度和空间复杂度。

1. 算法的时间复杂度

时间复杂度即实现该算法需要的计算工作量。算法的工作量用算法所执行的基本运算次数来计算。算法的时间复杂度反映了程序执行时间随输入规模增长而增长的量级,在很大程度上能很好地反映出算法的优劣与否。

从数学上定义,给定算法 A,如果存在函数 $F(n)$,当 $n=k$ 时,$F(k)$ 表示算法 A 在输入规模为 k 的情况下的运行时间,则称 $F(n)$ 为算法 A 的时间复杂度。

这里首先要明确输入规模的概念。输入规模是指算法 A 所接受输入的自然独立体的大小。例如,对于排序算法来说,输入规模一般就是待排序元素的个数,而对于求两个同型方阵乘积的算法,输入规模可以看作单个方阵的维数。

对于同一个算法,每次执行的时间不仅取决于输入规模,还取决于输入的特性和具体的硬件环境在某次执行时的状态。所以,想要得到一个统一精确的 $F(n)$ 是不可能的。为了解决这个问题,通常需要做以下两个说明:

① 忽略硬件及环境因素,假设每次执行时硬件条件和环境条件是完全一致的。

② 对于输入特性的差异,将从数学上进行精确分析并带入函数解析式。

2. 算法的空间复杂度

空间复杂度是对一个算法在运行过程中临时占用存储空间大小的量度。一个算法在计算机存储器上所占用的存储空间,包括存储算法本身所占用的存储空间、算法的输入/输出数据所占用的存储空间和算法在运行过程中临时占用的存储空间这三方面。算法的输入/输出数据所占用的存储空间是由要解决的问题决定的,是通过参数表由调用函数传递而来的,它不随算法的不同而改变。存储算法本身所占用的存储空间与算法书写的长短成正比,要压缩这方面的存储空间,就必须编写出较短的算法。算法在运行过程中临时占用的存储空间随算法的不同而异,有的算法只需要占用少量的临时工作单元,而且不随问题规模的大小而改变,称这种算法是"就地"进行的,是节省存储空间的算法。有的算法需要占用的临时工作单元数与解决问题的规模 n 有关,它随着 n 的增大而增大,当 n 较大时,将占用较多的存储单元,如快速排序和归并排序算法就属于这种情况。

分析一个算法所占用的存储空间要从各方面综合考虑。例如,对于递归算法来说,一般都比较简短,算法本身所占用的存储空间较少,但运行时需要一个附加堆栈,从而占用较多的临时工作单元;若写成非递归算法,一般可能比较长,算法本身占用的存储空间较多,但运行时将可能需要较少的存储单元。

对于一个算法,其时间复杂度和空间复杂度往往是相互影响的。当追求一个较好的时间复杂度时,可能会使空间复杂度的性能变差,即可能导致占用较多的存储空间;反之,当追求一个较好的空间复杂度时,可能会使时间复杂度的性能变差,即可能导致占用较长的运行时间。

8.1.4 算法的分类

根据待解决问题的形式模型和求解要求,算法分为数值运算算法和非数值运算算法两大类。

1. 数值运算算法

数值运算算法是以数学方式表示的问题求数值解的方法。例如,代数方程计算、线性方程组求解、矩阵计算、数值积分、微分方程求解等。通常,数值运算有现成的模型,这方面的现有算法比较成熟。

2. 非数值运算算法

非数值运算算法通常为求非数值解的方法。例如,排序、查找、表格处理、文字处理、人事管理、车辆调度等。非数值运算算法种类繁多,要求各自不同,难以规范化。

8.1.5 设计算法的原则和过程

不是所有算法都适合在计算机上执行,能够在计算机上执行的算法就是计算机算法。一个算法的好坏应有相应的评价准则:算法首先要具备正确性,对任何合法的输入,算法都应得出正确的结果;其次要简洁,清晰可读,不能繁杂,具有对非法输入数据的抵抗能力,即健壮性要好;再次,算法还要追求高效率与低存储量的需求。具体来说,设计算法时应充分考虑以下因素:

1. 正确性

正确性即要求该算法在合理输入数据下,能在有限时间内得出正确的结果。分析算法的正确性,一般需要用到有关的数学定理(例如线性代数、图论、组合数学等方面的定理)。对于长的程序,可以将其分成一些小段来分析,只有每个小段都是正确的,才能保证整个程序的正确性。在分析算法的正确性时,数学归纳法是很有用的。

2. 运算工作量

此处的运算工作量并非指计算机真正的运算时间,因为这会因计算机而异,也不是指需要执行的命令和语句数目,因为这与所用的程序语言和程序员的习惯有关。此处是分析算法本身的特点,通常是计算所需的一些基本运算的次数。例如,所需的比较次数、所需的加法和乘法次数等。在分析比较算法时,运算量是一个非常重要的因素。

3. 所占空间量

这也不是具体指真正占多少计算机内存或外存,因为这同样与计算机所采用的程序语言和程序员惯用的格式有关,此处也是进行相对的比较。如果输入数据有其固有的形式,则还需要分析占多少额外的存储单元。当所需额外存储单元不随输入数据的规模变化时,称这种算法是“就地”进行运算的,对于大型的问题,这种算法当然要具有一定的优越性。

4. 简单性

最简单、最直接的方法往往不一定是最有效的方法,例如递归算法虽然简单,但运算工作量较大。但算法的简单性使得证明其正确性比较容易,编写程序、改错和修改程序也都比较方便,可以节省人的时间。即便如此,对于经常使用的程序来说,算法的效率还是比其简单性更重要。

5. 算法的复杂性

复杂性是指实现和运行一个算法所需资源的多少,包括时间复杂性(所需运算时间)、空间复杂性(所占存储空间)和人工复杂性(编程改错等所需人工)。

算法的各个复杂性可以用一个变量表示,这个变量就是问题实例的“规模”,用它描述该实例所需要输入的数据总量。这样做是方便的,因为预估问题实例的相对难度随着它们的规模而变化。

在遵循以上基本原则的基础上,设计算法的一般过程可以归纳为以下几个步骤:

① 通过对问题进行详细的分析,抽象出相应的数学模型。

② 确定使用的数据结构,并在此基础上设计对此数据结构实施各种操作的算法。

③ 选用某种语言将算法转化成程序。

④ 调试并运行这些程序。

8.2 算法的表示方法

设计出一个算法后,为了存档,以便将来算法的维护或优化,或者为了与他人交流,让他人能够看懂、理解算法,需要使用一定的方法来描述、表示算法。算法的表示方法很多,常用的有:自然语言、流程图、伪代码和程序设计语言等。

8.2.1 自然语言表示

自然语言(Natural Language)就是人们日常生活中使用的语言,如中文或其他语言等,用自然语言来描述算法就是算法的自然语言表示。

【例 8-1】 用自然语言来描述输入矩形的两个边,求矩形的面积和周长的算法,其中假设 a、b 代表矩形的两个边;s、l 分别代表矩形的面积和周长。

Step1:分别输入 2 个边给 a、b;

Step2:计算矩形面积 s = a * b;

Step3:计算矩形周长 l = 2 * (a + b);

Step4:依次输出面积 s 和周长 l。

使用自然语言描述算法的优点是通俗易懂,没有学过算法相关知识的人也能够看懂算法的执行过程。但是,自然语言本身所固有的不严密性使得这种描述方法存在以下缺陷:

①文字冗长,容易产生歧义性,往往需要根据上下文才能判别其含义。

②难以描述算法中的分支和循环等结构,不够方便直观。

8.2.2 流程图

流程图(Flow Chart)是一种传统的、广泛应用的算法描述工具,也是最常见的算法图形化表达工具。流程图利用几何图形的图框来代表各种不同的操作,用流程线来指示算法的执行方向,它使用美国国家标准化学会(American National Standards Institute, ANSI)规定的一些图框、线条来形象、直观地描述算法处理过程。与自然语言相比,流程图可以清晰、直观、形象地反应控制结构的过程。常见的流程图符号如表 8-1 所示。

表 8-1 常见流程图符号

符号名称	图形	功能
起止框		表示算法的开始或结束
处理框		表示一般的处理操作,如计算、赋值等
判断框		表示对一个给定的条件进判断
流程线	→ 或 ↓	用流程线连接各种符号,表示算法的执行顺序
输入/输出框		表示算法的输入/输出操作
连接点		成对出现,同一对连接点内标注相同的数字或文字,用于将不同位置的流程线连接起来,避免流程线的交叉或过长
注释框		对当前步骤进行必要的注释、说明

【例 8-2】 使用流程图来描述输入矩形的两个边,求矩形的面积和周长的算法,其中假设 a、b 代表矩形的两个边;s、l 分别代表矩形的面积和周长。

分析:这个算法首先要输入矩形的两个边 a、b,然后根据求矩形面积和周长的计算公式,计算面积 a 和周长 l,最后将结果输出。具体流程图如图 8-1 所示。

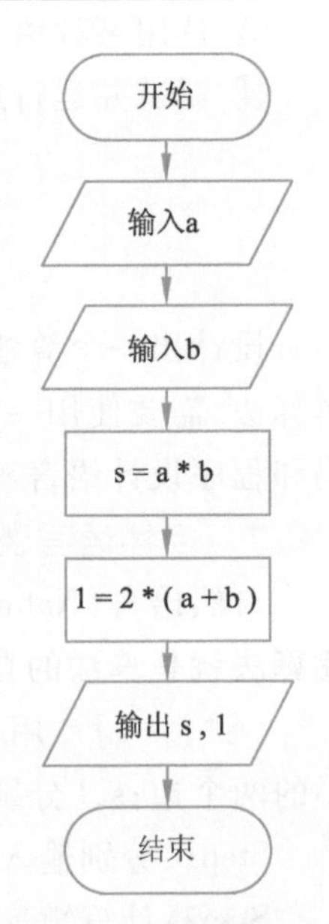

图 8-1 求矩形面积和周长算法流程图

从本例可以看出,使用流程图描述算法,简单、直观,流程清晰,易看易懂,能够比较清楚地显示出各个符号之间的逻辑关系,因此流程图是一种描述算法的好工具。

虽然用流程图表达算法,简明直观,步骤和过程容易理解,但它也有一些不足。

① 流程图使用流程线表示各个符号的执行顺序,但是对流程线的使用没有严格限制,使用者可以毫无限制地使流程随意地转来转去。这种流程转向的随意性会导致算法的逻辑难以理解,尤其当算法规模较大,操作比较复杂时,这个问题会更加严重。

② 流程图可以表示算法的流程,但是并不能表示数据结构。

③ 流程图中每个符号对应于一行源程序代码,对应大型程序会导致可读性较差。

为了提高算法的质量,便于阅读理解,应限制流程的随意转向。为了达到这个目的,人们规定了 3 种基本结构,由这些基本结构按一定规律组成一个算法结构。

1. 顺序结构

顺序结构是最简单、最常用的一种结构,如图 8-2 所示。图中操作 A 和操作 B 按照出现的先后顺序依次执行。

上面例 8 - 2 就是一个顺序结构的算法，操作按照算法的流程，自上而下，依次执行。

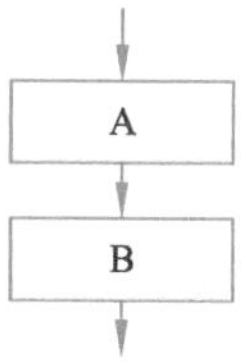

A

B

图 8 - 2　顺序结构

【例 8 - 3】　输入一个 4 位正整数，输出各位数字之和。例如，若输入 2134，则输出结果为 10(即 2 + 1 + 3 + 4)。使用流程图描述其算法。

分析：为输出 4 位正整数的和，应先求各位数字。由于任何一个整数对 10 取余得到的都是个位数，因此利用取余与整除运算即可得到各位数字。这里 x 表示输入的 4 位正整数；a、b、c、d 分别表示个、十、百、千位的数字；s 表示 4 位数字的和。用符号 Mod 表示取余的操作、符号“\”表示整除的操作。具体流程图如图 8 - 3 所示。

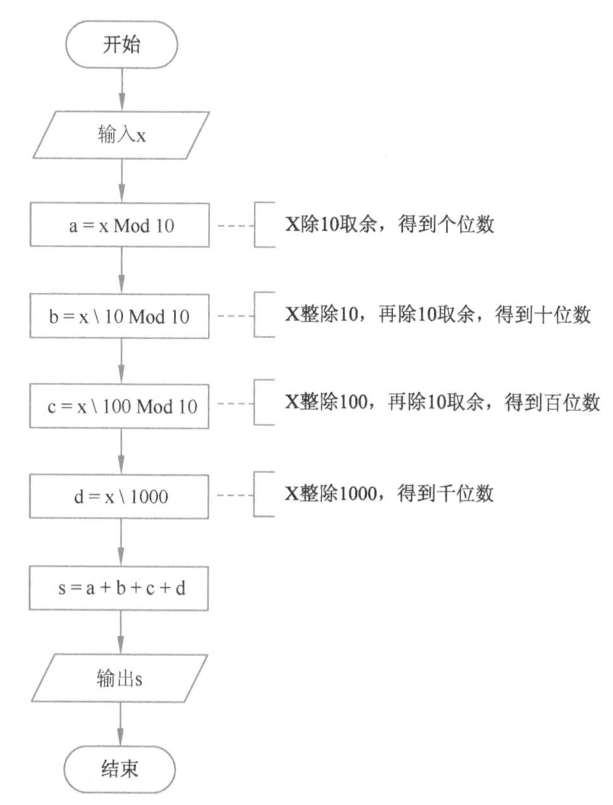

图 8 - 3　4 位正整数求各位数字之和算法流程图

2. 选择结构

选择结构又称分支结构，如图 8 - 4 所示。这种结构在处理问题时根据条件进行判断和选择。图 8 - 4(a)是一个“双分支”选择结构，如果条件 p 成立则执行处理框 A，否则执行处理框 B。图 8 - 4(b)是一个“单分支”选择结构，如果条件 p 成立则执行处理框 A，否则直接退出结构。

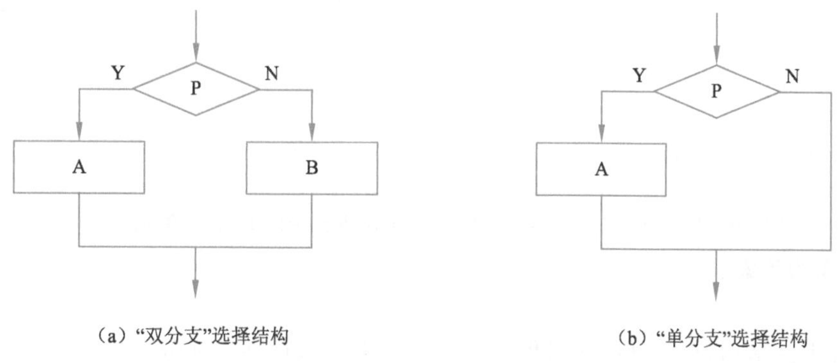

(a)“双分支”选择结构　　(b)“单分支”选择结构

图 8 - 4　选择结构流程图

【例 8-4】 输入 x，计算分段函数 y 的值并输出。使用流程图描述其算法。

$$y=\begin{cases}3x^2-1 & (x\geqslant 0)\\ 2x+3 & (x<0)\end{cases}$$

分析：y 为分段函数，根据 x 的值的不同，使用两个公式计算 y 的值。当 $x\geqslant 0$ 时，$y=3x^2-1$，当 $x<0$ 时，$y=2x+3$，因此要使用双分支结构来描述其算法。在进行判断时，可用 $x\geqslant 0$ 作为条件。具体流程图如图 8-5 所示。

【例 8-5】 输入 3 个数并按由小到大的顺序输出，使用流程图描述其算法。

分析：该算法为 3 个数的升序排序问题。若只有两个数进行升序排列，只需要对这两个数比较一次，若第一个数大于第二个数，则进行互换，这样即可按升序排列。若 3 个数进行升序排列，则需要这 3 个数据之间进行 3 次两两比较互换。先用第一个数分别与第二、三个数比较，若大于则进行互换，经过这样两次比较，即可将最小的数换到第一个数；之后再用第二个数与第三个数比较，若第二个数大于第三个数，则进行互换。至此，3 个数按由小到大的升序顺序排序完成。这里假设 a、b、c 分别存放 3 个数，具体流程图如图 8-6 所示。

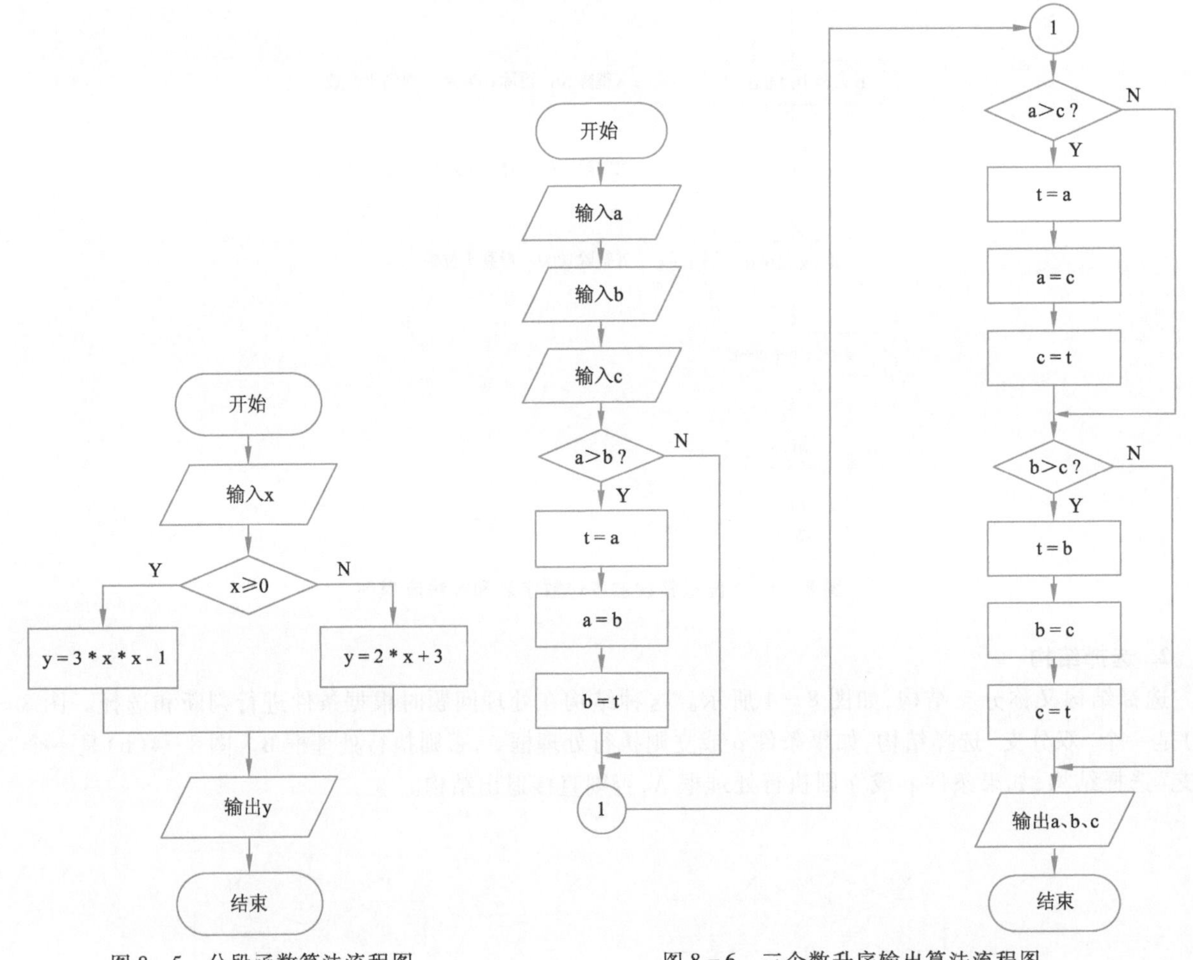

图 8-5 分段函数算法流程图

图 8-6 三个数升序输出算法流程图

由流程图描述的算法可以看出，3 个选择结构都是单分支结构，即如果条件成立，则数据互换，否则直接退出结构，执行下面的步骤。

3. 循环结构

循环结构又称重复结构，在处理问题时根据给定条件重复执行某一部分的操作。循环结构有当型和直到型两种类型。

当型循环结构如图 8-7(a) 所示，其表达的算法含义是：当条件 P 成立时，执行处理框 A，执行完处理框

A后，再判断条件P是否成立，若条件P仍然成立，则再次执行处理框A，如此反复，直至条件P不成立才结束循环。

直到型循环结构如图8-7(b)所示。其表达的算法含义是：先执行处理框A，再判断条件P是否成立，如果条件不成立，则再次执行处理框A，如此反复，直至条件P成立才结束循环。

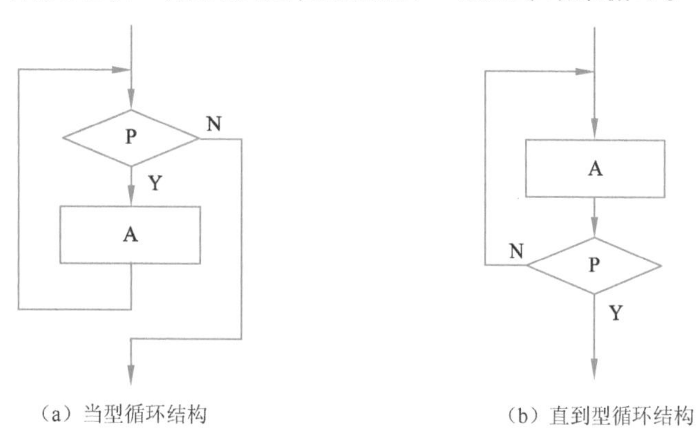

图8-7　循环结构流程图

当型循环结构与直到型循环结构的区别如表8-2所示。

表8-2　当型循环结构与直到型循环结构的比较

比较项目	当型循环结构	直到型循环结构
何时判断条件是否成立	先判断，后执行	先执行，后判断
何时执行循环	条件成立	条件不成立
循环至少执行次数	0次	1次

【例8-6】　输出30以内的奇数。使用流程图描述其算法。

分析：输出30以内的奇数，即1、3、5、7、……可以看出数字的规律是每次增加2，可以先将1赋给一个数i，称为赋初值，然后每次给i这个数增加2，并输出，由此得到1、3、5、7、……的输出。由于要反复做同一个操作（每次i加2并输出），可以利用循环结构，并设置循环条件为i≤30。具体流程图如图8-8所示。

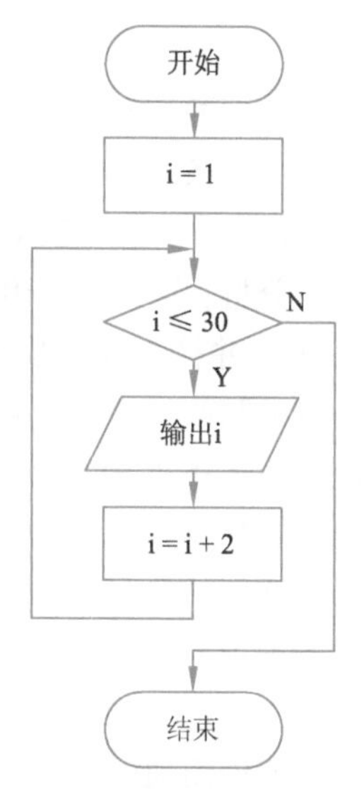

图8-8　输出30以内奇数算法流程图

从上述3种基本结构的介绍可以看出，3种基本结构都是只有一个入口、一个出口，这种单入口、单出口的基本结构，限制了无规则的转向流程，保证了算法的“结构化”。计算机科学家已经证明，使用以上3种基本结构顺序组合而成的算法结构，可以解决任意复杂的问题，而由这3种基本结构所构成的算法就是所谓的“结构化”的算法。

在实际问题的处理过程中，只要根据解题的实际需要，将完成各项子功能的各种基本结构顺序组合，构造完整的算法；在操作时，按照算法的流程，自上而下，依次执行，即可完成问题的处理过程。

4. 基本结构的嵌套

在实际的应用中，还经常需要在一种基本结构中包含另一种基本结构的情况，称为嵌套。例如，在选择结构中嵌套了另外的选择结构，在循环结构中嵌套有另外的循环结构，或者在循环结构中嵌套有选择结构，在选择结构中嵌套有循环结构等。

在进行基本结构的嵌套时，一般的原则是，将一个结构完整地嵌套在另一个结构之中。在一些高级语言对算法的实现上，更是从语法上限制结构的嵌套必须是完整的嵌套，即不允许出现结构相互交叉的情况。因此在进行算法的设计时，涉及结构的嵌套，应当遵循这一原则。

【例 8-7】 输入 x,计算分段函数 y 的值并输出。使用流程图描述其算法。

$$y=\begin{cases}5 & (x<0)\\ x+1 & (0\leqslant x<2)\\ x^2+2 & (x\geqslant 2)\end{cases}$$

分析:y 为分段函数,根据 x 的值的不同,使用三个公式计算 y 的值。当 $x\geqslant 0$ 时,还要根据 x 是否大于等于 2 来确定 y 的计算,如果 $x\geqslant 2$ 成立,则 $y=x^2+2$,否则 $y=x+1$;如果 $x<0$,则 $y=5$。为此,在进行算法设计时要在选择结构($x\geqslant 0$ 为判断条件)中嵌套另外的选择结构($x\geqslant 2$ 为判断条件)。具体流程图如图 8-9 所示。

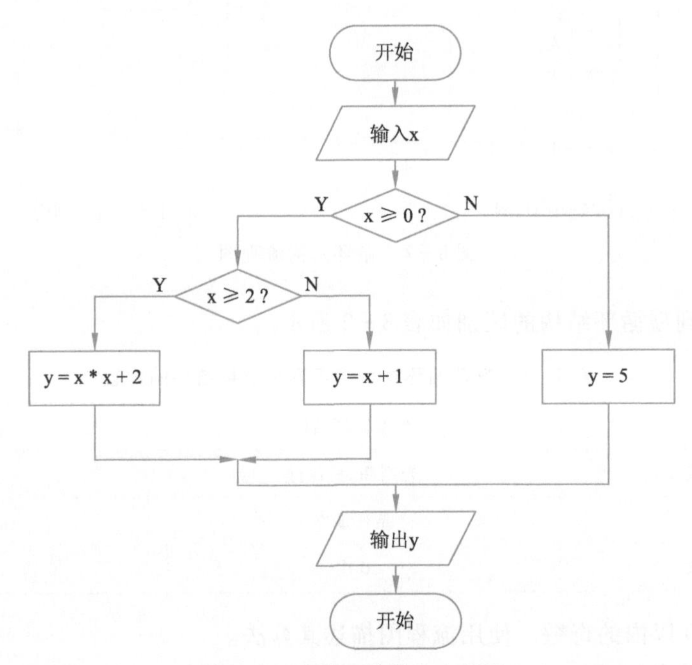

图 8-9 分段函数算法流程图

该例的流程图中,在条件为 x≥0 的选择结构的一个分支中完整地嵌套了另一个条件为 x≥2 的选择结构。

【例 8-8】 将 30 以内能被 7 整除的数输出。使用流程图描述其算法。

分析:为了找出 30 以内可以被 7 整除的数,可以分别用 1、2、3、…、30 去除以 7,并检查其余数是否为 0。若余数为 0,则符合要求,将其输出。为此,先将 1 赋给一个数 i(赋初值),然后通过循环结构每次给 i 这个数增加 1,并设置循环条件为 i≤30。在循环中判断 i 除 7 的余数是否为 0(i Mod 7 =0 ?),若是,输出 i,否则继续循环验证下一个数。具体流程图如图 8-10 所示。

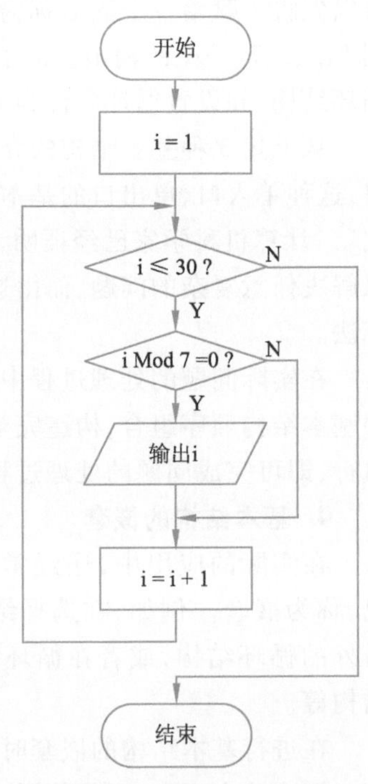

图 8-10 输出 30 以内能被 7 整除的数算法流程图

该例的流程图中,在循环结构中(循环条件为 i≤30),完整地嵌套了一个条件为 i Mod 7 =0 的选择结构。

8.2.3 N-S 图

流程图通过一些特定意义的图形、流程线及简要的文字说明,能清晰明确地表示程序的运行过程。但在使用过程中人们也发现,由于采用了结构化的算法设计,可以用 3 种基本结构组成的构件顺序组合成各种复杂的算法结构,这样程序流程线就不一定是必需的了。于是,1973 年美国学者 I. Nassi 和 B. Shneiderman 提出了一种新的程序控制流程图的表示方法,使用矩形框来表示顺序、选择和循环这 3 种基本结构。在设计一个算法时,它把整个算法写在一个大框图内,这个大框图由若干个基本结构的框图构成,通过基本结构的矩形框嵌套,可以表示各种复杂的程序算法。这样的流程图表示方法称为 N-S 结构流程图(以两个人的名字的头一个字母组成),简称 N-S 图,如图 8-11 所示。

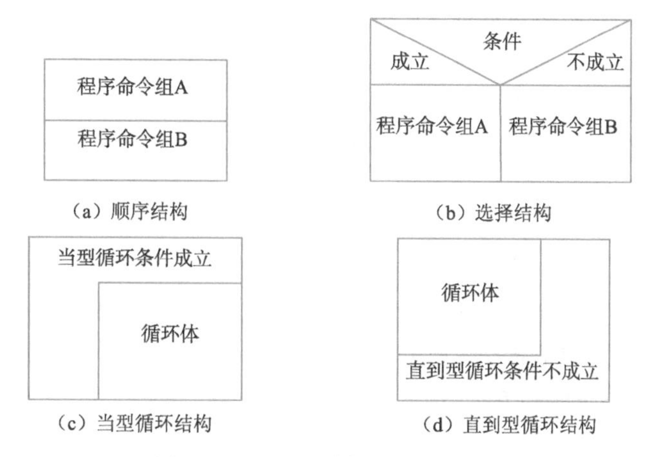

图 8-11 N-S 图的 3 种基本结构

【例 8-9】 输入两个数值数据,比较其大小,将较大的数输出。用 N-S 图表示其算法。

分析:对两个数 a、b 比较大小,将大的数输出,就是判断 a > b 是否成立,若成立,输出 a,否则输出 b。具体 N-S 图如图 8-12 所示。

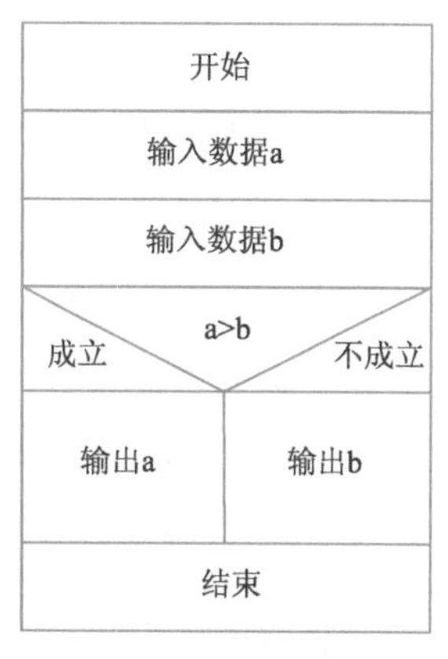

图 8-12 将两数中较大的数输出 N-S 图

N-S 图有如下优点:

① 它强制设计人员按结构化程序设计方法进行思考并描述他的设计方案。因为除了表示几种标准结构的符号之外,N-S 图不再提供其他描述手段,这就有效地保证了设计的质量,从而也保证了程序的质量。

② N-S 图形象直观,例如循环的范围、条件语句的范围都是一目了然的,所以容易理解设计意图,为编程、复查、选择测试用例、维护都带来了方便。

③ N-S 图简单、易学易用,可用于软件教育和其他方面。

④ N-S 图的控制转移不能任意规定,必须遵守结构化程序设计的要求,由此,避免了算法的随意转向。

⑤ N-S 图很容易表现嵌套关系,也可以表示模块的层次结构。

8.2.4 伪代码

虽然使用流程图来描述算法简单、直观,易于理解,但是画起来费事,修改起来麻烦。因此,流程图比较适合于算法最终定稿后存档时使用,而在设计算法的过程中常用一种称为“伪代码”的工具。

伪代码(Pseudocode)是一种介于自然语言和程序设计语言之间,以编程语言的书写形式描述算法的工具。使用伪码的目的是使被描述的算法可以容易地以任何一种编程语言(C ++ 、VB、Java 等)实现。

使用伪代码,往往将程序设计语言中与算法关联度小的部分省略(如变量的定义等),而更关注于算法本身的描述。相比于程序设计语言(C ++ 、VB、Java 等),它更类似自然语言,可以将整个算法运行过程的结构用接近自然语言的形式描述出来。

伪代码结构清晰、代码简单、可读性好,并且类似自然语言。伪代码常常用来表达程序员开始编写代码前的想法,它常被用于在软件开发的实际编写代码过程之前表达程序的逻辑。

【例 8-10】 使用伪代码来描述:输入 3 个数,打印输出其中最大的数。

```
Begin(算法开始)
输入 A,B,C
IF A > B 则 A→Max
         否则 B→Max
IF C > Max 则 C→Max
```

```
Print Max
End(算法结束)
```

在上面的伪代码描述中,代码的部分与某些编程语言已经非常相似,再穿插着文字的描述,可以很清楚地表达程序的逻辑和编程思路,由这个算法也可以很容易地转换为相应的程序。

本节介绍了4种算法描述方法,读者可根据自己的喜好和习惯,选择其中一种。建议在设计算法过程中使用伪代码,交流算法思想或存档算法时使用流程图。

8.3 算法设计的基本方法

针对一个给定的实际问题,要找出确实行之有效的算法,就需要掌握算法设计的策略和基本方法。算法设计是一个难度较大的工作,初学者在短时间内很难掌握。但所幸的是,前人通过长期的实践和研究,已经总结出了一些算法设计基本策略和方法,例如,枚举法、递推法、递归法、分治法、回溯法、贪心法和动态规划法等。本节先介绍一些典型的基本算法,然后介绍枚举法、迭代法、排序、查找算法。

8.3.1 基本算法

在算法设计中,有一些算法比较典型,经常被使用到,如求和、累积(连续相乘)、求最大或最小值等。

1. 求和

在解决实际问题时经常遇到求和问题,例如:

① 计算 1+2+3+…+99+100 的值。

② 统计100到200之间能够被11整除的数的个数。

③ 输入若干学生的成绩,计算总分和平均分。

由上面的实际问题可以看出,求和可能是一组数据序列求和,可能是对符合某些条件的计数(依次加1求和),还有可能是对一组数据的统计求和。因此,求和算法常用于以下几种情况:

① 公式求数据序列的和。其中每两项之间由“+”连接,且每项具有一定规律。

② 统计具有某种特征或满足某个条件的数据的个数,即计数。

③ 计算一组数据的和或平均值(计算平均值时,应先求数据的和)。

假设用sum表示求和的结果、xx表示需要加入的数,则求和算法的思想可以描述如下:

- 设置sum的初值;
- 根据实际需要为加数xx输入初值;
- 利用循环操作,将加数xx依次加入到和sum中,sum = sum + xx;
- 在每次循环后设定新的加数给xx;
- 循环结束后,sum中的值即为最终的结果。

如果用流程图来描述,求和算法的思想如图8-13所示。

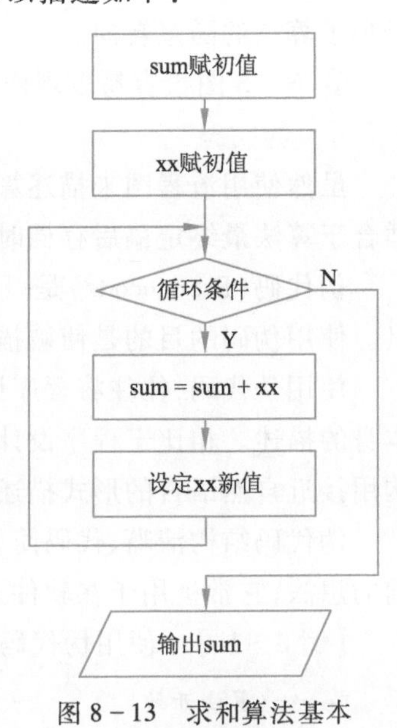

图8-13 求和算法基本思想流程图

在上面描述的求和算法中,最关键的操作是在循环中的sum = sum + xx语句,该语句是将sum本身的值加上xx的值,又存入sum中,因此它会随着循环的进行,将加数xx依次的累加到sum中。对于数据序列的求和(如1+2+3+…),xx是按规律变化的数字,“设定xx新值”的操作可以利用这种规律,改变xx的值(如xx=xx+1);对于计数类统计,xx值就是1,随着循环的进行,每次sum累加1,实现计数功能;而对于实际的一组数据的求和(如分数求和),xx就是每次输入的分数。

上述求和算法中另一个重要的点是sum和xx的赋初值,它要确保求和是从一个正确的初值开始加起的,这样才能保证最终的结果是正确的。通常sum的初值一般设为0(对于特殊的情况,也可以设为一个特定的值,表示从这个值开始加起),而xx的初值要根据实际的问题来确定。

【例8-11】　使用流程图来描述计算 1+2+3+…+100 的值。

分析：计算数据序列的和，可以用 sum 表示求和、初值设为 0，i 表示数据项、初值设为 1；循环条件设为 i≤100；在循环中，i=i+1 使 i 每次加 1，依次变化为 2、3、4 ……而 sum=sum+i 则将 i 依次累加到 sum 中，实现对 1+2+3+…+100 的求和。具体流程图如图 8-14(a)所示。

如果要求计算 1-1/3+1/5-1/7+…+1/99，如何描述其算法？

对于这样的一个数据序列，可以先将其分为两个子的数据序列 1+1/5+1/9+…和 1/3+1/7+1/11+…，按照上面的算法可以方便地计算出两个子序列的和，然后将两个和相减，即可得到整个数据序列的和。

实际上，对于这种正负相间的数据序列求和，只要对上面求和算法做一点点改动即可。为了实现数据的正负相间变化，需要设置一个符号量 sign，符号量 sign 的值为 1 或 -1，它随循环交替变化。用符号量 sign 乘上加数 xx，并累加到 sum 中，即 sum=sum+sign*xx，即可实现对正负相间的数据序列求和。具体流程图如图 8-14(b)所示。

在图 8-14(b)所示算法中，先将符号量 sign 的初值设为 1；在循环体中，i=i+2 使 i 按 1、3、5、7…的规律变化；sign=-sign 使得随着循环的进行，sign 在 +1 和 -1 之间交替变化；而 sum=sum+sign/i 则实现了累加数据正负相间的变化，即对 1-1/3+1/5-1/7+…的求和。

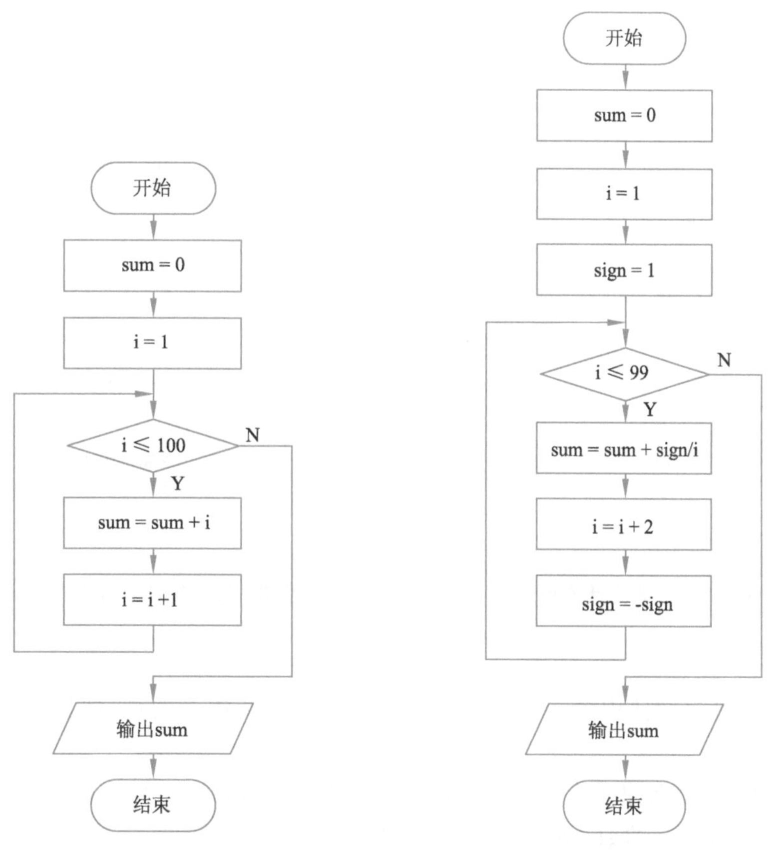

(a) 1～100自然数求和算法流程图　　(b) 正负相间的数据序列求和算法流程图

图 8-14　数据序列求和流程图

【例8-12】　统计 100 到 200 之间能够被 11 整除的数的个数。使用流程图描述其算法。

分析：为了统计符合要求的数据，设置 n 用于计数，并赋初值为 0，设置 i 并赋初值为 100；在循环中让 i=i+1，循环条件为 i≤200，这样可以依次得到 100 到 200 之间的数；在循环中对 i 除 11 的余数是否为 0 进行判断，若为 0，则 n=n+1，即进行计数；循环完毕，即可统计出符合要求数据的个数。具体流程图如图 8-15 所示。

【例 8-13】 输入若干学生成绩,计算总分和平均分。使用流程图描述其算法。

分析:为了计算总分,设置 s 用于求和;为了统计输入分数的个数,设置 n 用于计数;设置 x 用于接收输入的分数;s、n 的初值设为 0,x 先输入第一个分数作为初值。在循环中利用 s=s+x 将每个分数累加到 s 以求得总分;利用 n=n+1 计数统计输入的个数;在循环中依次输入成绩给 x,以不断累加求和。因为是分数的统计,输入的分数 x 应该为 0~100 之间的数,据此可以设定循环的条件,若输入的分数 0≤x≤100,则进行分数的累加;否则停止循环,输出总分和平均分。具体流程图如图 8-16 所示。

开始
n=0
i=100
i≤200
N
Y
i mod 11=0
N
Y
n=n+1
i=i+1
输出n
结束

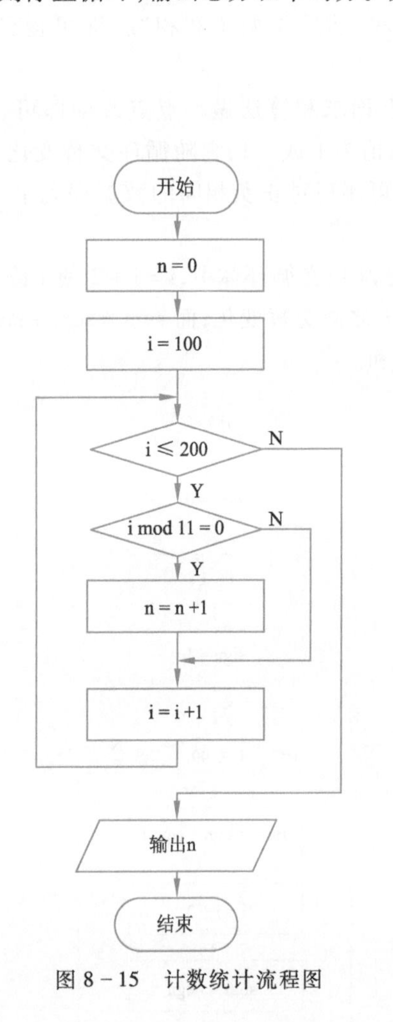

图 8-15 计数统计流程图

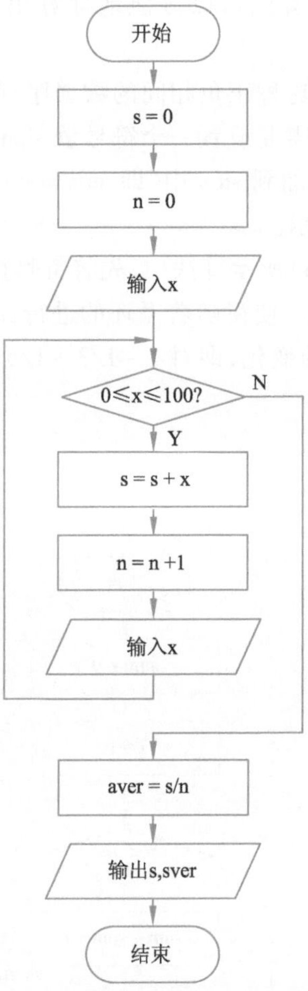

开始
s=0
n=0
输入x
0≤x≤100?
N
Y
s=s+x
n=n+1
输入x
aver=s/n
输出s,sver
结束

图 8-16 统计总分平均分流程图

2. 累积

在程序设计中,另一个经常使用的基本算法是求一组数据连续相乘的积,即累积算法。累积算法常用于求阶乘或乘方。

累积算法与求和算法的思路非常相像,即在循环中通过累计相乘得到数据连续相乘的积。假设用 f 表示累积的结果、xx 表示需要相乘的数,则累积算法的思想可以描述如下:

① 设置 f 的初值。

② 根据实际需要为乘数 xx 输入初值。

③ 利用循环操作,将乘数 xx 依次乘入到累积 f 中,f=f*xx。

④ 在每次循环后设定新的乘数给 xx。

⑤ 循环结束后,f 中的值即为最终的结果。

在上面描述的累积算法中,最关键的操作是在循环中的 f=f*xx 语句,该语句是将 f 本身的值乘上 xx 的值,又存入 f 中,因此它会随着循环的进行,将乘数 xx 依次的累乘到 f 中。

累积算法中非常重要的一点是 f 的赋初值,一定注意 f 的初值不能设为 0,否则累积的结果只能是 0。通常 f 的初值设为 1（对于特殊的情况，也可以设为一个特定的值，表示从这个值开始乘起），而 xx 的初值要根据实际的问题来确定。

【例 8-14】　计算 5!。使用流程图描述其算法。

分析：计算 1×2×3×4×5 数据序列的积，用 f 表示累积、初值设为 1，i 表示数据项、初值设为 1；循环条件设为 i≤5；在循环中，i=i+1 使 i 每次加 1，依次变化为 2、3、4 ……而 f=f*i 则将 i 依次累乘到 f 中，实现对 1×2×3×4×5 的累积。具体流程图如图 8-17 所示。

3. 求最大值或最小值

在日常工作和学习中，经常会遇到在一组数据中找出最大值或最小值的问题。例如，在一组成绩中求最高分和最低分，在一组商品价格中求出最贵和最便宜的。

若用 max 表示最大数，求最大值算法的基本思想是：首先将数据组中的第一个数视为最大数，并将其置于 max 中，然后用 max 与数据组后面其余的数依次比较，如果发现有比 max 大的数，就将其置于 max 中。在与所有数比较完毕后，max 中就是这组数据中的最大值。

求最大值算法也可以用所谓“打擂台算法”来形象地比喻，即先从所有参加“打擂”的人（数据组）中选出第一人（第一个数）站在台上（置于 max 中），第 2 个人上去与之比武，胜者留在台上；再上去第 3 个人，与台上的现任擂主（即上一轮的获胜者）比武，胜者留在台上，败者下台。循环往复，以后每个人都与当时留在台上的人比武，直到所有人都上台比过武为止，最后留在台上的（max 中的）就是冠军（最大值）。

【例 8-15】　从 10 个整数中找出最大值。使用流程图描述其算法。

分析：从 $a_1 \sim a_{10}$ 中求出最大值，用 max 表示最大数、i 表示 10 个数的下标。首先将 a_1 赋给 max，即将 a_1 视为最大数；将 i 初值设为 2，并在循环中通过 i=i+1 使 i 每次加 1，依次变化为 3、4、5……这样在循环中 max 将与余下的数（$a_2 \sim a_{10}$）依次比较，若发现更大的数便将其置于 max 中，最终找出最大值。具体流程图如图 8-18 所示。

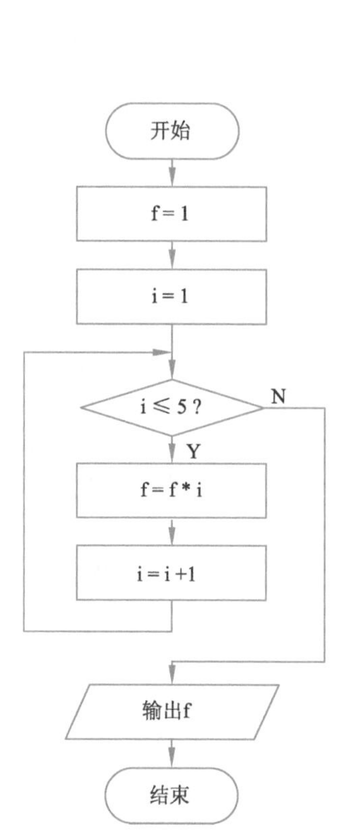

图 8-17　求阶乘算法流程图

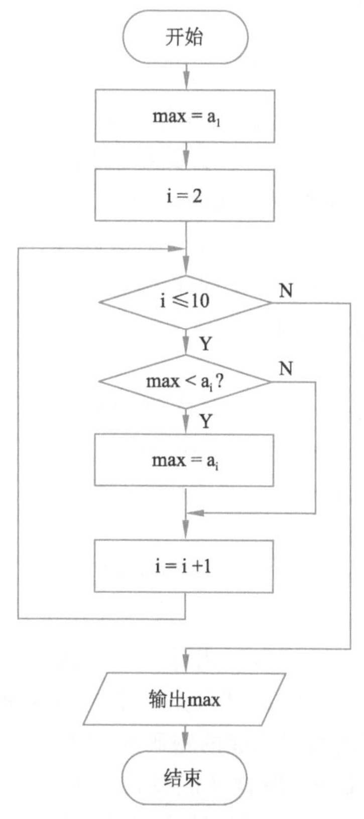

图 8-18　求最大值算法流程图

若需要求最小值，其解题思想与求最大值的思想几乎完全相同，只是在算法中将数据组中的第一个数视为最小数并将其置于 min 中，然后用 min 与数据组后面其余的数依次比较，如果发现有比 min 小的数，就将其置于 min 中。在与所有数比较完毕后，min 中就是这组数据中的最小值。

8.3.2 枚举法

枚举法（Enumeration Algorithm）起源于原始的计数方法，即数数。当面临的问题存在大量的可能答案（或中间过程），而暂时又无法用逻辑方法排除这些可能答案中大部分时，就不得不采用逐一检验这些答案的策略，也就是利用枚举法来解题。

应用枚举法很著名的一个例子是公元五世纪我国数学家张丘建提出的"百钱买百鸡"的问题，公鸡 5 元一只，母鸡 3 元一只，小鸡 1 元三只。现有 100 元钱，要买 100 只鸡，问公鸡、母鸡、小鸡各几只？。

这类问题的解决即可用枚举法。根据提出的问题，列举所有可能的情况，并用问题中给定的条件检验哪些是需要的，哪些是不需要的。由于它是在有限范围内列举所有可能的结果，再进行归纳推理，逐个考察满足条件的所有可能情况，找出其中符合要求的解，因而得出的结论是可靠的。这种方法也叫"穷举法"，其适合求解的问题是：可能的答案是有限个且答案是可知的，但又难以用解析法描述。

枚举法的基本思想是根据题目的部分条件确定答案的大致范围，并在此范围内对所有可能的情况逐一验证，直到全部情况验证完毕。也就是依次枚举问题所有可能的解，按照问题给定的约束条件进行筛选，如果满足约束条件，则得到一组解，否则不是问题的解。将这个过程不断地进行下去，最终得到问题的所有解。

要使用枚举法解决实际问题，应当满足以下两个条件：

① 能够预先确定解的范围并能以合适的方法列举。

② 能够对问题的约束条件进行精确描述。

针对上面"百钱买百鸡"的问题，假设一百只鸡中公鸡、母鸡、小鸡分别为 x、y、z，则问题转化为三元一次方程组：

$$\begin{cases} x+y+z=100（百鸡）\\ 5x+3y+\dfrac{z}{3}=100（百钱）\end{cases}$$

显然这是个不定方程，两个方程无法解出 3 个变量的值，只能将各种可能的取值代入，其中能满足两个方程的就是所需的解，这就是枚举算法的应用。

这里 x、y、z 为正整数，且 z 是 3 的倍数；由于鸡和钱的总数都是 100，可以确定 x、y、z 的取值范围：

x 的取值范围为 1 ~ 20；

y 的取值范围为 1 ~ 33；

z 的取值范围为 3 ~ 99，且每次增加值为 3（称为步长为 3），即 z 的变化规律为 3、6、9、…、99。

用穷举的方法，遍历 x、y、z 的所有可能组合，最后即可得到问题的解。流程图如图 8－19 所示。

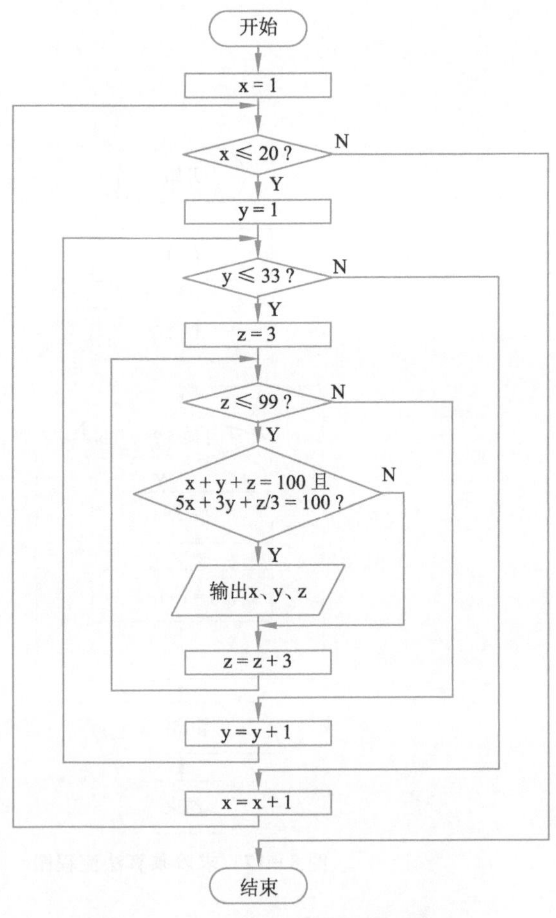

图 8－19 "百钱买百鸡"算法流程图

枚举法最常见的应用就是密码破译。简单来说就是一个一个地试，即将密码进行逐个推算直到找出真正的密码为止。利用这种方法可以运用计算机来进行逐个推算，也就是说破解任何一个密码都只是一个时间问题。比如，一个 4 位并且全部由数字组成的密码共有 10 000 种组合，也就是说最多要尝试 99 99 次才能找到真正的密码。一般来说，枚举法适用于 6 位以下纯数字密码的破译，超过 6 位数由于枚举范围太大，即使最终可以得到结果，但需要太长的时间，也就失去了意义。

用枚举法解题最大的缺点就是运算量比较大，需要列举许多种状态，解题效率比较低。如果枚举范围太大(一般以不超过两百万次为限)，在时间上就难以承受。但枚举算法的思路简单、直观、易于理解，算法的正确性容易证明，程序的编写和调试也比较方便，因此，如果题目的规模不是很大，在规定的时间与空间限制内能够求出解，那么采用枚举法不失为一个较好的选择。

8.3.3　迭代法

迭代法(Iterative Algorithm)是一种重要的逐次逼近的方法，是用计算机解决问题的一种基本方法。迭代方法用某种迭代公式，根据已知的初值 x_0 生成一个新值 x_1，即 $x_1=f(x_0)$，然后再把新值作为已知的初值代入方程中，不断重复上面的过程，逐步细化，直到得到满足精度要求的结果。迭代法利用计算机运算速度快、适合做重复性操作的特点，让计算机对一组指令(或步骤)进行重复执行，在每次执行这组指令(或步骤)时，都从变量的原值推出它的一个新值。

数学上的一些定义和算法就是用迭代的方式来描述的，如斐波那契数列中的第 n 项为前两项之和，而阶乘可用迭代方式定义为：$n!=(n-1)!\times n$。利用迭代算法解决问题，需要做好以下三方面的工作。

1. 确定迭代变量

在使用迭代算法解决的问题中，至少存在一个直接或间接地不断由旧值推出新值的变量，这个变量就是迭代变量。

2. 建立迭代关系式

所谓迭代关系式，是指如何从变量的旧值推出新值的公式。迭代关系式的建立是解决迭代问题的关键。

3. 迭代过程控制

在什么时候结束迭代过程是设计迭代算法必须考虑的问题。不能让迭代过程无休止地重复执行下去。迭代过程的控制通常可分为两种情况：

① 迭代次数是可以计算出来的确定值，可以通过构建一个固定次数的循环来实现对迭代过程的控制。

② 迭代次数无法确定，此时需要进一步分析，从而得到结束迭代过程的条件。

【例 8－16】　利用迭代法求斐波那契(Fibonacci)数列的第 20 项。

斐波那契数列是形如 1、1、2、3、5、8、13、……的一组数据序列，它的某项数据为其前两项之和。即：

$$F(n)=\begin{cases}1 & (n=1)\\ 1 & (n=2)\\ F(n-1)+F(n-2) & (n\geqslant 3)\end{cases}$$

分析：为了输出斐波那契数列的第 20 项，先确定迭代变量 f1、f2 和 fn，其中 f1 和 f2 分别初始化为前两项的值 1；然后控制循环变量 n 从 3 到 20，利用迭代公式 fn = f1 + f2，可求得第 n 项 fn；为了用该式求下一项，将 f2 的值赋给 f1，fn 的值赋给 f2，使得经过循环可求得下一项。如此循环迭代，直到第 20 项 f_{20}。具体流程图如图 8－20 所示。

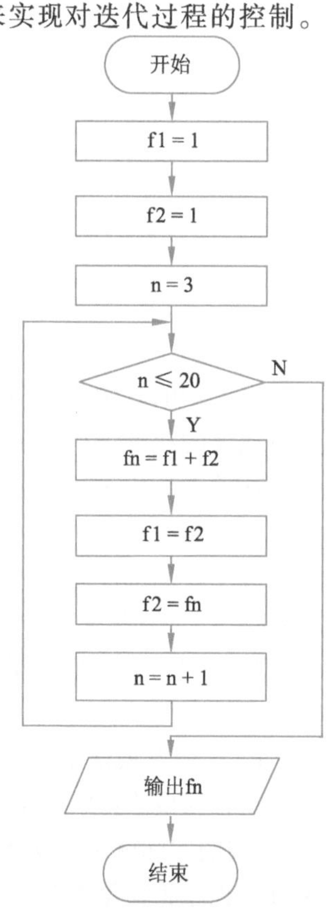

图 8－20　求裴波那契数列项算法流程图

迭代法常用来求解一元高次方程。由于高次方程大都没有精确解，为此利用迭代算法，通过在已知有根的一段区间内用逐步逼近的方法求得方程的近似解。常用的求解一元方程的迭代法有简单迭代法、牛顿迭代法、二分法和弦截法等，这里介绍牛顿迭代法解一元方程的方法。

牛顿迭代法又称牛顿切线法。它采用以下方法求根：先设定一个与真实的根相近的值 x_0 作为第一次近似根，由 x_0 求出 $f(x_0)$，过 $(x_0,f(x_0))$ 点做 $f(x)$ 的切线，交 x 轴于 x_1，把它作为第二次近似根；再由 x_1 求出 $f(x_1)$，过 $(x_1,f(x_1))$ 点做 $f(x)$ 的切线，交 x 轴于 x_2，求出 $f(x_2)$；再作切线……如此继续下去，直到足够接近真正的根 x 为止，其几何意义如图 8－21 所示。

由图 8－21 可以看出

$$f'(x_0)=f(x_0)/(x_1-x_0)$$

因此

$$x_1=x_0-f(x_0)/f'(x_0)$$

这就是牛顿迭代公式。可以利用它由 x_0求出 x_1，然后再由 x_1求出 x_2，依此类推。

【例 8－17】 用牛顿迭代法求 $2x^3-4x^2+3x-6=0$ 在 1.5 附近的一个实根，当$|x_{n+1}-x_n|\leqslant 10^{-6}$时达到精度要求。

分析：本例中 $f(x)$ 为 $2x^3-4x^2+3x-6$，则 $f'(x)$ 为 $6x^2-8x+3$；程序为求得所要求精度的解，当求得的新、旧近似解差的绝对值$|x_1-x_0|>10^{-6}$时，继续循环迭代；当新、旧近似解差的绝对值$|x_1-x_0|\leqslant 10^{-6}$，即达到精度时，结束循环。具体流程图如图 8－22 所示。

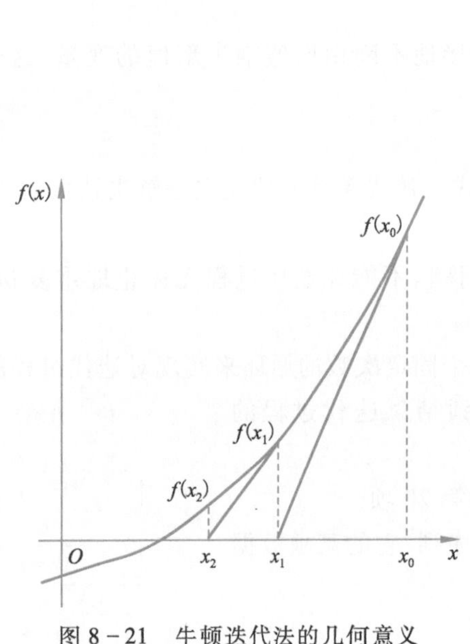

图 8－21 牛顿迭代法的几何意义

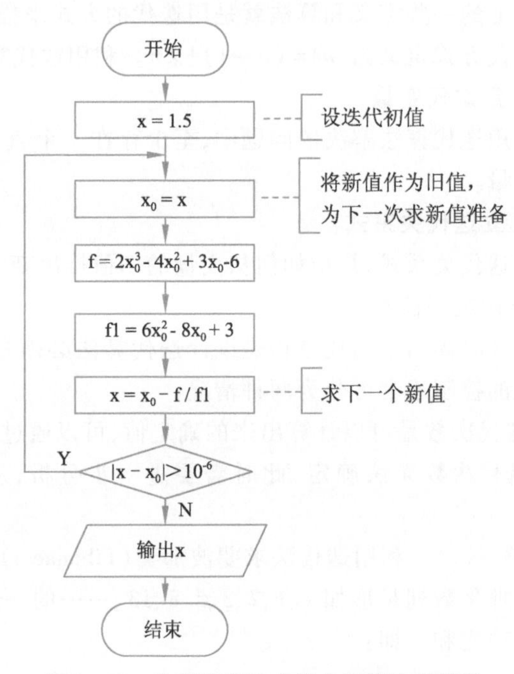

图 8－22 牛顿迭代法求解方程算法流程图

8.3.4 排序

在人们的日常生活和工作中，经常会遇到要求把一组无序的数据由大到小或由小到大排列，例如，为了方便成绩的统计查询将成绩按由高到低的顺序降序排列、为了方便商品的查找将商品名称按字母升序排列等。这种对数据进行有序排列的操作就是排序。

在计算机科学中，排序是经常使用的一种经典的非数值运算算法。所谓排序（Sort）就是把一组无序的数据按照特定的顺序（如升序或降序）重新排列为有序序列的过程。排序的算法有多种，常用的排序算法有插入排序（如直接插入排序、折半插入排序、希尔排序等）、交换排序（如冒泡排序、快速排序等）、选择排序（如简单选择排序、堆排序等）、归并排序、分配排序（如基数排序、桶排序等）。下面介绍比较互换法、选择法和冒泡排序算法。

1. 比较互换法排序

比较互换法排序是较直观、易于理解的一种排序方法。在例 8－5 中对输入的 3 个数按由小到大的顺序输出，采用的实际就是比较互换的方法。但是，例 8－5 中由于是对单一的变量进行操作，当变量增加时（数据量大时），程序将变得烦琐复杂，因此并不具有实用性，但是在引入带有下标的数据表现形式后，情况就不一样了。

假定 n 个数据组成的数据系列，其下标为 1～n，即数据为 a_1、a_2、…、a_n，若要对这 n 个数据用比较互换法按降序排序，其基本思想为：

① 将第一个数据 a_1与其后的 n－1 个数据 a_2～a_n依次比较，若发现比 a_1大，则与 a_1交换。待 n－1 个数

据比较互换完毕后，a_1即为数据系列中的最大值。此为第一轮的比较。

② 将第二个数据a_2与其后的$n-2$个数据$a_3 \sim a_n$依次比较，若发现比a_2大，则与a_2交换。待$n-2$个数据比较互换完毕后，a_2即为数据系列中的次大值。此为第二轮的比较。

③ 依此类推，在第$n-1$轮时，将数据a_{n-1}与a_n进行比较互换，至此n个数据已按降序排列。

表8-3中演示了比较互换法排序对6个数据的操作过程，其中圆圈数字表示此轮初始时待排序的位置，它要与后面数据进行比较互换；方块数字表示此轮比较完成后已经排序好的数据。

表8-3 比较互换法实际排序示例

轮次	初始/比较后	原始数据						比较次数	交换次数	说明
		5	8	9	1	7	3			
第1轮	初始	⑤	8	9	1	7	3	5	2	5与8互换 8与9互换
	比较后	$\boxed{9}$	5	8	1	7	3			
第2轮	初始	$\boxed{9}$	⑤	8	1	7	3	4	1	5与8互换
	比较后	$\boxed{9}$	$\boxed{8}$	5	1	7	3			
第3轮	初始	$\boxed{9}$	$\boxed{8}$	⑤	1	7	3	3	1	5与7互换
	比较后	$\boxed{9}$	$\boxed{8}$	$\boxed{7}$	1	5	3			
第4轮	初始	$\boxed{9}$	$\boxed{8}$	$\boxed{7}$	①	5	3	2	1	1与5互换
	比较后	$\boxed{9}$	$\boxed{8}$	$\boxed{7}$	$\boxed{5}$	1	3			
第5轮	初始	$\boxed{9}$	$\boxed{8}$	$\boxed{7}$	$\boxed{5}$	①	3	1	1	1与3互换
	比较后	$\boxed{9}$	$\boxed{8}$	$\boxed{7}$	$\boxed{5}$	$\boxed{3}$	1			

由表8-3演示的排序过程可以看出，若有n个数进行排序，应进行$n-1$轮比较；在第i轮中，由a_i与$a_{i+1} \sim a_n$依次比较互换。因此需要两重循环，外层循环变量i控制比较轮数，其取值范围为$1 \sim n-1$；内层循环变量j控制每一轮中参与比较的数据元素，其取值范围为$i+1 \sim n$；在内层循环中，由a_i与a_j进行比较，如果需要则进行互换。由此可以得到对于$1 \sim n$个数，采用比较互换法排序的核心算法流程图如图8-23所示。

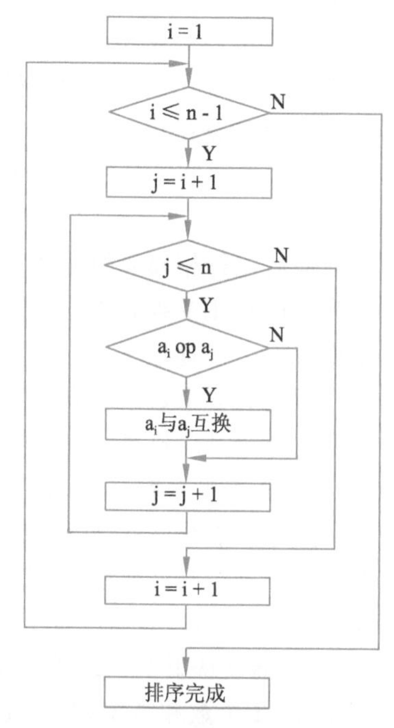

图8-23 比较互换法排序核心算法流程图

在图8-23所示核心算法中，op表示一个操作符，如果是升序排序，op应该为大于号“>”；如果是降序排序，则op应该为小于号“<”。

2. 选择法排序

选择法排序的基本思想仍然是拿当前的数据与后面余下的数据比较，但是与比较互换法不同，选择法在每次比较后并不立即进行互换，而是记录最大值（或最小值）的位置（即下标），在这一轮次的比较完成后再与最大值位置的数据进行交换。仍然假定有n个数据组成的数据系列，其下标为$1 \sim n$，若要对这n个数据用选择法按降序排序，其基本思想为：

① 将第一个数据a_1与其后的$n-1$个数据$a_2 \sim a_n$依次比较，若发现比a_1大，则将该数据下标存放到变量k中。待$n-1$个数据比较完毕后，k中即存放了最大值数据的下标，此时将a_k与第1个数a_1互换，a_1即为数据系列中的最大值。此为第一轮的选择。

② 将第二个数据a_2与其后的$n-2$个数据$a_3 \sim a_n$依次比较，若发现比a_2大，则将该数据下标存放到变量k中。待$n-2$个数据比较完毕后，k中即存放了次大值数据的下标，此时将a_k与第2个数a_2互换，a_2即为数据系列中的次大值。此为第二轮的选择。

③ 依此类推，在第$n-1$轮时，从数据a_{n-1}与a_n中找出最大值下标k，a_k与a_{n-1}互换，至此n个数据已按降序排列。

表8-4中演示了选择法排序对6个数据的操作过程，其中圆圈数字表示此轮初始时待排序的位置，带

有下画线的数据表示本轮找到的最大值的位置，此轮全部比较完后，圆圈的数字将与下画线数字互换；方块数字表示此轮完成后已经排序好的数据。

表 8－4　选择法实际排序示例

轮　次	初始/完成后	原始数据						比较次数	交换次数	说　明
		5	8	9	1	7	3			
1 轮	初始 k＝1	⑤	8	9	1	7	3	5	1	最大位置 k＝3 5 与 9 互换
	此轮完成后	[9]	8	5	1	7	3			
2 轮	初始 k＝2	[9]	⑧	5	1	7	3	4	1	最大位置 k＝2 8 与 8 互换
	此轮完成后	[9]	[8]	5	1	7	3			
3 轮	初始 k＝3	[9]	[8]	⑤	1	7	3	3	1	最大位置 k＝5 5 与 7 互换
	此轮完成后	[9]	[8]	[7]	1	5	3			
4 轮	初始 k＝4	[9]	[8]	[7]	①	5	3	2	1	最大位置 k＝5 1 与 5 互换
	此轮完成后	[9]	[8]	[7]	[5]	1	3			
5 轮	初始 k＝5	[9]	[8]	[7]	[5]	①	3	1	1	最大位置 k＝6 1 与 3 互换
	此轮完成后	[9]	[8]	[7]	[5]	[3]	1			

由表 8－4 演示的排序过程可以看出，若对 n 个数进行排序，应用选择法排序也需要两重循环才能实现，其中外循环变量 i 控制比较轮次，其变化范围为 1～n－1；内循环变量 j 表示需要进行比较的数据的下标，其变化范围为 i＋1～n。此外，还要定义 k 变量用于保存最大值的下标，在内循环中找到最大值后，将最大值的下标保存在 k 中，在退出内循环后，将 a_k（即最大值）与 a_i 数据互换。由此可以得到对于 1～n 个数，采用选择法排序的核心算法流程图，如图 8－24 所示。

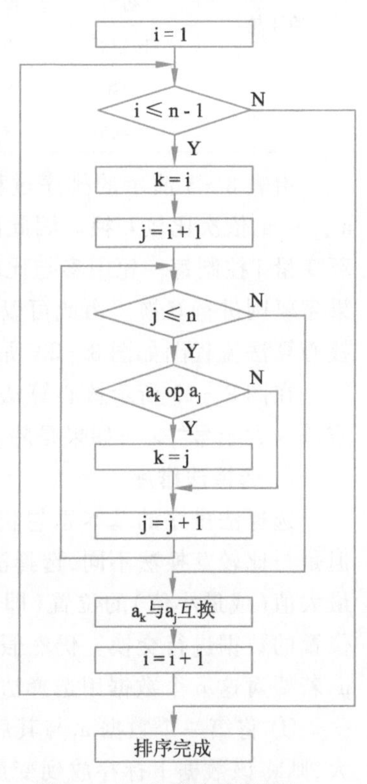

图 8－24　选择法排序核心算法流程图

在图 8－24 所示核心算法中，op 表示一个操作符，如果是升序排序，op 应该为大于号“>”；如果是降序排序，则 op 应该为小于号“<”。

3. 冒泡法排序

除了上述两种排序方法外，常用的排序方法还有冒泡法。冒泡排序属于交换排序，排序过程中的主要操作是交换操作。冒泡排序在每轮排序时从前向后进行相邻数的比较，如果为逆序（数据的大小次序与要求不符时，称为逆序），则交换相邻的这两个数，否则为正序不互换。一轮排序下来，小数像气泡一样逐层上浮，而大数则逐个下沉，故该排序方法命名为冒泡排序。假定有 n 个数据组成的数据系列，其下标为 1～n，若要对这 n 个数据用冒泡法进行升序排序，其基本思想如下：

① 从第 1 个数开始，比较第 1 个数 a_1 与第 2 个数 a_2，若为逆序（$a_1 > a_2$），则将两数交换；然后比较第 2 个数与第 3 个数，依次类推，直至第 n－1 个数和第 n 个数完成比较、交换为止。此时，最大的数已被安置在最后一个位置上，即第 n 个位置。此为第一轮的排序，

② 继续从第 1 个数开始，比较第 1 个数 a_1 与第 2 个数 a_2；然后比较第 2 个数与第 3 个数，依次类推，直至第 n－2 个数和第 n－1 个数完成比较、交换为止。此时次大的数已被安置在第 n－1 个元素位置上。此为第二轮的排序，

③ 重复上述过程，共经过 n－1 轮排序后，n 个数被排成升序序列。

表 8－5 中演示了冒泡法排序对 6 个数据的操作过程，其中方块数字表示此轮交换完成后已经排好序的位置。

表 8－5 冒泡法实际排序示例

轮次	初始/完成后	原始数据						比较次数	交换次数	说明
		5	8	9	1	7	3			
1轮	初始	5	8	9	1	7	3	5	3	待排序序列 a_1 ~ a_6
	此轮完成后	5	8	1	7	3	9			
2轮	初始	5	8	1	7	3	9	4	3	待排序序列 a_1 ~ a_5
	此轮完成后	5	1	7	3	8	9			
3轮	初始	5	1	7	3	8	9	3	2	待排序序列 a_1 ~ a_4
	此轮完成后	1	5	3	7	8	9			
4轮	初始	1	5	3	7	8	9	2	1	待排序序列 a_1 ~ a_3
	此轮完成后	1	3	5	7	8	9			
5轮	初始	1	3	5	7	8	9	1	0	待排序序列 a_1 ~ a_2
	此轮完成后	1	3	5	7	8	9			

由表 8－5 演示的排序过程可以看出，若对 n 个数进行排序，应用冒泡法排序需要两重循环才能实现，其中外循环变量 i 控制比较轮次，其变化范围为 1 ~ n－1；内循环变量 j 表示需要进行比较的数据的下标，其变化范围为 1 ~ n－i；在内层循环中，由 a_j 与 a_{j+1} 进行比较，即相邻的数据两两比较，如果需要则进行互换。由此可以得到对于 1 ~ n 个数，采用冒泡法排序的核心算法流程图，如图 8－25 所示。

在图 8－25 所示核心算法中，op 表示一个操作符，如果是升序排序，op 应该为大于号“ > ”；如果是降序排序，则 op 应该为小于号“ < ”。

8.3.5 查找

查找又称“检索”，是在一组数据或信息中，找到满足条件的数据。查找在信息处理、办公自动化等方面应用广泛，如在考试成绩单中查找成绩，在通讯录中查找某人的电话等，是日常生活和工作中应用非常广泛的算法。

在计算机科学中，查找是经常使用并被广泛研究的一种经典的非数值运算算法。查找操作是在一组数据中搜索是否存在待查的数据元素，若找到这样的元素，则查找成功，否则，查找失败。常用的查找算法有顺序查找、二分查找、分块查找、哈希查找等。下面分别介绍顺序查找和二分查找。

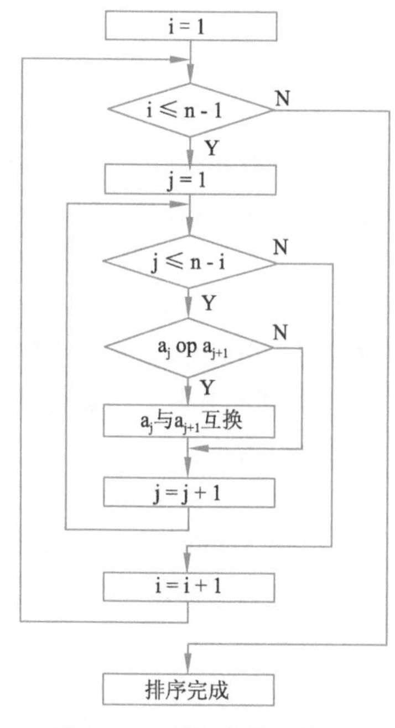

图 8－25 冒泡法排序核心算法流程图

1. 顺序查找

顺序查找也称为线性查找，其基本的思路就是从给定数据序列的第一个数据元素开始（也可从最后一个数据元素开始），逐一扫描每个数据元素，即将待查找的数据与数据序列中的每一个数据元素逐一进行比较，以检查是否相等。若当前扫描到的数据元素值与待查的数据相等，则查找成功；若扫描到数据序列的最后，即全部比较结束后仍没找到，则查找失败。

假定 n 个数据组成的数据系列，其下标为 1 ~ n，即数据为 a_1、a_2、…、a_n，待查的数据为 x，则进行顺序查找的基本思想为：

从 a_1 开始依次将 a_i 与 x 进行比较（$1 \leqslant i \leqslant n$），若相等则查找成功，此时 i 即为待查数据在数据序列中的位置；若不等，则继续比较下一个元素，重复上述过程。若比较到 a_n 仍未找到，则查找失败，要给出未找到的提示信息。顺序查找的核心算法流程图如图 8－26 所示。

顺序查找的优点是简单，比较容易理解；缺点是比较次数较多，效率较低。顺序查找算法适合于待查找数据序列无序且其元素数量较少的情况。

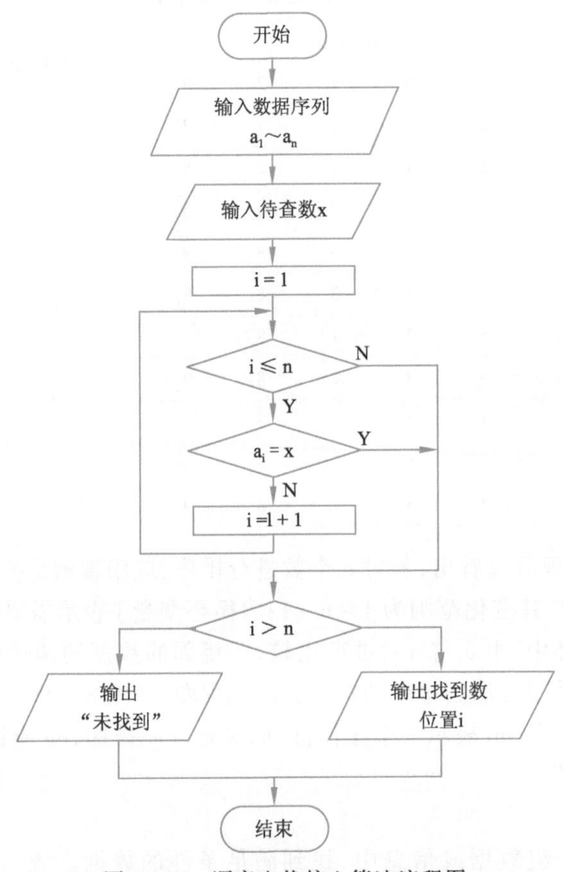

图 8-26　顺序查找核心算法流程图

2. 二分查找

二分查找也称为折半查找,是在待查找序列数据量很大时经常采用的一种高效的查找算法。要采用二分查找算法,待查找序列必须是有序的,下面的讨论假设数据是升序排列的情况。

二分查找的思路:当待查找的数据的范围确定后,首先选取有序数列的中间数据,与要查找的值 k 进行比较。如果正好是要查找的数据,则查找成功,结束查找。如果中间数据大于要查找的值 k,则将小于中间数据的一半对分,找出其中间值再与 k 比较;如果中间数据小于要查找的值 k,则将大于中间数据的一半对分,再次进行比较。根据比较结果,再对分相应的数据段。如此对分比较下去,直到找到要查找的数或无法再对分时为止。

其具体方法是:设置 3 个位置标识符 Top、Middle、Bottom,分别表示起始、末尾和中间数组元素的下标值。其中,Bottom 指向查找范围的底部,Top 指向查找范围的顶部,Middle = (Top + Bottom)/2 指向查找范围的中间位置。假定 n 个数据组成数据系列,其下标为 1 ~ n,即数据为 a_1、a_2、…、a_n,待查的数据为 x,具体的查找过程如下:

① 判断 x 是否等于 a_{Middle},如果是,则已找到,查找停止,否则继续下一步。

② 判断 x 是否小于 a_{Middle},如果是,则 x 必定落在 Top 和 Middle - 1 的范围之内,下一步查找只需在这个范围内进行,而不必去查找 Middle 以后的元素。此时新的查找范围为 Top(原位置不动),Bottom = Middle - 1。

③ 如果 x 大于 a_{Middle},x 必定落在 Middle + 1 和 Bottom 的范围之内,下一步的查找应在该范围内进行。新的查找范围是 Top = Middle + 1 和 Bottom(原来位置不动)。

④ 如果 Top > Bottom,查找失败,循环结束。

表 8-6 中演示了二分法查找的操作过程,并标明了随着查找操作的进行,3 个位置标识符在数据序列中的位置示意。

表 8-6　二分法查找示例

序号	数据序列	初始指针位置	第 2 次指针位置	第 3 次指针位置	待查找 X=72
1	11	←Top			
2	15				
3	21				
4	22				
5	33				
6	40				
7	56				
8	59	←Middle			
9	68		←Top	←Top	
10	72			←Middle	
11	88			←Bottom	
12	94		←Middle		
13	125				
14	150				
15	158	←Bottom	←Bottom		

二分查找算法流程图如图 8-27 所示。

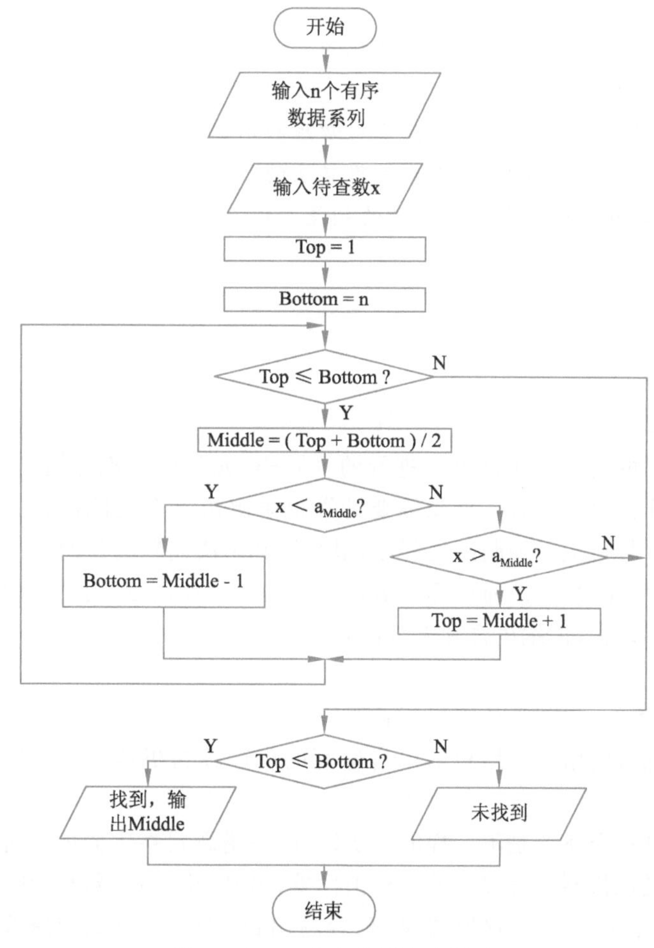

图 8-27　二分查找算法流程图

第9章 程序设计

程序设计是给出解决特定问题程序的过程,是软件构造活动中的重要组成部分。程序设计往往以某种程序设计语言为工具,编制出这种语言下的程序。

本章首先介绍有关程序设计语言发展的知识,然后介绍程序设计语言基础知识与程序设计语言中的流程控制结构,包括词法规则、数据描述、运算符与表达式、程序的3种基本结构的语句表示等,并对第8章的算法描述给出了程序实现。最后,介绍了程序设计方法中目前最常用的两种程序设计方法,结构化程序设计和面向对象程序设计。

学习目标

- 了解程序设计语言的发展,了解语言处理系统的知识。
- 了解高级语言程序的词法规则,掌握数据描述,即数据类型、常量、变量的知识。
- 理解运算符与表达式的知识,了解高级语言中常用的内部函数。
- 掌握程序设计语言中流程控制结构,理解常用算法的程序实现。
- 了解结构化程序设计和面向对象程序设计的相关知识。

9.1 程序设计语言发展

9.1.1 程序设计语言演变

众所周知,人与人之间的交往是通过语言进行的。同样,人与计算机之间交换信息也必须有一种语言作为媒介,这种语言就叫作计算机语言。如果需要计算机来解决某个实际问题,就必须采用计算机语言来编制相应的程序,然后由计算机执行编制好的程序,最终达到解决问题的目的。

编制程序的过程称为程序设计,因而计算机语言又称程序设计语言。按照程序设计语言对计算机的依赖程度可分为3大类:机器语言、汇编语言和高级语言。

1. 机器语言

机器语言即机器指令系统,也就是计算机所有能执行的基本操作的命令。机器语言是用二进制代码表示的程序设计语言,是最低级的语言。用机器语言编写的程序称为机器语言程序,能直接被计算机识别和执行,因此执行速度较快。

但是由于机种不同,其指令系统是不一样的。所以,同一道题目在不同的计算机上计算时,必须编写不同的机器语言程序,也就是说机器语言程序的可移植性差;另外,由于机器语言中每条指令都是一串二进制代码,因此可读性差、不易记忆;编写程序既难又繁,容易出错;程序的调试和修改难度也很大,因此很少用机器语言编程。

例如,用8088微处理器的机器语言编写7+5的程序,要用到下面的机器指令:

1011000
0000101 } 表示将数据5送到累加器AL中。

00000100
00000111 } 表示把AL中的数据同7相加，结果放在AL中。

2. 汇编语言

为了解决机器语言的上述缺点,20 世纪 50 年代初,出现了汇编语言。汇编语言是一种符号化的机器语言,它不再使用难以记忆的二进制代码,而是使用比较容易识别、记忆的助记符号代替操作码,用符号代替操作数或地址码。例如,上面的例子若写成汇编语言,则形式如下:

```
MOV  AL,5                 ;把 5 送到 AL 中
ADD  AL,7                 ;7 +5 的结果仍存在 AL 中
```

可以看出,程序的可读性大大增强了。与机器语言相比较,汇编语言在编写、修改和阅读程序等方面都有了相当的改进。但这种语言还是从属于特定机型的,除了用符号代替二进制码外,汇编语言的指令格式与机器语言相差无几。用汇编语言编写的程序称为汇编语言程序,计算机不能直接识别、执行,要经过汇编程序翻译成机器语言程序(称目标程序)后才能执行,这个翻译过程称为汇编。汇编语言程序的可移植性也较差。

由于从执行速度和占用内存空间角度上讲,汇编语言较好,通常情况下用汇编语言来编写效率较高的实时控制程序和某些系统软件。

3. 高级语言

高级语言是与人类自然语言相近似的,而不依赖于任何机器指令系统的程序设计语言。其语言格式更接近于自然语言,或接近于数学函数形式。描述问题与计算公式基本一致,可读性较好。它们是面向过程的语言。由高级语言编写 7 +5 的程序只有一句:

```
A =7 +5                   //7 +5 的结果存放在临时变量 A 中
```

高级语言的通用性较好,易于掌握,大大提高了编写程序的效率,改善了程序的可读性。用高级语言编写的程序称为高级语言源程序。与汇编语言相同,计算机是不能直接识别和执行高级语言源程序的,也要用翻译的方法把高级语言源程序翻译成等价的机器语言程序(称为目标程序)才能执行。通常,高级语言程序的翻译有两种方式:解释方式和编译方式。

4. 常用的计算机程序设计语言

① C 语言:C 语言是一种结构化程序设计语言。它层次清晰,便于按模块化方式组织程序,易于调试和维护。C 语言的表现能力和处理能力极强,它不仅具有丰富的运算符和数据类型,便于实现各类复杂的数据结构,还可以直接访问内存的物理地址,进行位(bit)一级的操作。由于 C 语言实现了对硬件的编程操作,因此 C 语言集高级语言和低级语言的功能于一体,既可用于系统软件的开发,也适合于应用软件的开发。此外,C 语言还具有效率高,可移植性强等特点。

② C ++ 语言:C ++ 语言是一种优秀的面向对象程序设计语言,它在 C 语言的基础上发展而来。可以认为 C 是 C ++ 的一个子集,C ++ 包含了 C 的全部特征、属性和优点,同时增加了对面向对象编程的完全支持。面向对象的程序设计是在面向过程的程序设计的基础上一个质的飞跃,C ++ 完美地体现了面向对象的各种特性。C ++ 以其独特的语言机制在计算机科学的各个领域中得到了广泛的应用。

③ C#:C#(读作 C sharp),是一种安全的、稳定的、简单的,由 C 和 C ++ 衍生出来的面向对象的编程语言。它在继承 C 和 C ++ 强大功能的同时去掉了一些它们的复杂特性(例如没有宏和模板,不允许多重继承)。C#综合了 Visual Basic 简单的可视化操作和 C ++ 的高运行效率,以其强大的操作能力、优雅的语法风格、创新的语言特性和便捷的面向组件编程的支持成为 .NET 开发的首选语言。

④ Visual Basic:简称 VB,是 Microsoft 公司推出的一种 Windows 应用程序开发工具,是当今世界上使用最广泛的编程语言之一,无论是开发功能强大、性能可靠的商务软件,还是编写能处理实际问题的实用小程序,都可以使用 VB。VB 中 Visual 指的是采用可视化的开发图形用户界面(GUI)的方法;Basic 指的是 BAS-

IC 语言,因为 VB 是在原有的 BASIC 语言的基础上发展起来的,至今包含了数百条语句、函数及关键词,专业人员可以用 Visual Basic 实现其他任何 Windows 编程语言的功能,而初学者只要掌握几个关键词就可以建立实用的应用程序。

⑤ Java 语言:Java 语言是一个支持网络计算的面向对象程序设计语言。Java 语言吸收了 Smalltalk 语言和 C ++ 语言的优点,并增加了其他特性,是一种简单的、跨平台的、面向对象的、分布式的、解释的、健壮的、安全的、体系结构中立的、可移植的、性能优异的、多线程的、动态的语言。

⑥ ASP:ASP 是一种在 Web 服务器端运行的脚本语言,程序代码安全保密。ASP 以对象为基础,因此可以使用 ActiveX 控件继续扩充其功能;ASP 内置 ADO 组件,因此可以轻松地存取各种数据库;ASP 可以将运行结果以 HTML 的格式传送至客户端浏览器,因而可以适用于各种浏览器。

⑦ PHP:PHP 是一种 HTML 内嵌式的语言,PHP 与 ASP 颇有几分相似,都是一种在服务器端执行的嵌入 HTML 文档的脚本语言,语言的风格又类似于 C 语言,现在被很多的网站编程人员广泛运用。PHP 独特的语法混合了 C、Java、Perl 以及 PHP 自创新的语法。PHP 具有非常强大的功能,所有的 CGI 或者 JavaScript 的功能 PHP 都能实现,而且几乎支持所有流行的数据库以及操作系统。

9.1.2 程序设计语言处理系统

计算机只能直接识别和执行机器语言,那么要在计算机中运行高级语言程序就必须配备程序语言翻译程序,简称翻译程序。翻译程序本身是一组程序,不同的高级语言都有相应的翻译程序。对于高级语言来说,翻译的方法有解释和编译两种。

1. 解释方式

将源程序逐句解释执行,即解释一句就执行一句,其过程如图 9 - 1 所示,在解释方式中不产生目标文件。早期的 BASIC 语言采用“解释”方法,它是用解释一条 BASIC 语句执行一条语句的方法,效率比较低。

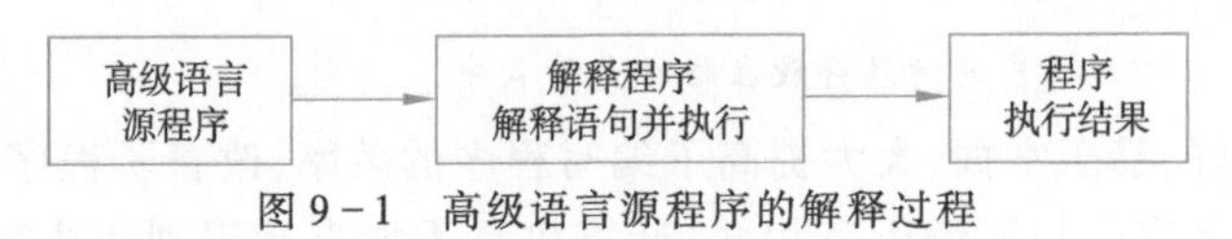

图 9 - 1 高级语言源程序的解释过程

2. 编译方式

将整个源程序翻译成机器语言程序,然后让机器直接执行此机器语言程序。目前,流行的高级语言 C、Visual C ++ 、Visual Basic 等都采用编译的方法。它是用相应语言的编译程序先把源程序编译成机器语言的目标程序(扩展名为 .obj),然后再用连接程序,把目标程序和各种的标准库函数连接装配成一个完整的可执行的机器语言程序才能执行。简单地说,一个高级语言源程序必须经过“编译”和“连接装配”两步后才能成为可执行的机器语言程序。尽管编译的过程复杂一些,但它形成可执行文件(扩展名为 .exe),且可以反复执行,速度较快。图 9 - 2 所示为高级语言的编译过程。运行程序时只要执行可执行程序即可。

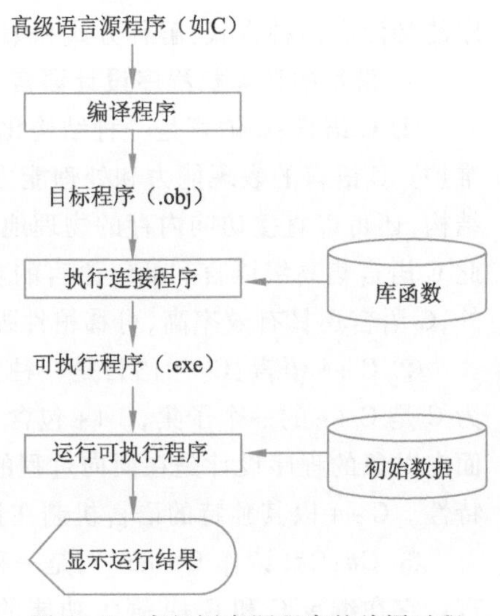

图 9 - 2 高级语言源程序的编译过程

对源程序进行解释和编译任务的程序,分别叫作编译程序和解释程序。例如,FORTRAN、COBOL、PASCAL 和 C 等高级语言,使用时需有相应的编译程序;BASIC、Lisp 等高级语言,使用时需用相应的解释程序。

总的来说,汇编程序、编译程序和解释程序都属于语言处理系统或简称翻译程序。

9.2　程序设计语言基础

9.2.1　高级语言程序概述

从最一般的意义来说，程序是对解决某个计算问题的方法(算法)步骤的一种描述；而从计算机来说，计算机程序是用某种计算机能理解并执行的计算机语言作为描述语言，对解决问题的方法步骤的描述。计算机执行按程序所描述的方法步骤，能完成指定的功能。所以，程序就是供计算机执行后能完成特定功能的指令序列。

一个高级语言程序主要描述两部分内容：描述问题的每个对象和对象之间的关系，以及描述对这些对象进行处理的处理规则。其中，关于对象及对象之间的关系是数据结构的内容，而处理规则是求解的算法。针对问题所涉及的对象和要完成的处理，设计合理的数据结构常可有效地简化算法，数据结构和算法是程序最主要的两个方面。

高级语言程序一般由对数据的描述和对操作的描述两部分组成。

① 对数据的描述。在程序中要指定数据的类型和数据的组织形式，即数据结构。

② 对操作的描述。即操作步骤，也就是对算法的实现。

以 C ++ 语言为例，C ++ 程序是由若干函数组成的，函数是 C ++ 程序的基本单位。这些函数中有且只能有一个命名为 main 的函数。函数由对数据的描述(声明部分)和对操作的描述(执行部分)组成，其中执行部分由若干条语句组成。

下面就分别对高级语言程序的数据描述和操作描述进行介绍。

9.2.2　高级语言词法规则

每种程序设计语言都使用一些特定的字符来构造基本词法单位，进而描述程序语句，这些字符构成的集合就叫作字符集。作为程序设计的高级语言，都有着严格的字符集和严密的语法规则，程序中的各种词法符号(如常量、变量、表达式、语句等)都是根据语法规则由字符集中的字符构成的。在程序中不能使用这个字符集以外的字符，否则就违反了语法规则。

1. 字符集

用某种高级语言编写程序时所能使用的所有符号的集合，称为该种高级语言的字符集。一般字符集包含字母、数字和专用字符 3 类。

① 字母：大写英文字母 A ~ Z；小写英文字母 a ~ z。

② 数字：0 ~ 9。

③ 专用字符：+ - * / = , . _ : ; ? \\ " ´ ~ | ! # % & ( ) { } [ ] ^ < > 空格。

只有使用字符集中的字符才可以构造各种词法符号。

2. 标识符和关键字

用来标识变量、符号常量、函数和数据类型的有效字符序列就称为标识符，它是程序员自己规定的具有特定含义的词。简单地说，标识符就是一个名字，用以区分不同的变量、符号常量和函数等。

关键字又称为保留字，是由系统定义的具有特定含义的标识符。由于已经被系统占用，因此用户不能用关键字来命名变量名、符号常量名、函数名和类型名等。

表 9 - 1 列出了标识符与关键字的不同，并给出 C ++ 和 VB 语言的相应示例。

表 9 - 1　标识符与关键字示例

类　别	说　明	C ++ 语言示例	VB 语言示例
关键字	系统设置的具有特定含义、专门用途的字符序列，不能用于其他用途	if、int、while	If、Integer、For

续表

类　别	说　明	C ++语言示例	VB 语言示例
标识符	由用户自己定义的、用来给常量、变量、函数、数组等命名的标识符,不同的高级语言标识符的命名规则不同	sum、name、student	Sum、Name、Student

对标识符的命名要遵守一定的规则,不同的高级语言对标识符的命名规则不同,表 9-2 给出了 C ++ 和 VB 对标识符的命名规则。

表 9-2　标识符的命名规则

语　言	对标识符的命名规则
C ++	① 标识符由字母、数字、下画线“_”组成,且第一个字符必须是字母或下画线。 ② 不能把 C ++关键字作为标识符。 ③ 标识符的长度是有限制的,不同的 C ++ 编译器能识别的最大长度不同,编译器将自动忽略多余的字符。 ④ 标识符对大小写敏感,即标识符区分大、小写字母,因此 sum、SUM、Sum 会被认为是 3 个不同的标识符。习惯上,变量名、函数名和类型名常用小写字母组成,而符号常量使用大写字母表示。 ⑤ 标识符不能分行书写
VB	① 标识符必须是以字母或下画线开始,后跟字母、数字或下画线组成的字符串。 ② 不能把 VB 关键字作为标识符。 ③ 总长度不超过 255 个。 ④ 标识符不区分字母大小写,例如 sum、SUM、Sum 是同一个标识符。 ⑤ 标识符不能分行书写

需要说明的是:为了提高程序的可读性,在命名变量名或其他标识符时,最好做到简洁且“见名知义”,如使用 max 表示最大,area 表示面积,sum 表示和,average 表示平均值等。

3. 一般的编码规范

任何程序设计语言在编写程序代码时都要遵循一定的规则,这些规则是必须严格遵守的,否则编写出来的代码就不能被计算机正确地识别,产生语法错误或者运行错误。除了这些规则之外,还有一些则是大家公认的规范,如增加注释、必要的缩进等。这些规范可以增加程序的可读性,初学程序的人在编写程序时应遵循这些公认的规范,养成良好的编程习惯。

一般的编码规范如下:

① 编写代码首先必须严格遵守使用语言的词法规则和语法规则。例如,在命名变量时要遵循词法规则,在书写具体语句时要符合语法规则。

② 程序由若干语句行组成,一般在程序中一行写一条语句。一些语言并不严格要求一行只能写一条语句,允许将多条语句写在同一行上,但为了提高程序的可读性,一般是一行书写一条语句,一条语句书写在同一行上。

③ 在程序中添加必要的注释,有利于程序的阅读、调试和维护。例如,通常在程序的最前面增加注释来说明本程序的功能、编写的时间、作者等信息;还可以在程序中增加注释说明一些变量的含义;在程序的调试过程中可以利用注释来屏蔽某一条或多条语句以观察程序运行的变化,以便发现问题和错误。

④ 在程序中使用缩进格式,增加程序的可读性。一般高级语言程序都是一行写一条语句,而且从格式上并不强制要求有缩进。但是,如果所有语句都是左对齐的,从程序中就很难看出程序的结构,阅读起程序来会很难理解。因此,一般编写程序都会进行必要的缩进,以体现出具体的结构。例如,选择结构通过缩进的写法,体现出两个分支的特点、循环结构通过缩进体现出循环体的特点。这样做有利于增加程序的可读性。表 9-3 给出了 C ++ 和 VB 对注释和缩进的示例。

表9－3 注释和缩进的示例

语　言	示　例	说　明
C++	//输入2个数按由小到大的顺序输出	对整个程序说明
	#include <iostream>	
	using namespace std;	
	int main()	
	{	
	int a, b, t; //定义变量	对语句说明
	cout <<"please input a,b=";	
	cin >>a >>b; //输入	对语句说明
	if (a >b)	
	{	
	t=a;	程序缩进
	a=b;	
	b=t;	
	}	
	// cout <<"t="<<t<<endl;	注释掉该语句
	cout <<"a="<<a<<"\tb="<<b<<endl; //输出	对语句说明
	return 0;	
	}	
VB	'输入2个数按由小到大的顺序输出	对整个程序说明
	Private Sub Command1_Click()	
	Dim a As Single, b As Single, t As Single '声明变量	对语句说明
	a=InputBox("输入第一个数") '输入	对语句说明
	b=InputBox("输入第二个数")	
	If a >b Then	
	t=a	程序缩进
	a=b	
	b=t	
	End If	
	'Print t	注释掉该语句
	Print a, b '输出	对语句说明
	End Sub	

9.2.3 高级语言数据描述

计算机的内存中存放着大量的数据，这些数据都是为了解决某个问题而设置的。而在实际的处理过程中，根据不同的对象与要求，这些数据又具有不同的性质和表现形式。在高级语言中，使用数据类型这一概念来描述数据间的这种差别，而数据则是以常量或变量的形式来描述的。

1. 数据类型

现实生活中的数据是有类型之分的，例如年龄一般用整数表示，工资、成绩等用带小数点的数描述，姓名由一串中文或英文字符表示，而生日则是一个由年、月、日表示的日期。因此，为了在程序设计语言中正确表示这些日常生活中所用到的不同的数据信息，程序设计语言中出现了不同的数据类型，如整型、实型、字符型、日期型、逻辑型等。不同数据类型表示的数据的取值范围不同、所适用的运算不同、在内存中所占有的存储单元数目也不同。也就是说，数据类型决定了数据的存储形式、表示范围或精度、所占内存空间大小、能够参与哪些运算或操作等。因此，正确地区分和使用不同的数据类型，可以使程序运行时占用较少的内存，确保程序运行的正确性和可靠性。

高级语言的数据类型一般包括基本数据类型和构造数据类型。

(1)基本数据类型

基本数据类型包括整型、浮点型、字符型、逻辑型等数据类型，一些语言中还包括货币型、字节型、日期型等。

① 整型数据是不带小数点和指数符号的数，可以带有正号(+)和负号(-)，在计算机内部以二进制补

码形式表示。它的运算速度快且精确,但数据的表示范围小。在不同的语言中,整型数据的类型进一步又分为整型和长整型、短整型、无符号整型等。

② 浮点型数据又称为实数,是指带有小数点或写成指数形式的数。浮点数所表示的数的范围较大,但存在误差,运算速度慢。浮点型数据又分为单精度和双精度,单精度数在内存中占用 4 个字节,精度为 7 位;双精度数据在内存中占 8 个字节,精度为 15 位。

③ 字符型数据用于处理字符数据,不同的语言对字符型数据处理的方式也有很大不同。在 C ++ 中,字符型数据在内存中占用 1 个字节,即存储的是一个字符的 ASCII 码(用单引号引起的一个字符);而在 VB 中,字符型数据是用双引号括起来的一串字符,也称为字符串,字符串长度就是字符串中包含的字符的个数。

④ 逻辑型又称为布尔型,主要用于逻辑判断。逻辑型数据只有两个值:True(逻辑真)和 False(逻辑假)。在进行数据转换时,如果将逻辑型数据转换为数值型数据,则 True 转换为 1(C ++)或者 -1(VB),False 转换为 0;若要将其他类型的数据转换为逻辑型数据,非零数据转换为 True,0 转换为 False。

(2)构造数据类型

在处理实际问题的应用中,有时需要一些比较复杂的数据表现形式。例如,使用一个名称代表一组相同类型的数据,并以下标的形式区分其中的各个数据元素;把一些不同类型的数据组合成一个整体用于构造出复杂的数据结构,通过一个名称定义不同类型数据的组合。这样的一种数据称为构造数据类型。构造数据类型包含数组、结构体或自定义类型。

① 数组。数组是具有相同的数据类型且按一定次序排列的一组变量的集合。数组内存放的数据具有相同的名字,即数组名。数组中的每个数据称为一个数组元素,它们在数组中按线性顺序排列。每个数组元素具有唯一的顺序号,即下标,下标的个数决定了数组中数组元素的个数。每个数组元素之间用下标变量来区分,下标变量标识数组元素在数组中的位置。将数据存放在数组元素中,从而在程序中就可以方便地通过数组名和下标的组合来访问这些数据,即通过使用数组名和下标就可以唯一地确定数组中的数组元素。

在程序中可以定义不同维数的数组,如一维数组、二维数组和多维数组。所谓维数是指一个数组中的元素,需要用多个下标变量来确定。若数组元素只有一个下标则表示该数组为一维数组,两个下标则表示为二维数组。常用的是一维数组和二维数组,一维数组相当于数学中的数列,二维数组相当于数学中的矩阵。

利用数组类型可以描述许多有意义的对象,例如使用一维整型或实型数据组成的数组可以描述一个向量,使用二维整型或浮点型数组可以描述一个矩阵,利用字符型数组则可以描述一行文本等。因此,数组是一种非常重要的数据类型。

② 结构型数据类型。在处理实际问题时,经常要遇到复杂的数据,例如,要描述一个学生的基本信息,包括:班级、学号、姓名、性别、年龄、各科成绩等;又如,图书档案的信息包括:书名、作者、出版社、出版时间、定价等。对于学生信息而言,虽然每个学生的各项数据的数据类型不同,但它们同属于一个学生,是一个整体,相互之间存在着一定的关系,图书档案也是如此。因此,如果将班级、学号、姓名、性别、年龄、各科成绩等分别定义为相互独立的简单变量,则不能反映它们之间的内在联系。

为了能把这些有内在联系的一组数据组成一个数据整体,可以声明一个特殊的数据类型,这种特殊的数据类型,可以由多种不同的基本数据类型组成一个集合,构成一种新的结构型的数据类型。

在不同的语言中,这种特殊的结构型的数据类型名称不同,C ++ 中称为结构体,VB 中称为自定义数据类型,它们都是由一系列具有相同类型或不同类型的数据构成的数据集合。在一个结构中,这些数据应是在逻辑上相互关联的。

在程序设计过程中,使用结构型数据类型之前,必须先对结构型数据类型的组成进行描述,这就是结构型数据类型的定义。结构型数据类型的定义描述了组成结构型数据的成员以及每个成员的数据类型。

需要强调的是,结构型数据类型一经定义后便成为一种新的数据类型,从这点上来说,它和基本数据类型的地位是等同的;然而,它又是一种特殊的数据类型,它是根据设计需要,由用户将一组不同类型而又逻辑相关的若干个标准数据类型数据组合而成的一种新的数据类型。

结构型数据类型的定义说明了该结构型数据类型的组成。结构型数据类型本身并不占用存储空间，只有当用该类型定义变量时才需要分配存储空间。在定义了结构型数据类型以后，即可定义属于该类型的变量（在C++中称为结构体变量、VB中称为自定义类型变量）。

常见的数据类型如表9－4所示。

表9－4 高级语言中常见的数据类型

数据类型		C++语言示例	Visual Basic语言示例

基本类型	整型	int a; //整型
		unsigned int b; //无符号整型
		long int c; //长整型
		short ind d; //短整型
			Dim a As Integer '整型
			Dim b As Long '长整型

	浮点型	float f; //单精度浮点型
		double g; //双精度浮点型
			Dim f As Single '单精度型
			Dim g As Double '双精度型

	字符型	char c; //字符型	Dim str As String '字符型
	逻辑型	bool flag //逻辑型	Dim flag As Boolean '逻辑型

构造类型	数组	int a[10]; //具有a[0]~a[9],
		//10个整型元素的数组
			Dim a(1 to 10) As Integer '具有a(1)~a(10),10个
			'整型元素的数组

	结构体	struct student //定义学生结构体
		{ char num[12]; //学号
		char name[20]; //姓名
		int age; //年龄
		char address[100];//地址
		};
			Type Students '声明学生自定义类型
			Num As String * 12 '学号
			Name As String * 20 '姓名
			Age As Integer '年龄
			Address As String * 100 '地址
			End Type

2. 常量

在程序运行过程中，其值始终保持不变的量称为常量。常量一般有普通常量和符号常量，有些语言还有系统常量。

① 普通常量：也称为直接常量，它直接写出不同类型数据的值，因此从其值即可判断出常量的类型。普通常量分为数值型常量、字符型常量、逻辑型常量等。

② 符号常量：在程序设计时，经常会遇到一些多次出现或难于记忆的常量，因此可以定义一个标识符来代替这个常量，这个标识符就称为符号常量。例如，数学运算中的圆周率，可以用符号PI来表示3.1415926，在程序中使用该数值时都可以用PI来代替，这样不仅可以方便书写，而且增强了程序的可读性和可维护性。

③ 系统常量：有些语言（如Visual Basic）提供有系统常量，它是该语言系统预先定义的常量，可以与应用程序的对象、属性和方法一起使用。在程序中使用系统常量，可使程序更加容易阅读和理解，并使程序保持良好的兼容性。表9－5给出了常量的示例。

表9－5 常量示例

类别	C++语言示例	Visual Basic语言示例
普通常量	123、14.5 (数值型常量) 'a' (字符常量) "CHINA" (字符串常量)	123、14.5 (数值型常量) "CHINA" (字符型常量) True、False (逻辑型常量)
符号常量	const double PI =3.1415926; //定义PI是符号常量,其值为3.1415926	Const PI As Single =3.1415926 '声明符号常量PI,代表单精度数3.1415926
系统常量		vbNewLine 表示回车换行符 vbRed 的值为 &HFF,表示红色

3. 变量

在程序运行过程中,其值可以改变的量称为变量。变量的名字由用户定义,变量的命名必须符合标识符命名规则。

变量的本质是内存中的一个存储空间。由于在程序运行过程中,数据都是保存在内存中的,数据的类型不同,占用的内存单元数也不同。为了对保存在内存中的数据进行访问,就要使用一个名称来表示该内存空间,这个有名称的内存空间就称为变量。每个变量都有一个名称和相应的数据类型,系统根据数据类型为其分配存储单元,并确定该变量能进行的操作。变量名对应的存储空间中所存储的数据称为变量的值,这个值在程序的运行过程中可以发生改变,在程序中通过变量名来引用变量的值。变量名、变量的类型及变量的值称为变量的三要素。

对变量的访问主要有“读”和“写”两种操作:

① 读:将变量中的数据取出来,存储在变量中的值不会改变。

② 写:将某数据存储到变量中,变量中存储的原值将被新值所覆盖。

在一些计算机语言中,变量在使用前要求必须先进行声明,即声明变量名及其数据类型,以便系统在内存中为其分配内存单元;有一些语言则对此要求并不严格,它可以不声明变量而直接使用。没有声明类型的变量根据实际赋给变量的值的数据类型来确定变量的数据类型,这样的变量称为变体型变量。由于使用变体型变量浪费存储空间,且由于赋值数据类型的随意性会导致程序容易出错,所以应尽量避免使用。要养成“先声明变量,后使用变量”的良好编程习惯。

(1)变量的声明

变量的声明就是用变量声明语句来定义变量的类型,表 9-4 中列出了 C ++ 和 VB 语言对常用数据类型的声明语句。

在为变量选择数据类型时,应根据其将要存储的数据的特性确定数据类型,若要处理的是年龄等,则选择整型,而工资、销售额等都需要精确到小数,因此应选择单精度或双精度型。另外,还应根据所要处理数据的大小确定数据类型。例如,某个运算的结果为大于 32 767 的整数,那么此时就不能再选择整型,因为整型表示的数据范围为 -32 768 ~32 767,该结果超出了整型所允许的取值范围,从而应改用长整型、单精度或双精度表示。因此,在为变量选择数据类型时,应确定以下几点:

① 数据的特性。

② 数据的取值范围。

③ 数据可以参与的运算。

(2)变量的默认值

所谓变量的默认值是指在声明或定义变量后,在未对其进行赋值前变量所具有的值,对此不同的语言有不同的规定。在 C ++ 中,对于已经定义而没有被赋值的变量,其值为不确定的随机值;而在 Visual Basic 中,变量声明后,数值型变量的默认初值为 0;Boolean 型变量的默认初值为 False;String 型变量的初值为空。

由于变量的默认值可能为不确定的随机值,读取其值进行计算会导致错误的程序运行结果。即使一些语言中变量的默认值有具体的值,但在程序运行时还是可能会引起一些意想不到的问题,因此建议声明变量以后,在使用变量之前一定要先为其进行赋值,称为变量赋初值。

(3)变量的赋值和访问

定义或声明变量后,就有了对应的存储空间,从而可以对变量进行赋值或访问操作。对变量赋值,就是将一个值存入变量对应的存储空间(如果原来有值,原值被覆盖);访问变量,就是从变量对应的存储空间读取数据进行操作,所以对变量的赋值或访问(使用)操作,就是对其存储空间进行存或取的操作。表 9-6 列出了 C ++ 和 VB 中一些常见的变量赋值和访问的示例。

表9-6 变量的赋值和访问

语言	示例

C ++	int x,y,z; //定义3个整型变量x、y、z
	x=5; //将5赋值给变量x
	y=10; //将10赋值给变量y
	z=x+y; //读取x和y的值进行加法运算,得到和15赋给变量z
	z=z+1; //变量z当前的值15加1后,得到和16再赋给变量z

Vb	Dimx As Integer , y As Integer , z As Integer '定义3个整型变量x、y、z x=5 '将5赋值给变量x y=10 '将10赋值给变量y z=x+y '读取x和y的值进行加法运算,得到和15赋给变量z z=z+1 '变量z当前的值15加1后,得到和16再赋给变量z

从表9-6可以看出,变量赋值都是将"="号右边表达式的值赋给赋值号左边的变量。这个"="号在C ++中称为赋值运算符,在VB中就称为赋值号。

① 变量赋值与数学等式的不同。

从赋值的形式看,赋值的"="号很类似于数学中的等号"=",但其实际的意义却有本质的差别。

例如,在数学中下面的一组式子中:

```
x=5 和 5=x
z=x+y 和 x+y=z
t=x 和 x=t
i=i+1
```

前面3组都是等效的,它们都表示"="号两边的值相等,因此这样的式子怎样写(写成x=5或5=x)都是没有问题的。而最后的i=i+1则是一个没有意义的式子。

但是,由前面对变量的讨论可知,变量是内存空间的名字,因此对变量的赋值,其实际的意义是将"="号右边表达式的值赋给"="号左边的变量,即将表达式的值存入变量所代表的内存空间。也就是说,赋值里的"="号具有方向性,它只能将"="号右边的数据赋予"="号左边的变量,所以,与上面同样的一组式子,在计算机语言中就表达了完全不同的意义:

```
x=5        将5赋值给变量x
z=x+y      将变量x和y的值相加后赋值给变量z
5=x        错,赋值号左边不能是常量
x+y=z      错,赋值号左边不能是表达式
t=x        将变量x的值赋值给变量t
x=t        将变量t的值赋值给变量x
i=i+1      将变量i的值加上1后再赋给变量i,从而使变量i的值增1
```

从上面例子可以看出,赋值中的"="号与数字中的"="号是有很大不同的,在此一定要认真理解变量赋值中"="号的含义,一定不要与数学中的"="号相混淆。

② 变量赋值中数据类型的转换。

在进行赋值时,若"="号右边的表达式的值的类型与"="号左边的变量的类型不一致,不同的语言会按照一定的转换规则,将表达式的值的类型转换为变量的类型,然后再进行赋值。例如,如下C ++程序中

```
int a;
double b;
a=6.8+8.6;
```

6.8+8.6的值为double型的15.4,由于"="号左边的变量a为int型,先要将double型的15.4转换成int型的15,再赋值给变量a。

再如,在Visual Basic中,若表达式为数字字符串,变量为数值型,系统会自动将数字字符串转换成数值

型赋予变量;但若表达式为非数字字符或空串,则会出现“类型不匹配”的错误信息提示。例如:

```
Dim x As Integer , y As Integer
x = "1234"          '正确,x 的值为 1234
y = "a1234"         '错,因为字符串中包含非数字字符 a
```

关于数据类型的转换规则,请在使用具体语言时,查阅相应的语法规则。

9.2.4 运算符与表达式

程序中的大部分数据处理是通过运算符和表达式实现的。对常量或变量进行运算或处理的符号称为运算符,它用于告知计算机对数据进行操作的类型、方式和功能,一般运算符作用于一个或一个以上的操作数。参与运算的数据称为操作数,操作数可以是常量、变量或函数的返回值。用运算符将操作数连接起来就构成了表达式。

运算符主要包括算术运算符、关系运算符、逻辑运算符、字符串运算符、赋值运算符等。不同的运算符其运算方法和特点各不相同,通过运算符和表达式可以实现程序编制中所需要的大量操作。

1. 一般表达式的组成与运算规则

表达式是由操作数、运算符和圆括号按一定规则构成的式子,其中构成表达式的操作数可以是常量、变量、函数等。表达式可分为算术表达式、关系表达式、逻辑表达式和字符串表达式,无论是何种表达式,通过运算后总能得到一个结果,该运算结果的类型是由操作数和运算符共同决定的。

(1)表达式的运算顺序

在对表达式进行计算的过程中,各种运算必须按一定的顺序依次进行,这种运算的顺序是由运算符的优先级别决定的。当一个表达式中出现了多个不同类型的运算符时,优先级高的运算符将先进行运算,级别低的后运算。对于相同类型的运算符也有优先级别的高低之分,也按照由高级到低级的顺序运算。可以通过增加圆括号来改变表达式的运算顺序,括号内的运算总是优先于括号外的计算。表9-7给出C++和VB中一些常见的常用运算符的优先级别说明。

表9-7 不同类型运算符的优先级

语　言	不同类型运算符优先规则
C++	算术运算符 > 关系运算符 > 逻辑运算符 > 条件运算符 > 赋值运算符和逗号运算符,且单目运算符 > 多目运算符
VB	算术运算符 > 字符运算符 > 关系运算符 > 逻辑运算符

(2)表达式的书写

表达式在表现形式上与数学表达式有很多类似之处,但它们之间还是有许多不同。在书写表达式时,要注意与数学表达式区分开,要按照程序设计语言中的表达式的书写规则来书写,如表9-8所示。

表9-8 数学表达式与程序设计语言表达式的比较

类　别	数学表达式	程序设计语言表达式	说　明
1	2ab	2*a*b	乘号不能省略
2	$\frac{[-b+2(a-c)]}{2d}$	(-b+2*(a-c))/(2*d)	通过圆括号改变运算次序。表达式中可以出现多个圆括号,且只能使用圆括号。括号必须配对使用
3	$\frac{a^3+b^2}{4c}$	a^3+b*b/(4*c)	表达式中没有上标或下标,也没有分式,应从左到右在同一行上并排书写
4	πr^2	3.14*r*r	数学表达式中的某些符号,要使用其他符号或数值代替

2. 算术运算符与算术表达式

算术运算符用于对数值型数据进行各种算术运算,是程序设计语言中最常使用的一类运算符,算术运算符如表9-9所示。

表9-9 算术运算符及示例

语 言	算数运算符及优先规则	例 子	结 果
C++	负号(-)>乘除取余(*、/、%)>加减(+、-)	-5+2	-2
		5*3/2	7.5
		5%2	2
		5+3-2	6
VB	乘方(^)>负号(-)>乘除(*、/)>整除(\)>取余(Mod)>加减(+、-)	5^3	125
		-5+2	-2
		5*3/2	7.5
		5\2	2
		5 Mod 3	2
		5+3-2	6

说明:

① 当表达式中出现了多种算术运算符时,应按照运算符优先级从高到低的顺序计算。若优先级别相同,则按照从左到右的顺序计算。

② 当算术运算符两边的操作数为同一类型时,运算结果的类型与操作数的类型相同。

③ 当算术运算符两边的操作数的类型不同时,运算结果的类型以精度高的数据类型为准,即整型 < 长整型 < 单精度 < 双精度。例如,整型数据与实型数据运算,运算结果的类型为实型;单精度与双精度数据计算,结果的类型为双精度。

3. 关系运算符与关系表达式

关系运算符是用来比较两个操作数之间的关系的运算符,由关系运算符和操作数组成的表达式叫作关系表达式,其运算结果为一个逻辑值(True 或 False)。如果关系成立,结果为 True(真),如果关系不成立,结果为 False(假)。另外,任何非0值都可以被认为是 True。关系运算符及示例如表9-10所示。

表9-10 关系运算符及示例

C++关系运算符	VB关系运算符	功 能	例 子	结 果
>	>	大于	123>129	False
>=	>=	大于等于	23>=35	False
<	<	小于	34<67	True
<=	<=	小于等于	3<=3	True
==	=	等于	50==50(50 = 50)	True
!=	<>	不等于	35!=38(35<>38)	True

说明:

① 当两个操作数均为数值型时,按数值的大小进行比较。

② 当两个操作数均为字符型时,在C++中是按两个符号的ASCII码进行比较;在VB中则按字符的ASCII码值从左到右逐个比较,即首先比较两个字符串中的第一个字符,ASCII码值大的字符串大。若第一个字符相同,则比较第二个字符,依次类推,直到比较出大小为止。汉字按照拼音字母顺序比较,汉字字符大于西文字符。常用的ASCII码值大小关系为:空格 < 数字 < 大写字母 < 小写字母 < 汉字。例如:

- 在C++中,'a'>'b'比较的是字符常量'a'和'b'的ASCII码值97和98,则关系97>98不成立,为假。
- 在VB中,"happen" >= "happy"按字符串中的字符依次比较ASCII码值大小,的结果为False。

③ 不要对两个实型数据进行相等或不相等的比较,因为实型数据在计算或存储过程中出现的误差使本应该相等的两个数在计算机中却不相等。若要判断两个实型数据x、y是否相等,不能使用关系表达式进行相等判断,可以采取判断x与y的差的绝对值是否小于一个很小的数的方法(如$|x-y|<10^{-6}$),只要两个数的差小于一个很小的数,就可以认为这两个数相等。

④ 在C++中等于号是"==",VB中等于号是"="。在VB中要注意区分关系运算符中的等于号"="与赋值号"=",两者的作用不同。等于号的作用是比较两个数或两个表达式的值是否相等;而赋值号是对

变量进行赋值运算。

4. 逻辑运算符与逻辑表达式

逻辑运算符的功能是将操作数进行逻辑运算(又称为“布尔”运算),它完成与、或、非等逻辑运算。逻辑表达式中操作数应为逻辑值,运算结果也为逻辑值(True 或 False)。逻辑运算符如表 9-11 所示。

表 9-11 逻辑运算符及示例

C++	VB	功能	优先级	说明	示例	结果
!	Not	逻辑非	1	当操作数为真时,结果为假	!true (Not True)	False
&&	And	逻辑与	2	两个操作数都为真时,结果为真	false && true (False And True)	False
||	Or	逻辑或	3	两个操作数有一个为真时,结果为真	false || false (False Or False)	False

逻辑运算符通常用于连接多个关系表达式进行逻辑运算。

例如,数学中表示自变量的某个取值区域常用诸如 $-1 \leqslant x < 1$ 形式,写为 C++ 的表达式应为:x>=-1 &&x<1;写为 Visual Basic 的表达式则为:x>=-1 And x<1。

再如,若要判断一个数既能被 3 整除也能被 5 整除,写作 C++ 的表达式应为 x%3==0 && x%5==0;写作 Visual Basic 的表达式应为:x Mod 3=0 And x Mod5=0。

5. 其他类型的运算符与表达式

上面介绍的算术运算符、关系运算符、逻辑运算符及相应的表达式是几乎所有高级语言中都具备的运算符和表达式。但有些运算符和表达式则并不是所有语言都有,下面就简单介绍一些。

(1)赋值运算符与赋值表达式

在 C++ 中,赋值的“=”号是作为赋值运算符出现的,因此对变量的赋值,如

```
变量=表达式;
```

在 C++ 中被视为一个赋值表达式。当然,其基本的含义与前面关于变量赋值的介绍并不矛盾,就是将“=”号右侧表达式的结果赋值给“=”号左侧的变量。但是在实际使用时,赋值运算符还有一些特定的表现形式。例如,赋值运算符可与算术运算符组合成的复合赋值运算符 +=、-=、*=、/=、%=,由这些运算符连接而成的表达式称为复合赋值表达式。例如:

```
a+=b;          //等价于 a=a+b
a/=2;          //等价于 a=a/2
a%=b+2;        //等价于 a=a%(b+2)
a*=x-y;        //等价于 a=a*(x-y)
```

复合赋值表达式仍属于赋值表达式,它不仅可以简化书写,而且能提高表达式的运算效率。

(2)字符串运算符与字符串表达式

在 C++ 中对字符串的处理是通过字符数组或指针实现的,C++ 中并没有相应的字符串运算符与字符串表达式。但是,在其他一些语言如 VB 中,就提供了针对字符串操作的字符串运算符及相应的字符串表达式。在 VB 中,字符串运算符有两个,“+”和“&”,它们的作用都是将两个字符串连接起来,合并为一个字符串,具体示例如表 9-12 所示。

表 9-12 字符串运算符及示例

运算符	功能	示例	结果
&	连接两个字符串	"Visual" & "Basic"	"VisualBasic"
+		"10" + "20"	"1020"

虽然这两个连接符都可以实现两个字符串的连接,但是这两个运算符是有区别的。

连接运算符“&”是强制连接,即不论“&”两边的操作数为何种数据类型,系统都会将两个操作数强制转换为字符串,然后进行连接。例如:

```
"Visual" & "Basic"的结果为"VisualBasic"
"aa" & 123 的结果为"aa123"
100 & 2.5 的结果为"1002.5"
```

连接运算符“+”是一般连接,当“+”号两边的操作数均为字符型时,进行字符串的连接运算;当“+”号两边的操作数均为数值型时,进行算术加法运算;当一个操作数的类型为数值型,另一个为数字字符型时,Visual Basic 自动将数字字符转换为数值型,而后进行算术加法运算;当一个操作数的类型为数值型,另一个为非数字字符型时,则会出错。例如:

```
"Visual" + "Basic"的结果为 "VisualBasic"
100 +2.5 的结果为 102.5
"aa" +123 出错
True +"200"的结果为 199(True 转换为 -1)
False +"abc"出错
```

9.2.5 内部函数

一般高级语言都提供有一些内部函数,用户可以直接调用它们。内部函数又叫作标准函数,是预先定义好的完成某一特定功能的函数,通常带有一个或几个参数,并返回一个值。除了内部函数外,用户也可以根据需要自己定义函数。

在使用内部函数时,要了解函数的功能、函数的调用形式、函数的参数以及函数的返回值。函数的一般调用形式为:

```
函数名(参数列表)
```

其中,函数的参数可以是变量、常量或表达式。若有多个参数,参数之间用逗号隔开。一般的高级语言内部函数包括数学函数、转换函数、字符串函数、日期函数等。

1. 数学函数

数学函数用于完成各种数学运算,例如三角函数、平方根、绝对值、对数、指数等,这些函数与数学中的函数含义相同,表9-13列出了C++和VB中一些常用的数学函数。

表9-13 C++和VB中常用的数学函数

函数	所属语言	功能
Sin(x)	C++/VB	返回x的正弦值,x为弧度
Cos(x)	C++/VB	返回x的余弦值,x为弧度
Tan(x)	C++/VB	返回x的正切值,x为弧度
Atn(x)	C++/VB	返回x的反正切值,x为弧度
Log(x)	C++/VB	返回x的自然对数值
Exp(x)	C++/VB	返回e的x次方
Abs(x)	C++/VB	C++中返回整型参数x的绝对值;VB中返回x的绝对值
pow(x,y)	C++	返回x的y次方
fmod(x,y)	C++	返回x/y的余数
sqrt(x)	C++	返回x的平方根
fabs(x)	C++	返回双精度参数x的绝对值
floor(x)	C++	返回小于或等于x的最大整数
ceil(x)	C++	返回大于x的最小整数
rand()	C++	产生一个在[0,1)区间内的随机数
Sqr(x)	VB	返回x的平方根

续表

函　数	所属语言	功　能
Sgn(x)	VB	求 x 的符号,x > 0 时返回 1;x = 0 时返回 0;x < 0 时返回 -1
Rnd( )	VB	产生一个在[0,1)区间内的随机数
Int(x)	VB	返回小于等于 x 的最大整数
Fix(x)	VB	返回 x 的整数部分
Round(x,N)	VB	对 x 四舍五入,保留 N 位小数;若省略 N,则对 x 取整

2. 转换函数

转换函数主要用于数据类型或数据形式的转换,包括数值型与字符串之间的转换以及 ASCII 码与 ASCII 字符之间的转换等。表 9-14 列出了 C ++ 和 VB 中一些常用的转换函数。

表 9-14　C ++ 和 VB 中常用的转换函数

函　数	所属语言	功　能
atof(char * nptr)	C ++	将字符串 nptr 转换成浮点数并返回这个浮点数,错误返回 0
atoi(char * nptr)	C ++	将字符串 nptr 转换成整数并返回这个整数,错误返回 0
toascii(int c)	C ++	返回 c 相应的 ASCII
tolower(int ch)	C ++	若 ch 是大写字母(A ~ Z),返回相应的小写字母(a ~ z)
toupper(int ch)	C ++	若 ch 是小写字母(a ~ z),返回相应的大写字母(A ~ Z)
Str(x)	VB	将数值 x 转换为字符串
Val(x)	VB	将字符串 s 中的数字转换为数值
Chr(x)	VB	返回 ASCII 码值为 x 的字符
Asc(x)	VB	返回字符 x 的 ASCII 码值(十进制)
Hex(x)	VB	将十进制数 x 转换为字符串形式的十六进制数
Oct(x)	VB	将十进制数 x 转换为字符串形式的八进制数

3. 字符串函数

字符串函数主要用于对字符串进行截取、查找、计算长度、大小写转换等操作,一般的高级语言都提供有字符串处理函数,为字符型数据的处理带来了极大的方便。表 9-15 列出了 Visual Basic 中一些常用的字符串函数,其中参数 s 为字符串,n、n1、n2 为整型数据。

表 9-15　常用的字符串函数

函　数	功　能	示　例	结　果
Len(s)	返回字符串 s 的长度	`Len("aaa")`	3
Left(s,n)	返回字符串 s 左边的 n 个字符	`Left("abcd",2)`	"ab"
Right(s,n)	返回字符串 s 右边的 n 个字符	`Right("abcd",2)`	"cd"
Mid(s,n1,n2)	返回字符串 s 从 n1 位置开始的 n2 个字符	`Mid("abcd",2,3)`	"bcd"
LTrim(s)	删除字符串 s 左边的空格	`LTrim("  abcd")`	"abcd"
RTrim(s)	删除字符串 s 右边的空格	`RTrim("abcd  ")`	"abcd"
Trim(s)	删除字符串 s 左右两边的空格	`Trim("  abcd  ")`	"abcd"
LCase(s)	将字符串 s 中的大写字母转换为小写	`LCase("AbcD")`	"abcd"
UCase(s)	将字符串 s 中的小写字母转换为大写	`UCase("AbcD")`	"ABCD"
Replace(s,s1,s2)	将字符串 s 中的字符串 s1 替换为 s2	`Replace("AbcDbcA","bc","a")`	"AaDaA"
InStr(s1,s2)	返回字符串 s2 在字符串 s1 中出现的位置	`InStr("abcd","cd")`	3
String(n,s)	返回字符串 s 中 n 个首字符组成的字符串	`String(3, "abcd")`	"aaa"
Space(n)	返回 n 个空格	`Space(5)`	" "

9.3 高级语言程序的流程控制结构

由第8章算法结构的介绍可知，结构化的算法是由3种基本结构组成的，即顺序结构、选择结构和循环结构。而程序设计是通过程序语言来实现算法，因此，在程序设计的高级语言中，都有相应的语法结构用来实现这3种基本结构，以实现结构化的程序设计的目标。

9.3.1 顺序结构程序

顺序结构是一种最简单的程序结构。这种结构的程序按语句书写的顺序“从上到下”依次执行，中间既没有跳转语句，也没有循环语句。顺序结构的程序一般由变量声明语句、赋值语句或输入、输出语句构成，程序执行时按照语句书写的顺序依次执行。

1. 变量声明语句

在编写程序之前，首先要根据需要处理的具体问题，规划需要使用的变量。在规划变量时要确定变量的名字、数据类型、在程序中代表的含义等。而对变量的定义和声明，就需要用到表9-4中所列出的常见数据类型的定义或声明语句。

2. 赋值语句

赋值语句是程序设计语言中最基本的语句，也是使用最多的语句。赋值语句的作用就是将赋值号“=”右侧表达式的计算结果赋值给赋值号“=”左侧的变量。而程序中大量的计算也正是通过赋值语句中的表达式来实现的。

3. 数据输入

输入是指将数据从外部输入设备传送到计算机内存的过程。用户在运行程序时，通过程序中的输入，将程序计算所需数据传送给内存中的变量。

并不是所有程序都一定有输入，有些程序通过对变量进行初始值的设定（赋值），即可进行相应处理，这样的程序就不需要有输入。但是，对于很多程序来说，有输入将使程序与用户的交互更加方便、灵活，适应面也更广。

高级语言都提供有自身的输入语句，有些语言还可以通过一些技术方法，实现更加方便的界面交互输入。表9-16列出了C++和VB中实现数据输入的语句和方法。

表9-16 输入语句及示例

语言	语句形式	示例	说明
C++	cin >> 变量1 >> 变量2... >> 变量n;	int a; double b; char c; cin >> a >> b >> c;	从键盘输入10、20.3、x，3个数据之间用空格隔开，最后回车，系统则将这3个数据依次送入变量a、b、c中
VB	变量 = 文本框的Text属性 变量 = InputBox("提示信息")	Dim x As Integer Dim x As Integer Dim x As Integer x = Text1. Text y = Val (Text2) z = InputBox("请输入 z")	将文本框Text1中输入的数据赋值给变量x；将Text2中输入的数据赋值给变量y；在弹出的输入框中输入数据并赋值给变量z

说明：

① 在C++中，使用cin输入数据时，输入的数据必须与对应的变量类型一致。

② 在VB中，文本框和输入框接收的数据为字符型，如果需要对数值型数据进行处理，可通过Val函数进行转换，或直接将其赋值给数值型变量（如表9-16示例）。

③ 在VB中，文本框的Text属性是默认属性，所以可以直接写成形如x = Text1的形式。

4. 数据输出

输出是将运算结果从计算机内存传送到外部输出设备的过程，它是将某些信息和计算结果由输出设备显示出来。我们编写程序的目的就是要解决问题并将结果提供给用户，即程序通过输出将运行结果显示给用户，或向用户显示某些提示信息，因此在一个程序中必须有输出。

高级语言都提供有自身的输出语句，有些语言还可以通过一些技术方法，方便地将输出结果显示在窗口界面上，使输出更加美观漂亮，用户界面更加友好。表9－17列出了C++和VB中实现数据输出的语句和方法。

表9－17　输出语句及示例

语　句	语句形式	示　例	说　明

C++	cout << 输出项1 << 输出项2 … << 输出项n;	int a=10;
		double b=20.3;
		char c='y';
		cout << a << ',' << b << ',' << c;
			依次输出变量a、b、c的值，中间以“,”分隔

VB	Print 输出项 文本框的Text属性=输出项 标签的Caption属性=输出项	Print　x, y, z Text1.Text = a Label1.Caption = b	Print将变量x、y、z的值输出；将变量a的值赋值给Text1，即a的值在Text1中显示输出；将变量b的值赋值给Label1，即b的值在Label1中显示输出

5. 顺序结构应用程序举例

通常在编制程序时，首先要根据需要处理的问题，规划和确定变量并进行定义和声明；之后通过变量的输入或赋值方法进行数据输入；接下来要进行计算（或程序的处理），这是编制程序的核心，它用于完成程序的功能；最后要将计算或处理的结果进行输出。一个程序一般都是由这4部分构成的，即

```
变量的声明
变量的输入或赋值
计算(程序处理)
结果的输出
```

请读者在编制程序时，也要按照这样的结构来组织程序。

【例9－1】　编写程序，输入矩形的两个边，输出其面积和周长。具体算法描述见【例8－2】。

分析：根据问题要求，首先确定变量的数目与类型。为了存放矩形的两个边，需要两个变量a、b；求面积和周长还需要两个变量s、l。考虑到输入的数据可能是带有小数点的实数，所以数据类型应选择单精度型。

在确定了变量（数据描述）后，即可根据【例8－2】所做的流程图算法描述，按照变量的声明、变量的输入、计算、结果的输出这样的结构来编写程序。这里分别给出C++和VB的程序。

C++程序示例：

```
#include <iostream>
using namespace std;
int main()
{
    double a, b, s, l;                      //定义变量a、b存放边长,s、l计算面积和周长
    cout << "Please input a,b = ";          //提示用户输入矩形两个边长
    cin >> a >> b;                          //程序运行时,从键盘输入两个边长到变量中
    s = a*b;                                //计算面积
    l = 2*(a+b);                            //计算周长
    cout << "s = " << s << endl;            //输出面积 s
    cout << "l = " << l << endl;            //输出周长 l
    return 0;
}
```

VB 程序示例：

```
Private Sub Command1_Click()
    Dim a As Single, b As Single          '声明变量 a、b 表示两个边长
    Dim s As Single, l As Single          '声明变量 s 表示面积,l 表示周长
    a = InputBox("请输入第一个边长")       '输入第一个边长
    b = InputBox("请输入第二个边长")       '输入第二个边长
    s = a*b                               '计算面积
    l = 2*(a+b)                           '计算周长
    Print a , b                           '输出两个边长
    Print s , l                           '输出面积和周长
End Sub
```

【例 9-2】 输入一个4位正整数,输出各位数字之和。例如,若输入2134,则输出结果为10(即2+1+3+4)。(算法描述见【例8-3】)

分析:为了表现4位正整数及各个位数,需要设置的变量为:x表示输入的4位正整数;a、b、c、d分别表示个、十、百、千位的数字;s表示四位数字的和。C++与VB程序如下:

C++ 程序示例：

```
#include <iostream>
using namespace std;
int main()
{
    int x, a, b, c, d, s;                     //声明变量
    cout << "请输入一个4位正整数:";
    cin >> x;
    a = x%10;                                 //得到个位数
    b = x / 10%10;                            //得到十位数
    c = x / 100%10;                           //得到百位数
    d = x / 1000;                             //得到千位数
    s = a+b+c+d;                              //求和
    cout << x << "的各位数字之和为:" << s << endl;  //输出
    return 0;
}
```

VB 程序示例：

```
Private Sub Command1_Click()
    Dim x As Integer, s As Integer            '声明变量
    Dim a As Integer, b As Integer
    Dim c As Integer, d As Integer
    x = InputBox("请输入一个4位正整数")        '输入
    a = x Mod 10                              '得到个位数
    b = x \\10 Mod 10                         '得到十位数
    c = x \\100 Mod 10                        '得到百位数
    d = x \\1000                              '得到千位数
    s = a+b+c+d                               '求和
    Print x; "的各位数字之和为:"; s            '输出
End Sub
```

9.3.2 选择结构程序

用顺序结构编写的程序比较简单,一般用于进行一些简单的运算,所以能够处理的问题类型有限。在实际应用中,有许多问题是根据不同的条件来选择执行不同的操作。例如,根据成绩进行输出,当成绩为60分以上时,输出“合格”,小于60分时,则输出“不合格”。根据成绩值的不同,进行选择来执行不同的输出操作,这样的程序结构称为选择结构或分支结构。

1. 选择结构语句形式

在选择结构中，可以根据程序分支的数目，分为单分支结构、双分支结构和多分支结构。在高级语言中一般通过 If 语句实现选择结构，它是对某个条件进行判断，而后选择执行不同的分支。If 语句可实现单分支、双分支和多分支结构。表 9－18 列出了 C ++ 和 VB 中实现选择结构的语句形式。

表 9－18 选择结构的语句形式

<table>
<tr><th>分支结构</th><th>C ++</th><th>VB</th><th>说明</th></tr>
<tr><td>单分支结构</td><td>if (表达式)
    语句组</td><td>If 表达式 Then
    语句组
End If</td><td>首先计算表达式，若值为真，则执行语句组，若值为假，则跳过语句组，执行该结构(End If)后面的语句</td></tr>
<tr><td>双分支结构</td><td>if (表达式)
    语句组 1
else
    语句组 2</td><td>If 表达式 Then
    语句组 1
Else
    语句组 2
End If</td><td>首先计算表达式，若值为真，执行语句组 1，然后跳出结构，执行语句组 2(End If)后面的语句；否则跳过语句组 1，执行 Else 后面的语句组 2，然后继续执行后面的语句</td></tr>
<tr><td>多分支结构</td><td>if(表达式 1)
    语句 1
else if(表达式 2)
    语句 2
else if(表达式 3)
    语句 3
    …
else if(表达式 n)
    语句 n
else
    语句 n +1</td><td>If 表达式 1 Then
    语句组 1
ElseIf 表达式 2 Then
    语句组 2
ElseIf 表达式 3 Then
    语句组 3
…
ElseIf 表达式 n Then
    语句组 n
Else
    语句组 n +1
End If</td><td>首先计算表达式 1，若表达式 1 的值为真，则执行语句组 1，而后退出 If 语句，该结构(End If) 后面的语句；若表达式 1 的值为假，则计算表达式 2；若表达式 2 的值为真，则执行语句组 2，而后退出 If 语句，执行结构(End If)后面的语句；若表达式 2 的值为假，则计算表达式 3……依此类推，若表达式 n 的值为真，则执行语句组 n，而后退出 If 语句，执行结构(End If)后面的语句；若表达式 n 的值为假，则执行 Else 后面的语句组 n +1，而后执行(End If)后面的语句</td></tr>
</table>

2. 选择结构应用程序举例

【例 9－3】 输入 x，计算分段函数 y 的值并输出。(算法描述见【例 8－4】)。

$$y=\begin{cases}3x^2-1 & (x\geqslant 0)\\ 2x+3 & (x<0)\end{cases}$$

C ++ 程序示例：

```
#include <iostream>
using namespace std;
int main()
{
    int x, y;                    //定义变量 x、y
    cout << "Please input x = ";
    cin >> x;                    //输入变量
    if (x >= 0 )                 //处理
        y = 3*x*x -1;
    else
        y = 2*x +3;
    cout << "y = " << y << endl;  //输出结果
    return 0;
}
```

VB程序示例：

```
Private Sub Command1_Click()
    Dim x As Single, y As Single        '声明变量
    x = Text1.Text                      '输入
    If x>=0 Then                        '处理
        y=3*x*x-1
    Else
        y=2*x+3
    End If
    Text2.Text = y                      '输出
End Sub
```

【例9-4】 输入3个数并按由小到大的顺序输出。（算法描述见【例8-5】）。

C++程序示例：

```
#include <iostream>
using namespace std;
int main()
{
    int a, b, c, t;                     //定义变量a、b、c、t
    cout <<"please input a,b,c =";      //输入a、b、c
    cin >>a >>b >>c;
    if (a>b)                            //若a>b
    {
        t =a;                           //a、b互换
        a =b;
        b =t;
    }
    if (a>c)                            //若a>c
    {
        t =a;                           //a、c互换
        a =c;
        c =t;
    }
    if (b>c)                            //若b>c
    {
        t =b;                           //b、c互换
        b =c;
        c =t;
    }
    cout <<"a =" <<a <<"\tb =" <<b <<"\tc =" <<c <<endl;
    return 0;
}
```

VB程序示例：

```
Private Sub Command1_Click()
    Dim a As Single, b As Single, c As Single, t As Single    '声明变量
    a = InputBox("输入第一个数")                               '输入
    b = InputBox("输入第二个数")
    c = InputBox("输入第三个数")
    Print "输入的3个数为： "; a, b, c                '先输出排序前的3个数
    If a >b Then                                    '若a>b
        t =a                                        'a、b互换
        a =b
        b =t
```

```
    End If
    If a > c Then                              '若 a > c
        t = a                                  'a、c 互换
        a = c
        c = t
    End If
    If b > c Then                              '若 b > c
        t = b                                  'b、c 互换
        b = c
        c = t
    End If
    Print "从小到大排列后为:"; a, b, c          '输出排序后的 3 个数
End Sub
```

【例 9-5】 输入 x,计算分段函数 y 的值并输出。

$$y=\begin{cases} 5 & (x<0) \\ x+1 & (0\leqslant x<2) \\ x^2+2 & (x\geqslant 2) \end{cases}$$

分析:对于这样并列多个条件的情况,非常适合采用多分支结构来表现。在多分支结构中,按照条件的逻辑关系,分别将语句写入各个分支中,程序非常清晰易懂。具体程序如下:

C ++ 程序示例:

```
#include <iostream>
using namespace std;
int main()
{
    double x, y;                               //定义变量
    cout << "please input x = ";
    cin >> x;                                  //输入
    if(x < 0)                                  //处理
        y = 5;
    else if(x < 2)
        y = x + 1;
    else
        y = x*x + 2;
    cout << "x = " << x << "\ty = " << y << endl;   //输出
    return 0;
}
```

VB 程序示例:

```
Private Sub Command1_Click()
    Dim x As Single, y As Single               '声明变量
    x = Text1.Text                             '输入
    If x < 0 Then                              '处理
        y = 5
    ElseIf x < 2 Then
        y = x + 1
    Else
        y = x ^ 2 + 2
    End If
    Text2.Text = y                             '输出
End Sub
```

在处理实际问题时,有时会遇到比较复杂的条件,此时,单用一个选择结构不能将条件表达完整,这样的情况也可以采用选择结构的嵌套。在采用选择结构的嵌套时,一定要将一个选择结构完整地嵌套在另一

个结构中。对【例9-5】的分段函数，如果用选择结构的嵌套，程序编写如下：(算法描述见【例8-7】)。

C++程序示例：

```
#include <iostream>
using namespace std;
int main()
{
    double x,y;                                 //定义变量x、y
    cout << "please input x = ";
    cin >> x;                                   //输入x
    if (x >= 0)                                 //处理
        if(x >2)                                //嵌套的选择结构
            y = x*x +2;
        else
            y = x +1;
    else
        y = 5;
    cout << "x = " << x << "\ty = " << y << endl;   //输出y
    return 0;
}
```

VB程序示例：

```
Private Sub Command1_Click()
    Dim x As Single, y As Single               '声明变量
    x = Text1                                  '输入
    If x >=0 Then                              '处理
        If x >=2 Then                          '嵌套的选择结构
            y = x^2 +2
        Else
            y = x +1
        End If
    Else
        y = 5
    End If
    Text2 = y                                  '输出y
End Sub
```

9.3.3 循环结构程序

在许多问题中，常常需要将某个程序段反复执行多次，如果在这类程序中安排多个重复的语句序列，就会使程序冗长并浪费计算机存储空间。为了解决这个问题，一般高级语言中都提供了循环语句来实现程序段的多次反复执行，从而简化程序结构，节省计算机存储空间。在循环结构中需要反复执行的语句称为循环体。

1. 循环结构语句形式

一般来说，一个循环结构可由4个主要部分构成：

① 循环的初始部分，是实现循环要进行的准备工作，只执行一次而非重复执行的部分。

② 循环的控制条件，根据条件是否成立来控制循环是继续还是结束，从而保证循环结构按规定的循环条件控制循环正确进行。

③ 循环体，就是要重复执行的操作。

④ 循环控制的修改部分，每循环1次，对循环控制条件中的某些变量的值进行修改，保证经过若干次循环后使得循环条件为假，从而结束循环。

表9-19列出了C++和VB中实现循环结构的语句形式。

表 9-19　循环结构的语句形式

语言及说明	前测型循环	后测型循环	For 循环
C ++	while (表达式) 　循环体	do 　循环体 while (表达式);	for (表达式 1;表达式 2;表达式 3) 　循环体
VB	Do While 表达式 　循环体 Loop	Do 　循环体 Loop While 表达式	For　循环变量 = 初值 To 终值 Step 步长 　循环体 Next 循环变量
说明	首先计算 While 后的表达式,若其值为真,则执行循环体中的语句,而后继续计算表达式,如此反复直到表达式值为假为止,此时结束循环,退出该结构,执行后面语句	先执行一次循环体中的语句,然后计算表达式的值,若表达式的值为真,则返回再次执行循环体,如此反复直到表达式的值为假为止,此时循环结束,退出该结构,执行后面语句	C ++ 的 for 循环:表达式 1 用来初始化循环控制变量;表达式 2 为表示循环条件的表达式;表达式 3 用来修改循环控制变量,实现循环控制变量进行一定的增量或减量,常用自增或自减运算。 VB 的 For 循环:首先将初值赋给循环变量,然后检查循环变量的值是否超过终值,若超出了则结束循环,执行 Next 后面的语句;否则则执行一次循环体,而后将循环变量的值加上步长后再赋给循环变量,然后继续判断循环变量的值

通常 For 循环语句适用于循环次数已知的循环结构,它通过设置初值、终值、增加量(步长)实现循环;对于循环次数不确定或循环变化比较复杂的情况,可以由条件控制的循环语句来实现循环,即 Do 和 While 语句。

2. 循环结构应用程序举例

【例 9-6】 输出 30 以内的奇数。(算法描述见【例 8-6】)。

C ++程序示例:

```
#include <iostream>
using namespace std;
int main()
{
    int i =1;                        //定义循环变量并赋初值
    while (i <=30)                   //循环控制条件
    {
        cout << i << endl;           //循环操作
        i+=2;                        //修改循环变量
    }
    return 0;
}
```

VB 程序示例:

```
Private Sub Command1_Click()
    Dim i As Integer                  '声明变量
    i =1                              '循环变量赋初值
    Do While i <=30                   '循环条件判断
        Print i;                      '循环操作
        i =i+2                        '修改循环变量
    Loop
End Sub
```

【例 9-7】 将 30 以内能被 7 整除的数输出。(算法描述见【例 8-8】)。

C ++程序示例:

```
#include <iostream>
using namespace std;
int main()
{
```

```
    int i;                        //定义变量
    for (i =1;i <=30;i ++)
    {
        if(i %7==0)               //判断是否能被 7 整除
            cout << i << endl;    //输出符合要求结果
    }
    return 0;
}
```

VB 程序示例:

```
Private Sub Command1_Click()
    Dim i As Integer              '声明变量
    For i =1 To 30                '设置循环变量初值、终值、步长(默认为 1)
        If i Mod 7 =0 Then        '判断是否能被 7 整除
            Print i;              '输出符合要求结果
        End If
    Next
End Sub
```

9.3.4 常用算法的程序实现

在 8.3 节中介绍了一些常用的典型算法和经典算法,这里给出这些算法的程序实现。

1. 基本算法程序实现

【例 9-8】 计算 1 +2 +3 +⋯ +100 的值。(算法描述见【例 8-11】)。

C ++程序示例:

```
#include <iostream>
using namespace std;
int main()
{
    int sum, i;                       //定义累加和变量 sum、循环变量 i
    sum =0, i =1;                     //变量 sum、i 赋初值
    while(i <=100)
    {
        sum += i;                     //累加
        i ++;                         //循环变量加 1
    }
    cout << "sum =" << sum << endl;   //输出
    return 0;
}
```

VB 程序示例:

```
Private Sub Command1_Click()
    Dim sum As Integer, i As Integer    '定义累加和变量 sum、循环变量 i
    sum =0                              '累加和变量 sum 赋初值 0
    For i =1 To 100 Step 1
        sum = sum + i                   '累加
    Next i
    Print "1 +2 +3 +⋯ +100 ="; sum      '输出
End Sub
```

【例 9-9】 计算 1 -1/3 +1/5 -1/7 +⋯ + 1/99 的值。[算法描述见图 8-14(b)]。

C ++程序示例:

```
#include <iostream>
using namespace std;
int main()
```

```
{
    double sum,i;                       //定义累加和变量 sum、循环变量 i
    int sign =1                         //定义符号变量 sign 并赋初值 1
    sum =0,i =1;                        //变量 sum、i 赋初值
    while(i <=99)
    {
        sum += sign/i;                  //累加
        i +=2;                          //循环变量加 2
        sign =- sign                    //符号正负交替变化
    }
    cout << "sum = " << sum << endl;    //输出
    return 0;
}
```

VB 程序示例:

```
Private Sub Command1_Click()
    Dim sum As Single, i As Integer    '定义变量,sum 为累加和变量,i 为循环变量
    Dim sign As Integer                '定义符号变量 sign
    sum =0                             '累加和变量 sum 赋初值 0
    sign =1                            '符号变量 sign 赋初值 1
    For i =1 To 99 Step 2              '循环步长为 2
        sum = sum + sign / i           '累加
        sign =- sign                   '符号正负交替变化
    Next i
    Print "1 -1/3 +1/5 -1/7 +… + 1/99 ="; sum      '输出
End Sub
```

【例 9-10】 统计 100 到 200 之间能够被 11 整除的数的个数。(算法描述见【例 8-12】)。

C ++ 程序示例:

```
#include <iostream>
using namespace std;
int main()
{
    int i;                              //定义变量
    int n =0;                           //定义计数变量 n 并赋初值 0
    for (i =100; i<=200; i++)
    {
        if(i%11==0)                     //如能被 11 整除
            n ++;                       //n 累加 1
    }
    cout << "能被 11 整除的个数 n = " << n << endl;    //输出
    return 0;
}
```

VB 程序示例:

```
Private Sub Command1_Click()
    Dim n As Integer, i As Integer     '定义变量,n 为计数变量,i 为循环变量
    n =0                               '为 n 赋初值 0
    For i =100 To 200
        If i Mod 11 =0 Then            '如能被 11 整除
            n =n +1                    'n 累加 1
        End If
    Next i
    Print "能被 11 整除的个数 n ="; n    '输出
End Sub
```

【例9-11】 输入若干学生成绩,计算总分和平均分。(算法描述见【例8-13】)。

C++程序示例:

```
#include <iostream>
using namespace std;
int main()
{
    double x;                          //定义变量,x为输入的成绩
    double s=0, aver;                  //定义变量,s为总成绩,aver为平均成绩
    int n=0;                           //定义变量,n为学生人数,初始值为0
    cout<<"输入成绩x:";
    cin>>x;
    while(x>=0 && x<=100               //如果成绩不在0~100之间,退出循环
    {
        s+=x;                          //累加成绩x到s中
        n++;                           //n累加1
        cout<<"输入成绩x:";
        cin>>x;
    }
    aver=s / n;                        //计算平均成绩
    cout<<"学生人数为:"<<n<<endl;      //输出
    cout<<"总分为:"<<s<<endl;
        cout<<"平均分为:"<<aver<<endl;
    return 0;
}
```

VB程序示例:

```
Private Sub Command1_Click()
    Dim s As Single, aver As Single    '定义变量,s为总成绩,aver为平均成绩
    Dim x As Single                    '定义变量,x为分数变量
    Dim n As Integer                   '定义变量,n为学生人数
    s=0                                '为s赋初值0
    n=0                                '为n赋初值0
    x=InputBox("输入成绩x")
    Do While x>=0 And x<=100           '如果成绩不在0~100之间,退出循环
        s=s+x                          '累加成绩到s中
        n=n+1                          'n累加1
        x=InputBox("输入成绩x")
    Loop
    aver=s / n
    Print "学生人数为";n               '输出
    Print "总分为"; s
    Print "平均分为"; aver
End Sub
```

【例9-12】 计算5!。(算法描述见【例8-14】)。

C++程序示例:

```
#include <iostream>
using namespace std;
int main()
{
    double f=1;                        //定义变量,f为累积变量并为f赋初值1
    int i;                             //定义变量,i为循环变量
    for(i=1;i<= 5; i++)
        f*=i;                          //累乘
```

```
    cout << "5! = " << f << endl;         //输出
    return 0;
}
```

VB 程序示例:

```
Private Sub Command1_Click()
    Dim f As Single, i As Integer        '定义变量,f 为累积变量,i 为循环变量
    f =1                                 '为 f 赋初值 1
    For i =1 To 5
        f = f*i                          '累乘
    Next
    Print "5! ="; f                      '输出
End Sub
```

【例 9－13】 从 10 个整数中找出最大值。(算法描述见【例 8－15】)。

C ++程序示例:

```
#include <iostream>
using namespace std;
int main()
{
    double a[10];                        //定义具有 10 个元素的一维数组 a
    double max;                          //定义变量,max 为最大值变量
    cout << "请输入 10 个数组元素:";
    for(int i =0; i <10; i++)            //输入数组元素
        cin >> a[i];
    max = a[0];                          //max 赋初值为 a[0]
    for(i =1; i <10; i++)
    {
        if(a[i] > max)                   //若有 a[i]大于 max
            max = a[i];                  //将 a[i]赋值给 max
    }
    cout << "10 个数组元素分别为:";
    for(i = 0; i < 10; i++)              //输出数组元素
        cout << a[i] << '\t';
    cout << endl;
    cout << "最大值为:" << max << endl;     //输出最大值 max
    return 0;
}
```

VB 程序示例:

```
Private Sub Command1_Click()
    Dim a(1 To 10) As Single             '定义具有 10 个元素的一维数组 a
    Dim max As Single, i As Integer      '定义变量,max 为最大值变量,i 为循环变量
    For i =1 To 10                       '输入数组元素
        a(i)= InputBox("输入")
    Next
    max = a(1)                           'max 赋初值为 a(1)
    For i =2 To 10
        If a(i)> max Then                '若有 a(i)大于 max
            max = a(i)                   '将 a(i)赋值给 max
        End If
    Next
    For i =1 To 10                       '输出数组元素
        Print a(i);
    Next
```

```
    Print "最大值为"; max                    '输出最大值 max
End Sub
```

2. 枚举算法程序实现

【例9-14】 编程求解"百钱买百鸡"问题。公鸡5元一只,母鸡3元一只,小鸡1元三只。现有100元钱,要买100只鸡,问公鸡、母鸡、小鸡各几只?(算法描述见图8-19)。

C++程序示例:

```
#include <iostream>
using namespace std;
int main()
{
    int x, y, z;                         //定义变量,x为公鸡数、y为母鸡数、z为小鸡数
    for (x=1; x<=20; x++)
        for(y=1; y<=33; y++)
            for (z=3;z<100; z+=3)
            {
                if(x+y+z == 100&&5*x+3*y+z/3 ==100)
                    cout << "x =" << x << "\ty =" << y << "\tz =" << z << endl;
            }
    return 0;
}
```

VB程序示例:

```
Private Sub Command1_Click()
  Dim x As Integer, y As Integer, z As Integer'定义变量,x为公鸡数、y为母鸡数、z为小鸡数
    For x =1 To 20
        For y =1 To 33
            For z =3 To 99 Step 3
                If x + y + z =100 And 5*x +3*y + z/3 =100 Then
                    Print x, y, z
                End If
            Next z
        Next y
    Next x
End Sub
```

3. 迭代算法程序实现

【例9-15】 利用迭代法求斐波那契(Fibonacci)数列的第20项。(算法描述见【例8-16】)。

斐波那契数列是形如1、1、2、3、5、8、13、……的一组数据序列,它的某项数据为其前两项之和。即

$$F(n)=\begin{cases}1 & (n=1)\\ 1 & (n=2)\\ F(n-1)+F(n-2) & (n\geqslant 3)\end{cases}$$

C++程序示例:

```
#include <iostream>
using namespace std;
int main()
{
    int f1, f2, fn;                      //定义变量
    f1 = f2 =1;                          //设定初值
    for(int i =3; i <=20; i++)           //迭代
    {
        fn = f1 + f2;
        f1 = f2;
```

```
        f2 = fn;
    }
    cout << fn << endl;                    //输出
    return 0;
}
```

VB 程序示例：

```
Private Sub Command1_Click()
    Dim f1 As Long, f2 As Long, fn As Long      '定义变量
    Dim i As Integer
    f1 = 1                                      '设定初值
    f2 = 1
    For i = 3 To 20                             '迭代
        fn = f1 + f2
        f1 = f2
        f2 = fn
    Next i
    Print fn                                    '输出
End Sub
```

【例 9-16】 用牛顿迭代法求 $2x^3-4x^2+3x-6=0$ 在 1.5 附近的一个实根，当 $|x_{n+1}-x_n|\leq 10^{-6}$ 时达到精度要求。(算法描述见【例 8-17】)。

C ++ 程序示例：

```
#include <iostream>
#include <cmath>
using namespace std;
int main()
{
    double x0, x = 1.5, f, f1;              //定义变量,x0 为旧值、x 为新值
    do
    {
        x0 = x;                             //将新值作旧值,为再一次求出新值准备
        f = 2*x0*x0*x0 - 4*x0*x0 + 3*x0 - 6;
        f1 = 6*x0*x0 - 8*x0 + 3;
        x = x0 - f/f1;
    } while(fabs(x0 - x)>1e - 6);
    cout << "x = " << x << endl;
    return 0;
}
```

VB 程序示例：

```
Private Sub Command1_Click()
    Dim x0 As Double, x As Double           '定义变量,x0 为旧值、x 为新值
    Dim f As Double, f1 As Double
    x = 1.5
    Do
        x0 = x                              '将新值作旧值,为再一次求出新值准备
        f = 2*x0*x0*x0 - 4*x0*x0 + 3*x0 - 6
        f1 = 6*x0*x0 - 8*x0 + 3
        x = x0 - f/f1
    Loop While Abs(x0 - x)>0.000001
    Print "x = " ; x
End Sub
```

4. 排序算法程序实现

【例 9-17】 排序程序。

对数据的排序一般是对一维数组元素进行排序，所以在排序程序中首先要定义数组，然后对数组进行输入（或对数组元素赋初值）。通常在排序前先输出一遍数组元素，然后排序结束后再输出一遍数组元素，以对排序前后的数据进行对比。下面分别给出比较互换法、选择法和冒泡法排序的程序，其中后两种排序只给出核心程序。

（1）比较互换法排序按降序排序（算法描述见图8－23）。

C++程序示例：

```
#include <iostream>
#include <cstdlib>
#include <ctime>
using namespace std;
const int N = 10;                         //定义符号常量N,表示数组长度
int main()
{
    srand(time(0));
    int a[N];                             //声明a数组,包含N个数组元素
    int i, j, t;
    for(i=0; i<N; i++)                    //循环输入a数组元素
        a[i]=rand()%101;                  //使用随机函数为数组元素赋值(0~100)
    for(i= 0; i<N; i++)                   //输出排序前数组元素
        cout<<a[i]<<'\t';
    cout<<endl;
    for(i=0; i<=N-2; i++)                 //比较互换法排序
        for(j=i+1; j<=N-1; j++)
            if( a[i]< a[j])
            {
                t=a[i];
                a[i]=a[j];
                a[j]= t;
            }
    for(i=0; i<N; i++)                    //输出排序后数组元素
        cout<<a[i]<<'\t';
    cout<<endl;
    return 0;
}
```

VB程序示例：

```
Private Sub Command1_Click()
    Const N As Integer = 10               '定义符号常量N,表示数组长度
    Randomize
    Dim a(1 To N) As Integer              '声明a数组,包含N个数组元素
    Dim i As Integer, j As Integer, t As Integer
    For i=1 To N                          '循环输入a数组元素
        a(i)=Int(Rnd * 101)               '使用随机函数为数组元素赋值(0~100)
    Next i
    For i=1 To N                          '输出排序前数组元素
        Print a(i);
    Next i
    For i=1 To N-1                        '比较互换法排序
        For j=i+1 To N
            If a(i)<a(j) Then
                t=a(i)
                a(i)=a(j)
                a(j)=t
```

```
            End If
        Next j
    Next i
    Print
    For i=1 To N                                    '输出排序后数组元素
        Print a(i);
    Next i
End Sub
```

(2)选择法排序(算法描述见图 8－24)。

C ++ 程序示例:

```
for(i=0; i<=N-2; i++)
{
    k=i;                                  //初始化变量 k,记录当前轮次头一个元素位置
    for(j=i+1; j<=N-1; j++)
        if( a[k] op a[j])                 //升序排序 op 为">";降序排序 op 为"<"
            k=j;                          //如果发现更大(或更小)元素,将其位置保存
    t=a[k];                               //每一轮次比较完成后将 a[k]与 a[i]进行互换
    a[k]=a[i];
    a[i]=t;
}
```

VB 程序示例:

```
For i=1 To N-1
    k=i                                   '初始化变量 k,记录当前轮次头一个元素位置
    For j=i+1 To N
        If a(k) op a(j) Then              '升序排序 op 为">";降序排序 op 为"<"
            k=j                           '如果发现更大(或更小)元素,将其位置保存
        End If
    Next j
    t=a(k)                                '每一轮次比较完成后将 a(k)与 a(i)进行互换
    a(k)=a(i)
    a(i)=t
Next i
```

(3)冒泡法排序(算法描述见图 8－25)。

C ++ 程序示例:

```
for(i=1; i<=N-1; i++)
    for(j=0; j<=N-1-i; j++)
        if( a[j] op a[j+1])               //相邻的数组元素进行比较,
        {                                 //升序排序 op 为">";降序排序 op 为"<"
            t=a[j];
            a[j]=a[j+1];
            a[j+1]=t;
        }
```

VB 程序示例:

```
For i=1 To N-1
    For j=1 To N-i
        If a(j) op a(j+1) Then            '相邻的数组元素进行比较,
            t=a(j)                        '升序排序 op 为">";降序排序 op 为"<"
            a(j)=a(j+1)
            a(j+1)=t
        End If
    Next j
Next i
```

5.查找算法程序实现

【例9-18】 顺序查找。(算法描述见图8-26)。

C++程序示例:

```
#include <iostream>
#include <cstdlib>
#include <ctime>
using namespace std;
const int N=10;                          //定义符号常量N表示数组长度
int main()
{
    int a[N], x;                         //声明a数组,包含N个数组元素,x为要查找的数据
    srand(time(0));
    for(int i=0; i < N; i++)
            a[i]=rand()%101;             //使用随机函数为数组元素赋值
        for(i=0; i<N; i++)               //输出数组元素
        cout << a[i] << '\t';
    cout <<endl;
    cout <<"请输入要查找的数:";
        cin >>x;                         //输入待查数x
        for(i=0; i<N; i++)
    {
        if(x==a[i])                      //如果找到,则提前结束循环
                break;
    }
    if(i<N)                              //判断是否找到
        cout <<"要查找的 "<<x<<" 在第" <<i <<"个位置."<<endl;
    else
        cout <<"没有找到" << x <<"这个数据!"<<endl;
    return 0;
}
```

VB程序示例:

```
Private Sub Command1_Click()
    Const N As Integer = 10              '定义符号常量N表示数组长度
    Dim a(1 To N) As Integer             '声明a数组,包含N个数组元素
    Dim x As Integer                     'x表示要查找的数据
    Dim i As Integer
    Randomize
    For i=1 To N
        a(i)=Int(Rnd() * 101)            '使用随机函数为数组元素赋值
    Next i
    For i=1 To N                         '输出数组元素
        Print a(i);
    Next i
    x=InputBox("请输入要查找的数")       '输入待查数x
    For i=1 To N
        If a(i)=x Then                   '如果找到,则提前结束循环
            Exit For
        End If
    Next i
    If i <=N Then                        '判断是否找到
        Print "要查找的 " & x & " 在第" & i & "个位置."
    Else
        Print "没有找到" & x & "这个数据!"
```

```
    End If
End Sub
```

【例 9-19】 二分查找。(算法描述见图 8-27)。

C ++程序示例:

```
#include <iostream>
using namespace std;
const int N=15;                         //定义符号常量N,表示数组长度
int main()
{
    int a[N];                           //声明数组a,长度为N
    int x;                              //定义变量x为要查找的数据
    //定义变量top、bottom、middle分别表示起始、末尾和中间数组元素的下标值
    int top, bottom, middle;
    cout<<"输入"<<N<<"个升序数:";
    for(int i=0; i<N; i++)             //输入15个升序数字
        cin>>a[i];
    cout<<"请输入要查找的数:";
    cin>>x;                             //输入要查找的数据
    top=0;
    bottom=N-1;                         //初始化下标变量
    while(top                           <=bottom)
    {
        middle=(top + bottom)/2;
        if(x<a[middle])
            bottom=middle-1;
        else if(x>a[middle])
            top=middle + 1;
        else
            break;
    }
    if(top                              <=bottom)//判断是否找到
        cout<<"要查找的 "<<x <<" 在第" <<middle<<"个位置.";
    else
        cout<<"没有找到"<<x<<"这个数据!"<<endl;
    return 0;
}
```

VB 程序示例:

```
Private Sub Command1_Click()
    Const N As Integer=15                   '定义符号常量N表示数组长度
    Dim a(1 To N) As Integer                '声明a数组,包含N个数组元素
    Dim x As Integer                        'x表示要查找的数据
    '定义变量Top、Bottom、Middle分别表示起始、末尾和中间数组元素的下标值
    Dim Top As Integer, Bottom As Integer, Middle As Integer
    For i=1 To N
        a(i)=InputBox("输入15个升序数")      '输入15个升序数字
    Next i
    For i=1 To N                            '输出数组元素
        Print a(i);
    Next i
    Print
    x=InputBox("请输入要查找的数")           '输入待查数x
    Top=1                                   '初始化下标变量
    Bottom=N
```

```
    Do While Top <= Bottom
        Middle =(Top+Bottom) / 2
        If x < a(Middle) Then
            Bottom = Middle - 1
        Else
            If x > a(Middle) Then
                Top = Middle + 1
            Else
                Exit Do
            End If
        End If
    Loop
    If Top  <= Bottom Then                          '判断是否找到
        Print "要查找的 " & x & " 在第" & Middle & "个位置."
    Else
        Print "没有找到" & x & "这个数据!"
    End If
End Sub
```

9.4　程序设计方法

正如在前面中提出的公式“程序 = 数据结构 + 算法 + 程序设计方法 + 语言工具和环境”描述的那样，要编写出能够有效解决实际问题的程序，除了要仔细分析数据并精心设计算法外，采用何种程序设计方法进行程序设计也相当重要。结构化程序设计方法和面向对象的程序设计方法是目前最常用的两种程序设计方法。

9.4.1　结构化程序设计

结构化程序设计的概念最早由荷兰科学家 E.W.Dijkstra 提出。其根本思想是“分而治之”，即以模块化设计为中心，将待开发的软件系统划分为若干个独立的模块，这样使完成每个模块的工作变得单纯而明确，为设计较大的软件打下了良好的基础。

结构化程序设计方法的主要原则如下：

1. 自顶向下

程序设计时，应先考虑总体，后考虑细节；先考虑全局目标，后考虑局部目标。不要一开始就追求过多的细节，先从最上层总目标开始设计，逐步使问题具体化。

2. 逐步求精

所谓“逐步求精”的方法，就是在编写一个程序时，首先考虑程序的整体结构而忽视一些细节问题，然后逐步地、一层一层地细化程序，直至用所选的语言完全描述每个细节，即得到所期望的程序。在编写过程中，一些算法可以采用编程者所能共同接受的语言来描述，甚至是自然语言来描述。

3. 模块化

通常，一个复杂问题是由若干个较简单的问题构成的。要解决该复杂问题，可以把整个程序按照功能分解为不同的功能模块，也就是把程序要解决的总体目标分解为多个子目标，子目标再进一步分解为具体的小目标，把每个小目标称为一个模块。通过模块化设计，降低了程序设计的复杂度，使程序设计、调试和维护等操作简单化。如图 9 - 3 所示的树状结构就是一个模块化设计的例子。

4. 结构化编码

任何程序都可由顺序结构、选择结构和循环结构 3 种基本结构组成。3 种基本结构流程图参见 8.2.2 节。

5. 限制使用 GOTO 语句

由于 GOTO 语句容易破坏程序的结构，使程序难于理解和维护，因此在结构化程序设计中要尽量避免使用 GOTO 语句。

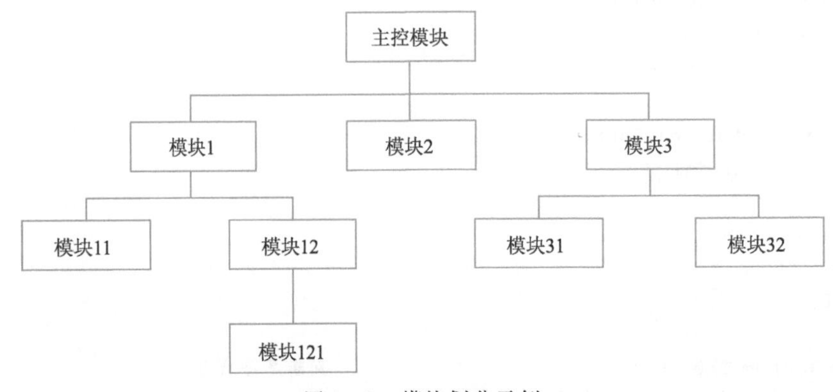

图 9-3 模块划分示例

9.4.2 面向对象程序设计

虽然结构化程序设计方法具有很多优点,但还是存在程序可重用性差、不适合开发大型软件的不足。为了克服以上的缺点,一种全新的软件开发技术应运而生,这就是面向对象的程序设计方法。

面向对象程序设计方法将数据及对数据的操作方法放在一起,作为一个相互依存、不可分离的整体——对象。对同类型对象抽象出其共性,形成“类”。类通过一个简单的外部接口与外界发生关系,对象与对象之间通过发送消息进行通信。这样,程序模块间的关系更为简单,程序模块的独立性、数据的安全性有了良好的保障。另外,通过类的继承与多态可以很方便地实现代码的重用,大大缩短了软件开发的周期,使得软件的维护更加方便。

面向对象的程序设计并不是要摒弃掉结构化程序设计,这两种方法各有用途、互为补充。在面向对象程序设计中仍然要用到结构化程序设计的知识。例如,在类中定义一个函数就需要用结构化程序设计方法来实现。

面向对象程序设计的基本概念有对象、类、封装、继承、多态性等。

1. 对象

对象(Object)是系统中用来描述客观事物的一个实体,是构成系统的一个基本单位。对象由一组属性和一组行为或操作构成。

2. 类

类(Class)是具有相同属性和操作方法,并遵守相同规则的对象的集合。它为属于该类的全部对象提供了抽象的描述。一个对象是类的一个实例。

3. 封装

封装(Encapsulation)就是把对象的属性和操作方法结合成一个独立的系统单位,并尽可能隐藏对象的内部细节。

例如,在图 9-4 中,有一个名为 Person 的类,它是将某个教学管理系统中所有人都具有的相同属性(name、age,即人的姓名、年龄)和操作方法(display(),输出人的 name 和 age)封装在一起,在类外不能直接访问 name 和 age 属性(隐藏了内部的细节),只能通过公共操作方法 display()访问这两个属性。

4. 继承

继承(Inheritance)是面向对象程序设计能够提高软件开发效率的重要原因之一。在面向对象程序设计中,允许从一个类(父类)生成另一个类(子类或派生类)。派生类不仅继承了其父类的属性和操作方法,而且增加了新的属性和新的操作,是对父类的一种改良。

通过引入继承机制,避免了代码的重复开发,减少了数据冗余度,增强了数据的一致性。例如,在图 9-4 中,Student 类和 Teacher 类继承自 Person 类,这两个类被称为子类或派生类,它们都继承了父类 Person 的属性 name 和 age,并分别增加了 school 和 salary 属性。

5. 多态性

多态性(Polymorphism)是指在父类中定义的行为,被子类继承后,可以表现出不同的行为。例如,在图9-4中,子类Student和Teacher都重写了父类Person中的display()方法(如果使用C++语言,则将display方法实现为“虚函数”),现有一个Person类型的指针p,当p指向一个由Student类实例化的对象时,通过指针p调用display()方法将输出学生的信息(姓名、年龄和所在学院);当p指向一个由Teacher类实例化的对象时,通过指针p调用display()方法将输出教师的信息(姓名、年龄和工资)。可见,同为display()方法,被不同的子类继承后,可以表现出不同的行为。

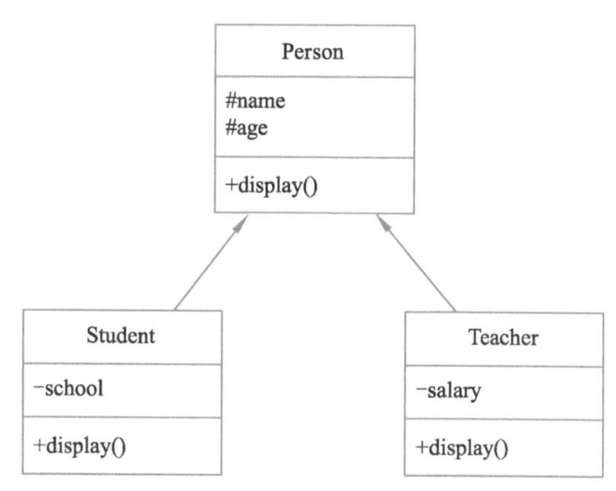

图9-4 封装、继承、多态性示例

参 考 文 献

[1] 战德臣,聂兰顺. 大学计算机:计算思维导论[M]. 北京:电子工业出版社,2013.
[2] 甘勇,尚展垒,张建伟,等. 大学计算机基础[M].2 版. 北京:人民邮电出版社,2012.
[3] 甘勇,尚展垒,梁树军,等. 大学计算机基础实践教程[M].2 版. 北京:人民邮电出版社,2012.
[4] 夏耘,黄小瑜. 计算思维基础[M]. 北京:电子工业出版社,2012.
[5] 陆汉权. 计算机科学基础[M]. 北京:电子工业出版社,2011.
[6] 段跃兴. 大学计算机基础[M]. 北京:人民邮电出版社,2011.
[7] 段跃兴,王幸民. 大学计算机基础进阶与实践[M]. 北京:人民邮电出版社,2011.
[8] 吴宁. 大学计算机基础[M]. 北京:电子工业出版社,2011.
[9] 董卫军,邢为民,索琦. 大学计算机[M]. 北京:电子工业出版社,2014.
[10] 姜可扉,杨俊生,谭志芳. 大学计算机[M]. 北京:电子工业出版社,2014.
[11] 谭浩强. C++程序设计[M]. 北京:清华大学出版社,2004.
[12] 郑莉,董渊,何江舟. C++语言程序设计[M].4 版. 北京:清华大学出版社,2010.
[13] 罗朝盛. Visual Basic 6.0 程序设计教程[M].3 版. 北京:人民邮电出版社,2009.
[14] 史巧硕,武优西. Visual Basic 程序设计[M]. 北京:科学出版社,2011.